RESUK 013

5-7, rue de l'Ecole-Polytechnique, 75005 Paris

http://www.harmattan.fr
diffusion.harmattan@wanadoo.fr
harmattan1@wanadoo.fr

ISBN : 978-2-343-05720-0
EAN : 9782343057200

RESUK 013

Revue Scientifique de l'Université Julius N'yéréré de Kankan

Janvier – Juin 2014

L'Harmattan

RESUK

Sommaire

ÉDITORIAL

On attend d'une revue scientifique qu'elle définisse dans son éditorial ce qui fonde la légitimité de son existence, et plus encore quand cette revue se veut le support d'un domaine scientifique mixte, dont la dénomination même est problématique.

Il y a déjà plus d'une décennie, nous lancions la Revue Scientifique de l'Université de Kankan (RESUK), une revue scientifique à portée internationale ayant comme but de diffuser des recherches théoriques, conceptuelles et empiriques sur une diversité de sujets ayant trait à diverses thématiques. C'est une préoccupation que nous croyons novateur parce que nous cherchons à pallier les lenteurs des processus, coûts de publication parfois élevés, diffusion limitée hors du cadre universitaire, etc.

En effet, la *RESUK* est une revue en accès libre, à coût modéré pour les auteurs, fonctionnant avec un budget modeste et un délai de publication variant entre un et six mois. Sa mise en place et son fonctionnement ont été réalisés grâce à la volonté scientifique des enseignants chercheurs et de l'autorité universitaire de Kankan.

La revue diffuse un éventail de textes (articles scientifiques, commentaires, recensions de livres, etc.) à un vaste auditoire issu de différents milieux (universitaire, professionnel, gouvernemental, médiatique, etc.).

Les articles de la *RESUK* N° 013 décrivent dans leur majorité des travaux de recherche originale entrepris par leurs auteurs, par exemple : l'Évaluation de l'activité antibactérienne de quelques plantes médicinales employées dans le traitement des IST en médecine traditionnelle guinéenne, l'Agriculture itinérante sur brûlis, l'Évaluation du niveau d'eutrophisation de la mare de Bolè, la Nouvelle stratégie de synthèse des thiophènes poly substitués, l'Évaluation du potentiel énergétique des effluents animaux de la ferme de Siafata, les Études phytochimiques des écorces de *Psorospermum corymbiferum* utilisées en médecine populaire contre la gale chez l'homme et la gale folliculaire chez le bœuf, l'Expérimentation d'un séchoir solaire de type péruvien modifié, un Théorème sur les éléments inversibles d'un anneau commutatif et unitaire, etc.

La revue, dans sa grande majorité, est spécialisée dans un aspect particulier d'un domaine : Sciences, sciences biomédicales et agronomiques, sciences environnementales, etc. Le nombre d'auteurs par article est très variable. En biologie, par exemple, il est considérable, du fait de la somme des travaux d'expérimentations, et aussi de la nature très hiérarchisée des groupes de recherche.

Les articles publiés sont examinés auparavant par un comité de lecture composé de chercheurs pairs, de la même spécialité. La publication des travaux de recherche dans la *RESUK* permet de les confronter à la communauté scientifique, et d'archiver les résultats pour référence ultérieure.

Les animateurs de la *RESUK* se veulent simplement pragmatiques et cherchent plutôt à prendre appui sur des courants de recherches existants, qu'ils viennent de la biologie, des mathématiques, de la physique, de la chimie, des sciences de l'environnement, de la sociologie, etc. pour faire de la revue un lieu de mise en problématique permanente de l'identité scientifique telle qu'elle se fait.

Les exigences théoriques et méthodologiques à partir desquelles la *RESUK* fonctionne conduisent à unifier les formats de publication scientifiques. À ce titre, la revue, présentée à un rythme semestriel, présente un régime normal de publication dont une partie sous la forme d'un dossier concernant un thème ou un problème précis. Une autre moitié sera sous le régime varia c'est-à-dire des articles dont la réunion ne présente aucune homogénéité thématique ou méthodologique.

La *RESUK* est une revue proprement académique, c'est-à-dire une revue dans laquelle les articles publiés ont d'abord fait l'objet d'une expertise mobilisant deux rapporteurs anonymes et un arbitrage final du comité de rédaction. Sans fantasmer les bienfaits de l'autonomisation du champ scientifique, nous gageons qu'une telle procédure reste garante d'une objectivité construite par les chercheurs.

Nous espérons que la poursuite de l'aventure de la *RESUK*, avec sa plateforme et sa structure innovante, encouragera la communauté scientifique guinéenne à participer à ce mouvement d'avenir : un mouvement vers la publication ouverte, à coût modéré pour les auteurs et en libre accès pour tous.

Dr Idrissa MAGASSOUBA

Recteur de l'Université Julius NYERERE de Kankan

AVIS AUX AUTEURS

Les articles proposés à la publication devront être issus de recherches et des travaux originaux. Les articles seront rédigés de manière claire, concise, ne comprenant que des éléments essentiels à l'argumentation et condensés au maximum. Ils seront préalablement soumis au comité de lecture pour avis selon les modalités habituelles.

Les manuscrits seront dactylographiés avec double interligne sur le recto seulement de feuilles blanches 21 x 29,7 cm numérotées, avec une marge suffisante (au moins 3 cm). Ils parviendront en double exemplaire, sans rature ni surcharge. Le nombre de pages réservées à chaque article scientifique n'excèdera pas 10.

Les articles seront rédigés en français dans les domaines de l'économie, de la géographie, de l'histoire, de la sociologie, de la philosophie, de la linguistique, des lettres, des mathématiques, de la physique, de la biologie et de la chimie.

La page de titre comportera : le titre de l'article en majuscule, les noms et prénoms des auteurs, le résumé de 100 mots au maximum, (en français et/ou en anglais), un renvoi en haut de pages pour l'adresse de chaque auteur.

Les tableaux, dessins, graphiques, seront tracés sur des feuilles séparées. Ils doivent porter un titre et être numérotés en chiffres romains ; seuls les originaux seront acceptés.

Les références bibliographiques comporteront : nom des auteurs et initiales des prénoms, année, titre de l'article ou de l'ouvrage, revue, le numéro ; tome et pages.

Les articles publiés ou en voie de publication dans d'autres revues ne seront pas acceptés. Les articles non publiés ne seront pas restitués.

Les articles seront adressés au rédacteur en chef, Monsieur le directeur de recherche SIDIBE Kaba B.P.: 209 Kankan, République de Guinée, ou à Dr BARRY Mamadou Samba, vice-recteur chargé de la recherche, chevalier de l'OIPA du CAMES à l'Université Julius Nyerere de Kankan B.P. : 209.

E-mail : **barry_mamadous@yahoo.fr** Kankan, République Guinée.

Le comité de rédaction

ÉVALUATION DE L'ACTIVITÉ ANTI-BACTÉRIENNE DE QUELQUES PLANTES MÉDICINALES EMPLOYÉES DANS LE TRAITEMENT DES INFECTIONS SEXUELLEMENT TRANSMISSIBLES (I.S.T.) EN MÉDECINE TRADITIONNELLE GUINÉENNE

Par
BARRY[1-2] Mamadou Samba, OULARE[1-2] Kabiné, DIALLO[1] Mamadou Saïdou, BAH[4] Mamadou Kabirou, GUILAVOGUI[1] Patrice, BAH[1] Fatoumata SOW[1] Mamadou Alpha, BARRY[2] Raïhanatou, SOUMAH[1] Fodé Salifou, CAMARA[3] Fatou Souleymane, VLIETINCK[5] Arnold Joseph, Vanden BERGHE[6] D.A & BALDE[2] Aliou Mamadou

1.Département de biologie, Faculté des Sciences de la Nature, Université Julius NYERERE de Kankan, B.P. : 209, Kankan, République de Guinée.
2.Centre de Recherche et de Valorisation des plantes médicinales de Dubréka, B.P. : 6411, République de Guinée.
3.Département de chimie, Faculté des Sciences de la Nature, Université Julius NYERERE de Kankan, B.P. : 209, Kankan, République de Guinée.
4.Centre d'Études et de Recherche en Environnement (CERE), Université Gamal Abdel Nasser de Conakry, République de Guinée.
5.Département des sciences pharmaceutiques, laboratoire de phytochimie et de pharmacognosie, Université d'Anvers U.I. A B. 2610 Belgium.
6.Département des sciences pharmaceutiques, laboratoire de microbiologie et hygiène, Université d'Anvers U.I. A B. 2610 Belgium.

Résumé : Les soins de santé en Guinée constituent encore de sérieux problèmes car des maladies comme : les infections sexuellement transmissibles, le paludisme, la fièvre typhoïde, les diarrhées, les dermatoses, les ictères, etc. sont loin d'être maîtrisées même si les campagnes de vaccination et l'importation de médicaments ont souvent réduit l'acuité de ces maladies. Ces produits ne sont accessibles que par une minorité de la population. La flore guinéenne, riche et variée, renferme des plantes de traditions ancestrales utilisées dans le traitement des infections sexuellement transmissibles, dont il est urgent de promouvoir ces plantes médicinales à travers la médecine traditionnelle guinéenne pour en tirer le maximum de profit.

Mots-clés : Évaluation, activité antibactérienne, plantes médicinales, traitement, infections sexuellement transmissibles, médecine traditionnelle guinéenne.

Summary: Health care in Guinea are still serious problems because diseases such as: sexually transmitted infections, malaria, typhoid fever, diarrhea, skin diseases, icterus, etc. are far from be controlled even if vaccination campaigns and the importation of drugs have often reduced the sharpness of this disease. These products are accessible only by a minority of the population. The Guinean, rich and varied flora contains plants from ancestral traditions used in the treatment of sexually transmitted infections. It is urgent to promote these medicinal plants through the Guinean traditional medicine to draw the maximum benefit.

Key words: Evaluation, anti-bacterial activity, medicinal plants, treatment, sexually transmitted infections, guinean traditional medicine.

I. Introduction

Selon les estimations de l'Organisation mondiale de la santé (Fransworth, 1993), 80 % de la population mondiale vivent dans les pays en voie de développement et 80 % d'entre eux recourent à la médecine traditionnelle pour satisfaire la majeure partie de leurs besoins en soins de santé primaires, cela signifie que 3,2 millions de gens à travers le monde utilisent des extraits de plantes comme médicaments. Fransworth estime que 25 à 50 % des 250 000 spermaphytes (plantes à fleurs) connus ont déjà été utilisés à un moment ou à un autre à des fins médicales. Il en découle que l'un des objectifs d'étudier les plantes médicinales africaines est de donner une justification scientifique à leurs effets thérapeutiques et secondaires de sorte à pouvoir en recommander l'usage dans les pays en développement, ce qui contribuerait à l'amélioration de l'accès des populations aux soins de santé primaires et leur permettrait une épargne de devises.

Cent dix-neuf (119) composés chimiques isolés de plus de 90 espèces de plantes sont utilisés comme médicaments ou agents biodynamiques à répercussion sur la santé ; 70 % de ces composés ont été découverts au cours d'études chimiques conçues pour l'isolement des principes actifs responsables de l'usage de ces plantes en médecine traditionnelle (Fransworth, 1985).

Par ailleurs, d'après Vagelos (1991), sur les 10 000 composés synthétisés et évalués in vitro, 20 seront testés sur des animaux, 10 de ces derniers seront testés chez l'homme et seulement un seul recevra l'Autorisation de Mise sur le Marché. Sans conteste, les plantes offrent donc de meilleures perspectives par la découverte de nouveaux produits pharmaceutiques en général et d'agent anti-infectieux en particulier. C'est dans ce cadre que situe la présente étude : évaluation de l'activité antibactérienne de quelques plantes médicinales employées dans le traitement des infections sexuellement transmissibles en médecine traditionnelle guinéenne.

II. Matériel et méthodes

2.1. Matériel végétal

Les échantillons ont été récoltés dans les quatre régions naturelles de la Guinée lors d'une enquête ethnobotanique effectuée de mai-septembre 2010.

2.1.2. Sélection des drogues

Au cours de nos enquêtes, le matériel végétal de notre étude a été sélectionné en tenant compte des critères ci-après :

- appartenance à plusieurs pharmacopées ;
- utilisation fréquente par nos populations ;
- efficacité dans le cadre des syndromes ictériques ;
- approvisionnement facile ;
- accès aisé aux parties des plantes réputées anti-ictériques ;
- phénologie.

2.2. Matériel bactériologique

Pour la réalisation de ce screening, une batterie de 6 espèces de bactéries, obtenue de l'American Type Culture Collection disponible au Laboratoire de Microbiologie et Hygiène du Département des Sciences Pharmaceutiques de l'Université d'Anvers (UIA) Belgique, a été utilisée, il s'agit de :

- Bacillus cereus ATCC 14579 ;
- Escherichia coli ATCC 8739 ;
- Klebsiella pneumoniae ATCC 13883 ;
- Pseudomonas aeruginosa ATCC 15442 ;
- Staphylococcus aureus ATCC 6538 ;
- Salmonella thyphimorium.

Ces bactéries représentent largement les groupes de bactéries pathogènes pour l'homme compte tenu de leurs caractéristiques physico-chimiques et couvrent les différents modes de résistance. Elles sont toutes facilement manipulables puisqu'elles ne possèdent pas d'exigence spéciale en termes de milieu et de condition de culture. Les micro-organismes sont entretenus sur gélose nutritive (Gibco) et conservés à 4 °C ; leur pureté est régulièrement contrôlée par un test d'identification biochimique (galeries API, Bio Mérieux).

Tableau 1 : Batterie de micro-organismes utilisés dans le criblage anti-microbien des extraits des plantes

GROUPES	MICRO-ORGANISMES	CONDITION OPTIMALE D'INCUBATION
Coques à gram-positif	*Staphylococcus aureus*	36 °C, aérobie
Bacille sporogène à gram-positif	*Bacillus cereus*	36 °C aérobie
Bacille à gram-négatif (Enterobacteriaceae)	*Escherichia coli* *Klebsiella pneumoniae*	36 °C aérobie anaérobie facultatif
Bacille à gram-négatif	*Salmonella thyphimorium*	36 °C, aérobie
	Pseudomonas aeruginosa	36 °C, aérobie

2.2.1. Préparation des extraits

Les échantillons ont été récoltés et séchés à l'ombre puis réduits en poudre. La poudre de (10 g) est laissée macérer toute la nuit dans 200 ml de Méthanol aqueux 80 % à la température du laboratoire. L'extrait a été évaporé sous vide dans un rotavapor Büchi à une température d'environ 40 °C. Toutes les opérations de mise en suspension des extraits sont effectuées aseptiquement sous hotte à flux laminaire ; cette précaution combinée à un effet désinfectant du solvant d'extraction (MeOH aqueux 80 %) et à l'activité anti-microbienne du DMSO prouvée par Ansel *et al.*, (1969) garantit la stérilité aux extraits à tester.

2.2.2. Préparation des inocula et dilution des extraits

À partir d'une culture sur gélose nutritive âgée de 24 heures, nous avons prélevé une colonie et ensemencé deux (2) ml de bouillon à base de digéré triptyque de soja (TSB) préalablement préparé dans un tube à essai. Les nouvelles cultures dans le TSB ont été incubées à 37 °C pendant 24 heures, elles sont homogénéisées et diluées chacune une fois dans le TSB et on obtient ainsi un inoculum de l'ordre de 10^5 Unité Formant Colonies (UFC), prêt à être utilisé dans l'évaluation de l'activité anti-bactérienne des extraits MeOH de plantes.

Les extraits quant à eux ont été dissous dans le Diméthyle Sulfoxyde (DMSO) et leur concentration amenée à 2 mg/ml à l'aide de l'eau distillée ultra pure. De cette solution stock, nous avons procédé à une dilution sérielle pour aboutir aux dilutions ayant pour les concentrations : 1000 µg/ml ; 500 µg/ml ; 250 µg/ml ; 125 µg/ml et 62,5 µg/ml.

2.2.3. Test antibactérien

Pour ce screening, nous avons utilisé la méthode de dilution décrite par (Vanden Berghe et A. J Vlietinck, 1991). Un volume de 0,1 ml d'inoculum est disposé dans chacune des cupules d'une colonne d'une plaque à micro titrage de 96 cupules Falcon® à raison, d'une bactérie par colonne. Un volume égal d'extrait est ajouté à l'inoculum dans chacune des cupules d'une ligne de la plaque une dilution par ligne, en prenant soin de bien mélangé. Deux tests témoins sont inclus dans l'essai, les cupules de la dernière colonne contiennent 0,1 ml de TSB à la place de l'inoculum et servent de contrôle de la stérilité de l'extrait tandis que dans celle de la dernière ligne, la dilution de l'extrait est remplacée par du bouillon et cela permet de vérifier la croissance des bactéries, les plaques correspondantes chacune à un extrait différent sont incubées à 37 °C dans un box humidifié pour une durée de 24 heures. Au bout de la période d'incubation, les séries de mélange bactérie-extrait sont comparées au témoin lorsqu'une inhibition de la croissance de la bactérie s'est produite, le contenu de la cupule correspondante est bien mélangé, un volume de 0,05 ml en est prélevé et une subculture en est faite par dispersion sur gélose nutritive en boite de pétri dans les conditions de l'essai. Les subcultures établiront si la dilution active de l'extrait MeOH est bactéricide ou bactériostatique et indiqueront la concentration minimale inhibitrice (CMI) ou la concentration minimale bactéricide (CMB).

III. Résultats et discussions

Les résultats de l'évaluation de l'activité antibactérienne des extraits méthaloniques de plantes médicinales figurent dans le tableau ci-dessous.

Ainsi, 24 drogues de 22 espèces de plantes appartenant à 17 familles ont été soumises à un criblage antibactérien par la méthode de dilution décrite par (VADEN BERGHE et VLIETINCK A. J., 1991). Les extraits ont eu une activité biologique modeste sur les bactéries Gram+. En effet, *Bacillus cereus* Gram+ s'est avérée la plus sensible à l'effet des drogues tant par le nombre de drogues inhibant sa croissance : ce germe totalise 55 % soit (22/40) des inhibitions que par la faiblesse de ses CMI : les feuilles de *Spondias mombin* et *Markhamia tomentosa* inhibent sa croissance à la Concentration Minimale Inhibitrice de 62,5 µg/ml. L'extrait des feuilles de *Piliostigma thonningii* a inhibé la croissance de *Staphylococcus aureus* à la CMIB de 500 µg/ml. Ce résultat a été obtenu par Abreu et *al*, 1999. Cependant, Malcom et Sofowora (1969) n'ont constaté aucun effet de la même drogue à la même concentration ci-dessus indiquée sur ce germe.

L'activité d'inhibition de l'extrait de l'écorce de tige d'*Anogeissus leiocarpus* à la plus CMI : 125 µg/ml sur la croissance de plusieurs germes étudiés par nous (*Bacillus aureus*, *Klebsiella pneumoniae*, *Staphylococcus aureus*, *Escherichia coli*) est confirmée par Taiwo et *al*, 1999 et Amagboul et *al*, 1988.

En plus de *Staphylococcus aureus* qui s'est montrée sensible aux extraits des feuilles de *Lawso nia inermis* durant les travaux de (Sharma, 1990), nos résultats ont révélé su *Bacillus cereus* et *Klebsiella pneumoniae*, une activité inhibitrice de la même drogue à la

CMI 500 µg/ml. L'écorce de tige de *Terminalia macroptera* agit sur la croissance de *Klebsiella pneumoniae* et *Staphyoccus aureus* à la CMI de 500 µg/ml. Ce même résultat a été obtenu par (Silva et al, 1996).

Les extraits de feuilles de *Fagara xanthoxyloides* et de l'écorce de tige *Phyllanthus dicoïdeus* à 500 µg/ml ont une activité inhibitrice particulière sur *Klebsiella pneumoniae*. Contrairement aux résultats négatifs observés par Iqbal et *al*, 1988 de l'action des extraits de *Mimosa pudica* sur *Bacillus cereus* et *Staphylococcus aureus*, nos travaux avec la même plante, ont mis en évidence l'inhibition de la croissance de *Bacillus cereus* à la CMI de 250 µg/ml et de *Staphylococcus aureus* à la CMI de 500 µg/ml. *Bacillus cereus* est sensible à la CMI de 500 µg/ml de feuilles de *Dialium guineense*, comme il a été rapporté par De Souza *et al.*, 1993.

Les extraits obtenus du screening antibactérien à partir des extraits de feuilles d'*Alchornea cordifolia* à la CMI de 500 µg/ml, attestent leur activité moyenne sur *Bacillus cereus* et *Staphylococcus aureus*, comme l'ont souligné auparavant (Kambu et *al*, 1989 & Ajao et *al*, 1994). À l'opposé de Perumal, (1998), dont les travaux n'ont révélé aucune action des extraits de feuilles de *Jatropha curcas* sur *Bacillus cereus*, nous avons noté avec le matériel à la CMI de 250 µg/ml un effet antibactérien sur le même germe. Mais la plante n'a montré aucun effet sur *Staphylococcus aureus*, contrairement aux résultats de Kambu *et al.*, 1989 & Naqvi *et al.*, 1991.

Concernant *Escherichia coli*, 2 autres échantillons inhibent sa croissance aux CMI de 250-1 000 µg/ml, ainsi, l'écorce de tige d'*Erythrina senegalensis* inhibe sa croissance à la CMI de 1 000 µg/ml et les fruits de *Tamarindus indica* à la CMI de 250 µg/ml.

Pseudomonas aeruginosa s'est montrée faiblement sensible aux extraits, car deux extraits seulement inhibent sa croissance à la CMI de 250-1 000 µg/ml. Il s'agit de l'extrait des fruits de *Tamarindus indica* à la CMI : 250 µg/ml et l'écorce de tige d'*Erythrina senegalensis* à la CMI : 1 000 µg/ml.

Enfin, *Salmonella thyphimorium* est demeurée insensible aux tests de toutes les drogues aux différentes concentrations utilisées.

Tableau 2 : Concentrations Minimales Inhibitrices (µg/ml) des extraits méthanoliques

N°	Familles botaniques	Noms botaniques	Noms vernaculaires	Usages traditionnels	P U	Bactéries					
						Bc	*Ec*	*Kp*	*Pa*	*St*	*Sa*
1	***ASTERACEAE***	*Acanthospermum hispidum* DC.	Bullè baali (P)	Jaunisse, dermatoses, plaies	F	1000	-	-	-	-	-
		Vernonia colorata (Wild) Drake.	Bantara buruurè (P)	Jaunisse et dermatoses	F	500	-	-	-	-	500
2	***ANACARDIACEAE***	*Spondias mombin* L.	Gboi (G) Ninkon (M) Tyalè badhi (P)	Purgatif (E) ; toux, morragie du post-partum) ; Conjonctivites (jeunes usses) ; ictères (E, F)	F	62.5	-	-	-	-	-
		Mangifera sp.	Mango tyewddhè (P) Mangokunkouri (S)	Encre des marabouts (ET) Jaunisse (ET R)	ET	500	-	-	-	-	-
3	***ANNONACEAE***	*Annona senegalensis Pers.*	Sunsuningbè (M) Dukummè (P)	Jaunisse, dermatose, plaies	F	1000	-	-	-	-	-
		Uvaria chamae P. Beauv.	Boylè nembu (P) Frignan (M)	Fruits comestibles Toux (F), cicatrisation des plaies (R, F), dysenterie, ictères (R)	F	250	-	-	-	-	-
4	***BIGNONIACEAE***	*Markhamia tomentosa* K.Schum.	Kafa waandu (P)	Oedèmes, asthénie, dysenterie, morsures de serpent, paludisme (F)	F	62.5	-	-	-	-	250
5	**CEASALPINIACEAE**	*Detarium senegalensis J. F. Gmel.*	Booto bourou	Dermatoses et jaunisse	F	500	-	-	-	-	-

		Cassia alata L.	Kotambalen	Purgatif	ET	500	-	-	-	-	1000
		Tamarindus indica L.	Tombin (M) Dyabbhè (P) Tombinnyi (P)	dermatose Jaunisse, rougeole, et varicelle, purgatif anti-inflammatoire, jaunisse	Fr.	500	500	500	500	-	250
		Afzelia africana Sm.	Lènkè (M)	Arbre sacré en milieu maninka Eczémas (F), plaie (E)	F	500	-	-	-	-	1 000
		Dialium guineense Willd.	Mökè (S) Kofina (M)	Jaunisse (F), teigne (F)	F	500	-	-	-	-	-
		Piliostigma thonningii (Sch.) Miln.-Redh.	Barkè (P) Nyaman (M) Yorokoe (S)	Jaunisse (F), gales (ET) Spasmolytique post-partum (R), morsures de serpent (F), affections de la bouche et des dents, hémorroïde (E)	F	250	-	-	-	-	500
6	***COMBRETACEAE***	*Anogeissus leiocarpus* (DC.) G. et Perr.	Krèkètè (M) Kerkete (P) ou pendekou	Jaunisse (F), maux de ventre (ET), diarrhée (F)	F ET	500 125	-	- 125	-	-	- 125
		Terminalia macroptera G. et Perr.	Warsa (M) Booribillel	Jaunisse (ET), teinture jaune (R), bois d'œuvre	ET	1 000	-	500	-	-	1 000
7	***DIPTEROCARPACEAE***	*Monotes kerstingii* Gilg.	Gbèrègbèrè (M) Louga (P)	Hypertension artérielle (F), asthénie (F)	F	500	-	-	-	-	500
8	***EUPHORBIACEAE***	*Alchornea cordifolia* (S. et	Pèlennaa (G) Koyiran (M)	Encre des marabouts (ET) Aphrodisiaque (ET)	F	500	-	-	-	-	500

		Th.) Mull. Arg.	Garkasaki (P) Bolonta (S)	Gonococcie eczéma, calle, œdème, gale, jaunisse hémorragies (F), morsure de serpent (R)							
		Phyllanthus discoideus (Baill.) Mull. Arg.	Bakonko (M) Keeri (P)	Aphrodisiaque (R), toux (ER), gales (ET), dysenterie (F)	F ET	500 -	- -	- 500	- -	- -	- -
		Jatropha curcas L.	Baanin (M) Kiidi (P)	Jaunisse (ET), vomitif (F), gingivite (latex), purgatif (G)	F	250	-	-	-	-	-
9	***FABACEAE***	*Pterocarpus erinaceus Poir.*	Bani bhalè	Dermatose	ET	1000	-	-	-	-	-
		Pericopsis laxiflora (Benth. Ex Bak) Van Meeuwen.	Kulokulo (P)	Jaunisse, cure-dents	ET	1000	-	-	-	-	-
		Pterocarpus santalinoides L'Herm.	Djegoun (M) Kambè (S)	Dermatose (F), jaunisse (F)	F	1000	-	-	-	-	-
		Erythrina senegalensis DC.	Mbootyolla (P)	jaunisse	F ET	1000 1000	- 1000	-	- 100 0	-	- 1000
10	***LAURACEAE***	*Persea americana* Mill.	Piya (P)	Paludisme, jaunisse	G	500	-	-	-	-	-
11	***LOGANIACEAE***	*Strychnos spinosa* Lam.	Kunnèkunè (M) Gundegulen (P)	HTA (ET), antidote, antiseptique (R)	F	1000	-	-	-	-	1000

			Kundekunde (S)	Maux de ventre (F), otites (ER)							
12	***LYTHRACEAE***	*Lawsonia inermis* L.	Diabé (M) Lali (S)	Cosmétique (F), jaunisse (F)	F	500	-	250	-	-	500
13	***MIMOSACEAE***	*Parkia biglobosa* (G et Perr.) Benth.	Nèdè (M) Nètè (P)	Jaunisse	ET	1000	-	-	-	-	-
		Dichrostachys glomerata (Forsk.) Chiov.	Gboro woni (M) Bulle bete (P) Santè (S)	Oedèmes (F), lèpre (R), syphilis (R), morsure de serpent (ET)	F	1000	-	-	-	-	1,000
		Mimosa pudica L.	Fidanimaloyala (M)	Gale, jaunisse (Pe)	Pe	250	-	-	-	-	500
14	***OCHNACEAE***	*Lophira lanceolata* Van Tiegh	Malanga (P) Maangbèsè (M) Menègbèsè (S)	Cure-dents, dermatoses, jaunisse	Er	1000	-	-	-	-	-
15	***RUBIACEAE***	*Morinda geminata* DC.	Wanda ou Ngarba (P)	Teinture (R) Dermatoses diverses (ET) ; dartre, toux, fièvre (F)	R	500	-	-	-	-	1000
16	***RUTACEAE***	*Fagara xanthoxyloides* Lam.	Wo (M) Bullè barkelen (P)	Gale (E), diverses affections de la bouche et des dents (F, rameaux)	F	-	-	500	-	-	-
17	***SOLANACEAE***	*Physalis angulata L.*	Tentöla (M), Kindi (S), Subazulagui (T)	Blennorragie, maux de ventre (F)	F	250	-	-	-	-	1000

Légende : Noms vernaculaires : G = Guerzé ; M = Maninka ; P = Pular ; S = Susu ; T = Toma

PU = Partie utilisée : F = Feuille ; ET = Écorce Tige ; ER = Écorce Racine ; Pe = Plante entière
Bactéries : ***Bc*** = *Bacillus cereus* ; ***Ec*** = *Escherichia coli* ; ***Kp*** = *Klebsiella pneumoniae*
Pa = *Pseudomonas aeruginosa* ; ***Sa*** = *Staphylococcus aureus* ; ***St*** = *Salmonella thyphimorium*
Chiffre en gras = CMI bactéricide
Chiffre simple = CMI bactériostatique

Conclusion

L'étude a permis de mettre en évidence un fondement antibactérien modeste des extraits de 29 plantes médicinales largement employées en médecine traditionnelle guinéenne dans le traitement des infections sexuellement transmissibles. L'isolement des principes actifs par fractionnement bioguidé pourrait permettre une amélioration du score antibactérien et servir de base pour d'éventuelles synthèses ou hémisynthèses.

Remerciements

Les auteurs remercient très vivement le Rectorat de l'Université Julius NYERERE de Kankan pour le financement de cette étude.

Références bibliographiques

1. ABREU P.M. ; MARTINS E.S. ; KAYSER O. ; BINDSEIL K.U. ; SIEMS K. ; SEEMANN A. FREVERT J. 1999: Antimicrobial, antitumor and antileishmania screening of medicinal plants from Guinea-Bissau. Phytomedicine. Vol 6 (3), p. 187.

2. ADJANOHOUN E. ; CUSSET G. ; ISSA LO ; KEITA A. ; LE BRAS M. ; LEJOLY J. 1994 : Banque de données de Médecine traditionnelle et Pharmacopée (PHARMEL). Notice pour la récolte et l'entrée des données. A.C.C.T., 142 p.

3. AJAO et coll. 1994 : Fiche espèce : *Alchornea cordifolia* (Sc. Th.) *in Rev. Méd. Pharm. Afr.*, vol 8, n° 2.

4. ADJANOHOUN E., AKE ASSI L. ; CHIBON P. ; CUFFY S. ; DANAULT J.J. ; ÉTIENNE C. ; EYME J. ; GOUDATE E. ; JEREMIE J. ; KEITA A. ; LONGUE FOSSE J. L. ; PORTECOP J. ; SOOPRAMANIEN A. ; TROIAN J. 1985 : Médecine traditionnelle et pharmacopée : Contribution aux études ethnobotaniques et floristiques à la Dominique. ACCT, Paris.

5. AKE ASSI L. ; ABEYE J. ; GUINKOS S. ; GIGUET R. ; BAGAVOU Y. 1981 : Contribution à l'identification et au recensement des plantes utilisées dans la médecine traditionnelle et la pharmacopée en République centrafricaine, ACCT, Paris.

6. ALMAGBOUL A. Z.; BASHIR A. K.; KARIM A.; SALIH M. 1988: Antimicrobial activity of certain Sudanese plants used in folkloric medicine. Screening for antibacterial activity (V) Fitoterapia Vol. LIX, n° 1.

7. ANSEL H.C. NORRED W.P. and ROTH 1. L.1969: Anti microbial activity of Dimethyl Sulfoxide against *Escherichia coli*, *Pseudomonas aeruginosa* and *Bacillus megaterium.* J. Pharm. Sci. 58, 836-839.

8. BALDE M.A. 1982 : 1ers bilans de recherches du centre de recherches sur les plantes médicinales et cultures industrielles : Études chimiques comparatives des plantes réputées anti-ictériques en médecine traditionnelle guinéenne. MESRS / ICCRDE / CRPM / CI Sérédou Macenta Guinée.

9. BALDE A. M. 1990: Biological and phytochemical investigations on three plants wilds used in guinean traditional medicine. U. I. A. Antwerpen.

10. BARRY M.S. 2000: La jaunisse dans la médecine traditionnelle guinéenne. Rev. Med. Pharm-Afr. Vol. 14 : 115 - 119. Paris

11. BARRY M.S. 1983 : Herborisation de quelques plantes médicinales du C.G.R. de Labé en vue de la constitution de l'Herbier national. Mem. D.E.S. Fac. Bio. I.P.G.A.N. Conakry.

12. DE SOUZA C. ; AMEGAVI, K.K. ; KOUMAGLO K. ; GBEASSOR M. 1993 : Étude de l'activité anti microbienne des extraits aqueux totaux de dix plantes médicinales. *Revue Méd. Pharm. Afr.*, vol. 7 n° 2.

13. FRANSWORTH N. R. 1993: Ethnopharmacology and future drug development: the North American experience. J. Ethnopharm. 36, 154.

14. HEPPER F.N. *in* Hutchinson et DALZIEL, « Flora of West tropical Africa ». Vol. II **1963**.

15. IQBAL A.; ZAFAR M.; FAIZ M. 1998: Screening of some Indian medicinal plants for their antimicrobial properties. Journ. of Ethnopharmacology 62, 183 - 193.

16. KAMBU K. ; TONA L. ; MULUMBA M. ; LUKI N. ; CIMANGA K. ; LUZIZILA ; MUKUNA ; MUSAMBYA K. 1989 : Étude chimique et biologique de Tangawisi, une boisson médicinale traditionnelle en République du Zaïre. *Bull. Méd. Pharm. Afr.* Vol 3, n° 1

17. KAVANAGH F. 1963: Dilution methods of antibiotic assays, *in*: Analytical Microbiology, F Kavanagh ed., Academic Press, London, 125-140.

18. NAQVI S.A.H. ; KHAN S.B. ; VOHORA S.B. 1991: Antibacterial, anti fungal and anthelmintic investigations on Indian medicinal plants. Fitoterapia Vol. LXII, n° 3.

19. PERUMAL SAMY R. ; IGNACIMUTHU S. ; SEN A. 1998 : Screening of 34 Indian medicinal plants for antibacterial properties. Journ. Of Ethnopharmacology 62, 173-183.

20. RAHALISON L., HAMBURGER M., MONOD M., FRENK E. and HOSTETTMANN K. 1993 : anti fungal tests in phytochemical investigations : comparison of bio autographic.

21. SHARMA V.K. 1990 : Tuberculostatic activity of henna (*Lawsonia inermis* Linn.) Tubercle. 71 (4) : 293-5.

22. SILVA O. ; DUARTE A. ; CABRITA J ; PIMENTEL M. ; DINIZ A. ; GOMES E. 1996 : Antimicrobial activity of Guinea-Bissau traditional remedies. Journ. of Ethnopharmacology 50, 55-59.

23. SOFOWORA A. 1996 : Plantes médicinales et médecine traditionnelle d'Afrique. Karthala, Paris.

24. TAIWO. O ; XU H.X. ; LEE S. F. 1999 : Antibacterial activities of extracts from Nigerian chewing sticks. Phytotherapy-Res 13 (8) : 675-9.

25. THOMAS O.O. 1989: Re-examination of the antimicrobial activities of *Xylopia aethiopica, Carica papaya*, *Ocimum gratissimum* and *Jatropha curcas*. Fitoterapia Vol LX, n° 2.

26. OULARE K ; BARRY M.S., SYLLA A.M. ; DOUMBOUYA K. ; SOUMAH F.S. ; HABA P.M. ; DEMBELE F. ; BALDE A.M. 2001 : Contribution à l'étude de la phytothérapie des dermatoses en médecine traditionnelle guinéenne. Éd. *RESUK*, Vol 00, pages 19-23. (*Revue scientifique de l'Université de Kankan*) Guinée.

27. VALENTIN M. 1984 : Méthodes d'extraction solide-liquide pour l'obtention des principes actifs des plantes médicinales *in* « Plantes médicinales et aromatiques : importance, culture, industrialisation et analyse » ; Centre commun ONUDI Roumanie.

28. VANDEN BERGUE D. A. ; VLIETINCK A.J. 1991 : Screening methods forts antibacterial and antiviral agents from higher plants methods in plants Biochemestry Dey P.M and Harborne J.B. Vol 6, Academic Press, London, 47-69.

AGRICULTURE ITINÉRANTE SUR BRÛLIS DANS LA ZONE PÉRIPHÉRIQUE DU PARC NATIONAL DU HAUT-NIGER : QUELLE DURABILITÉ ÉCOLOGIQUE

Par

DIALLO [1] Mamadou Saïdou, DIALLO[2] Amirou, DIOUBATE[3] Mamoudou & DIALLO[4] Mamadou Daï

1. Département de biologie, Faculté des Sciences de la Nature, Université Julius Nyerere de Kankan, B.P. : 209, Kankan, République de Guinée.
2. Centre d'Étude de Recherche en Environnement (CERE), Université Gamal Abdel Nasser de Conakry.
3. Département de sociologie, Faculté des Sciences Sociales, Université Julius Nyerere de Kankan, B.P. : 209, Kankan, République de Guinée.
4. Enseignant-chercheur au Centre universitaire de Labé, République de Guinée.

Résumé : Cet article fait le point sur l'agriculture itinérante sur brûlis à Kouroufesidya, une zone riveraine du Parc National du Haut-Niger (PNHN). L'analyse s'appuie sur une recherche bibliographique et des enquêtes effectuées sur le terrain en février 2014. L'approche systémique a été utilisée pour permettre d'aborder les dimensions économiques et environnementales de ce système d'exploitation traditionnel en cours depuis des millénaires. La synthèse des données bibliographiques et des observations de terrain montre que cette pratique agricole traditionnelle, tient une place importante sur le plan écologique, alors que sa fonction économique s'avère essentiellement alimentaire (autoconsommation). Les résultats montrent que des facteurs démographiques et socio-économiques sous-tendent de plus en plus des modifications dans la conduite des abatis à travers une augmentation des surfaces défrichées et une réduction de la durée des jachères notamment. Ces modifications amènent à s'interroger sur le devenir de la pratique des abatis car elles ont tendance à limiter les durabilités écologiques de ce système agricole qui semblaient bien inféodées au milieu tout en contribuant à la subsistance des populations autochtones.

Mots-clés : **Parc National du Haut-Niger, agriculture itinérante, abatis-brûlis, dégradation, populations autochtones, durabilité, écologie.**

Summary: This article takes stock of itinerant agriculture on abatti-denshering has Kouroufesidya, a bordering zone of the PNHN. The analysis is based on a library search and investigations carried out into the ground in February 2014. The systemic approach was used to allow to approach economic dimensions and environmental of this operating system traditional in progress since millenia. The synthesis of the bibliographical data and the observations of ground shows that this traditional husbandry, holds an important place on the ecological level, whereas its economic function proves primarily food (subsistence farming). The results show that demographic and socio-economic factors underlie more and more modifications in the control of meat offals through an increase in cleared surfaces and a reduction of the duration of the fallow in particular. These modifications bring to wonder about becoming to it practice of meat offals because they tend to limit durabilities ecological of this agricultural system which seemed quite pledged in the medium while contributing to the subsistence of the populations autochtones.

Key words: National park of High Niger, itinerant agriculture, clearing-denshering, degradation, populations autochtones, durability, ecology.

1. Introduction

L'agriculture sur brûlis (ou brûlis ou encore agriculture sur abatis-brûlis) est un système agraire dans lequel les champs sont défrichés par le feu qui permet un transfert de fertilité puis sont cultivés pendant une période brève pour être ensuite mis en jachère, le plus souvent forestière, à longue révolution (friche forestière). Pour Giardina *et al.*, (2000), cette agriculture extensive itinérante peut conduire à une dégradation durable des sols. De nos jours, elle serait pratiquée par 300 à 500 millions de personnes, essentiellement en zone tropicale humide, sur environ 1/3 de la planète (1 500 millions d'hectares de terres arables, faisant de ce système agraire le mode d'exploitation le plus répandu de la zone intertropicale (Giardina *et al.*, 2000).

Le principe consiste à défricher un terroir, initialement forestier, en partie : les arbres sont coupés sommairement et laissés sur la parcelle (abattage) ou cette parcelle est débroussaillée (débroussaillage) ; les débris végétaux de la parcelle sont ensuite brûlés. Sur la parcelle ainsi libérée, l'agriculteur sème ses cultures sans labour. Au bout d'un certain nombre d'années, la fertilité est épuisée et la parcelle est abandonnée à la friche : la mise en jachère, permettant la régénération forestière.

Une autre portion de forêt est alors défrichée, et le cycle continue. Cette technique ne nécessite qu'un outillage rudimentaire, la hache, mais contrairement aux apparences, seule une faible part du carbone qui existait dans les arbres et la strate herbacée est transférée au sol, sous forme de charbon de bois (1,7 % de la biomasse forestière antérieurement présente, en zone tropicale). Le sol perd également rapidement une partie de son activité microbienne et de sa matière organique (Fearnside *et al.*, 2001). Ce système d'exploitation des terres agricoles est commun à la quasi-totalité des populations rurales de l'Afrique subsaharienne (Dounias, 2000).

Cette pratique a fait régulièrement l'objet de recherches scientifiques depuis les années 1960. Il s'agit essentiellement de monographies mettant en évidence les savoirs et les savoir-faire liés à la pratique de ce système agricole par différentes communautés rurales (Grenand et Haxaire, 1977 ; Grenand, 1996 ; Fleury, 2000 ; Ouhoud-Renoux, 2000 ; Ouhoud-Renoux *et al.*, 2003). Des études botaniques et pédologiques se sont également intéressées aux effets de ces pratiques agricoles sur la flore et sur le sol (Lescure, 1986 ; Grandisson, 1997). Des études socio-économiques et géographiques ont en outre analysé les possibilités de développement de cette forme d'agriculture en s'appuyant sur une typologie des exploitations (Tsayem, 2002 ; Manusset, 2004).

2. Méthodologie

La méthodologie utilisée est fondée sur des entretiens individuels, des focus group et des observations personnelles de terrain. Les entretiens sur la base de questionnaires individuels ont été adressés aux populations autochtones des villages de Kouroufesidya, de Woroko et de Borifinia, aux leaders d'opinion et aux chefs respectifs des villages *(Sotikemo*) de la zone de Kouya (PNHN) ainsi qu'aux chefs des services déconcentrés compétents de l'administration sous-préfectorale de Banfèlè évoluant dans la zone. Les focus group ont été réalisés chez les acteurs locaux. Les focus group étaient axés essentiellement sur les pratiques locales d'agriculture itinérante sur brûlis.

3. Résultats

3.1. Mise en œuvre de l'agriculture sur brûlis

Ce système agricole ancestral des communautés autochtones du Haut-Niger est pratiqué depuis des millénaires. Les différentes étapes du calendrier agricole suivent l'alternance climatique entre la saison sèche et la saison des pluies. Le brûlis est la première étape majeure. Il intervient à la fin de la saison sèche, entre avril et mai, après l'abattage des arbres entre décembre et janvier. Les semis commencent en mai-juin avec les premières pluies. Les plantes cultivées varient suivant les communautés. L'abatis est généralement consacré dans sa première année de mise en culture d'abord aux cultures de riz.

Photo : M.S. DIALLO (2014) Photo d'une parcelle de forêt brûlée en prélude des cultures dans la localité de Kouroufesidya (PNHN)

D'après nos enquêtes auprès des communautés autochtones de la zone, la durée moyenne d'exploitation d'une parcelle est de 3 années consécutives. Après la troisième année de culture, la parcelle est laissée en jachère pendant 3 à 7 ans, ce qui correspond au temps d'exploitation d'autres parcelles.

Le cycle de rotation tri-annuelle des parcelles est la norme, ce qui marque le système de jachère longue de 10 à 30 ans qui prévaut jusqu'à maintenant. Toutefois, en dépit de la faible démographie et de la sédentarisation des populations à des degrés divers selon les groupes culturels. La principale conséquence du système est la dégradation des conditions agro-écologiques des parcelles qui se traduit par la réduction de la durée des jachères qui va de pair avec l'augmentation progressive de la surface des abatis.

3.2. Logique du système d'exploitation sur brûlis selon l'appartenance culturelle des exploitants.

Le lien entre la superficie moyenne et les logiques de conduite des parcelles souligne l'utilité de l'approche agronomique généralement utilisée pour aborder les questions de développement agricole mais aussi l'importance de l'approche anthropologique nécessaire pour prendre en compte la diversité culturelle et les fonctions socio-économiques de l'activité agricole. Dans cette optique, l'abatis apparaît comme un système agraire qui remplit des fonctions qui vont au-delà de la production alimentaire.

3.3 Fonction économique et écologique du système d'agriculture sur brûlis

3.3.1. La fonction économique

Les logiques d'exploitation des abatis renvoient au rôle économique de ce système agricole. Les abatis représentent 90 % des exploitations agricoles du village de Kouroufesidya et de ses environs. L'activité agricole joue un rôle primordial par le complément de revenus qu'elle génère en tant qu'agriculture familiale. Malheureusement, cette importance n'est pas appréhendée par les statistiques officielles car aucun abatis n'est enregistré par les services réglementaires agricoles. Toutefois, la fonction économique des abatis doit d'abord être considérée sous l'angle de leur fonction alimentaire : la production des abatis est destinée essentiellement à la satisfaction des besoins quotidiens des familles. Cuisinées suivant un processus complexe, les variétés de riz, de manioc de fonio, etc., sont la base d'une multitude préparations culinaires.

3.3.2. La fonction écologique

Alors que dans les débats internationaux l'agriculture itinérante sur abatis-brûlis est généralement considérée comme principale cause de la déforestation, des études conduites notamment par les ethnobotanistes et les anthropologues soulignent le caractère bénin et non perturbateur, au sens écologique, de ce système agricole tel qu'il est mis en œuvre de manière traditionnelle par les populations autochtones des régions forestières tropicales.

Des synthèses récentes en rendent compte (Dounias, 2000 ; Rossi, 1999). Une étude menée par Gély (1984) dans les communautés d'Amérindiens et de Noirs Marrons indique que les abatis s'inscrivent à l'intérieur du cycle « sylvigénétique naturel » et respectent l'équilibre du milieu. Grenand (1996) décrit les abatis comme un système agraire « perdurable » et « auto-régénérant ». Nos observations ont mis en évidence une faible responsabilité de l'abatis dans la dégradation des écosystèmes du terroir villageois de Kouroufesidya.

La bénignité environnementale des abatis repose sur les modes opératoires traditionnels de cette pratique. En fait, le défrichement de parcelles de moins d'un hectare à l'aide du brûlis avec maintien des souches d'arbres, la combinaison mises en culture/jachères/rotation des parcelles. L'itinérance des défrichements et la longue durée des jachères sont les caractéristiques fondamentales qui sous-tendent le faible impact environnemental de l'agriculture sur abatis-brûlis en permettant la reconquête végétale des parcelles arrivées en fin d'exploitation. À cet effet, il convient d'examiner l'évolution des abatis sous l'angle écologique.

Pour de nombreux experts et consultants d'organismes internationaux, l'agriculture itinérante sur brûlis est la principale ou la première cause de la déforestation qui affecte les forêts picales (Roper et Roberts, 1999 ; CGIAR, 1996 ; FAO, 1997). L'ICRAF, 2000 indique, par exemple, que « l'agriculture itinérante sur brûlis provoque 70 % de la déforestation en Afrique, 50 % en Asie et 30 % en Amérique latine ». Cette accusation à l'encontre de « l'agriculture itinérante sur brûlis » repose sur une vision péjorative et erronée de cette pratique agricole comme l'a montré une récente étude menée par une équipe constituée essentiellement d'anthropologues et d'ethnologues soutenus par l'Union européenne (Bahuchet *et al.*, 2000).

Lescure (1986) a montré chez les Amérindiens Wayãpi qu'après une quinzaine d'années de jachère, un abatis de 0,5 ha devient une formation végétale secondaire et qu'au bout d'une centaine d'années, les caractères du couvert arborescent (densité du peuplement, répartition des diamètres ou des hauteurs, phytomasse et organisation dans l'espace) sont reconstitués dans les anciens abatis. Il faut cependant reconnaître que des changements dans la conduite des abatis induisent des effets préjudiciables pour l'environnement forestier surtout lorsque l'étendue de l'espace forestier dédié aux abatis se réduit.

Cependant, sous l'effet de la pression économique (recherche d'une productivité élevée pour la vente d'une partie de la production agricole), démographique (augmentation des densités de population dans les terroirs) et politique (plans d'aménagement du territoire et de gestion du foncier), il est à craindre que les différentes formes traditionnelles de l'agriculture itinérante participent de plus en plus à la déforestation suite à la réduction des périodes de jachère. Cette tendance récente est déjà observée dans le cas des *abatis* en Guyane française (Ouhoud-Renoux *et al.,* 2003), du *ray* en Asie du Sud-Est (*Les Cahiers d'Outre-Mer,* 1998, vol. 51, n° 204) du *tavy* et du *hatsaky* à Madagascar (Sarrasin, 2002 ; Blanc-Pamard *et al.,* 2005). Il est donc urgent de trouver des solutions (agroforesterie) pour adapter l'agriculture itinérante sur brûlis à l'évolution des contextes socio-économiques et aux contraintes spatiales (Ouhoud-Renoux *et al.,* 2003) alors que la population augmente dans les terroirs. Cette croissance démographique qui concerne aujourd'hui la plupart des populations d'Afrique subsaharienne pose la question de l'adéquation entre l'espace voué aux abatis et les nécessités de pratiquer ce type d'agriculture en respectant les rotations culturales et la durée des jachères.

En fait, d'après Tsayem (2002), la déforestation induite par l'agriculture itinérante traditionnelle sur abatis-brûlis est atténuée ou rendue temporaire par la mise en jachère, alors que dans le cas des fronts pionniers, la déforestation est quasi définitive, l'absence de jachère anéantissant toute possibilité de reconquête forestière.

En effet, un autre facteur limitant de la durabilité écologique de l'abatis porte sur l'évolution du contexte socio-économique. Dans cette partie des zones riveraines du PNHN, les abatis se répandent de manière considérable ces dernières années. On enregistre une augmentation de la superficie moyenne des parcelles un remplacement ou transformation des abatis en vergers. Dans plusieurs localités, on assiste finalement à une modification des finalités de la production au-delà de la consommation familiale.

4. Au-delà des fonctions économique et écologique de l'agriculture sur brûlis : une fonction socioculturelle

La dimension socioculturelle de l'abatis semble aussi importante que sa fonction économique pour l'ensemble des communautés autochtones de la zone. Au-delà de son rôle de production des aliments pour la consommation familiale et éventuellement la vente d'une partie de la production, la pratique de l'agriculture sur abatis-brûlis incorpore un savoir-faire transmis de génération en génération et qui est, à des degrés divers, caractéristiques des communautés autochtones de la zone.

Dans notre cas, il ressort que l'insertion progressive des communautés dans l'économie de marché et les systèmes politique et administratif n'ont pas, de nos jours, tendance à réduire les importances socioculturelles des abatis qui voudraient que plus la communauté s'insère dans le système administratif, plus les pratiques de l'agriculture sur brûlis s'affaiblissent.

Conclusion

Cet article montre que l'agriculture itinérante sur brûlis n'a pas connu jusqu'à présent d'importantes mutations consécutives à l'évolution démographique, socio-économique et politique dans les terroirs villageois de la zone riveraine du PNHN. Jusqu'à présent, ces défrichements traditionnels semblent avoir un impact écologique faible s'agissant en particulier de la dégradation des écosystèmes forestiers. L'enjeu actuel est de savoir si le modèle abatis ne risque pas d'être abandonné pour laisser place à d'autres formes d'agriculture qui s'appuient sur l'utilisation d'intrants aux effets environnementaux sans doute nocifs ou si les mutations sociopolitiques peuvent être modulées pour permettre de tenir compte de nouvelles contraintes et offrir une forme d'agriculture plus durable sur le fondement des pratiques traditionnelles qui ont fait la preuve de leur bénignité environnementale. Dans cette perspective, il convient de mener des recherches agronomiques et socio-économiques ou anthropologiques pour réexaminer les savoirs traditionnels et étudier les conditions de leur réutilisation ou de leur amélioration dans le contexte actuel.

Références bibliographiques

Bahuchet S., coord., 2000. Les peuples des forêts tropicales aujourd'hui. Bruxelles : APFT-ULB.

Blanc-Pamard C., Milleville P., Grouzis M., Larsy F. et Razanaka, S. 2005. Une alliance de disciplines sur une question environnementale : la déforestation en forêt des Mikea (Sud-Ouest de Madagascar). Natures, Sciences, Sociétés, Paris, n° 13, p. 7-20.

CENTRE INTERNATIONAL POUR LA RECHERCHE EN AGROFORESTERIE (CIRAF/ICRAF), Nairobi, 2000. Alternatives to Slash-and-Burn Programme. (http:www.cgiar.org/ICRAF/sys_wide/asb1.htm).

Dounias E., 2000. La diversité des agricultures itinérantes sur brûlis. In: Bahuchet S., coord. Les peuples des forêts tropicales aujourd'hui. Bruxelles, APFT-ULB.

Fearnside P.M., Lima P.M., Graça A., Rodrigues F.J.A. 2000. Burning of Amazonian rainforest: burning eYciency and charcoal formation in forest cleared for cattle pasture near Manaus, Brazil. For Ecol. Manage 146: 115-12.

Fleury M., 2000. L'agriculture wayana : une transition viable. In: Grenand P., dir. Les peuples des forêts tropicales aujourd'hui, vol. IV, Région Caraïbes. Bruxelles : APFT-ULB.

Gely A. 1984. L'agriculture sur brûlis chez quelques communautés d'Amérindiens et de Noirs réfugiés de Guyane française. JATBA, Paris, n° 1-2, p. 43-71.

Giardina C.P., Sanford R. L., Dockersmith I. C., Jaramillo V.J. 2000. The eVects of slash burning on ecosystem nutrients during the land preparation phase of shifting cultivation. Plant Soil 220: 247-260.

Grandisson M. 1997. Gestion des systèmes d'agriculture itinérante sur brûlis dans l'ouest Guyane : contribution à l'étude de la reproductibilité de la fertilité. Thèse, Université des Antilles et de la Guyane.

Grenand F. et Haxare C., 1996. Monographie d'un abatis Wayapi. JATBA, Paris, n° 4, p. 285-310.

Grenand F. 1996. L'abatis contre l'essart, again, JATBA, Paris, n° 1, p. 19-53.

Lescure J.P., 1986. La reconstitution du couvert végétal après agriculture sur brûlis chez les Wayapi du Haut Oyapock (Guyane française). Thèse de doctorat, Paris VI.

Manusset S., 2004. La question des abatis dans le Bas Oyapock (Guyane) : pérennité et diversité d'une pratique agricole en forêt tropicale et en contexte multiculturel. Thèse de doctorat, Université Aix-Marseille III, Aix-en-Provence. Ouhoud-Renoux F., 2000. Le cas Palikur : un combat pour une adaptation à des contraintes fortes. In: GRENAND P., dir. Les peuples des forêts tropicales aujourd'hui, vol. IV, Région Caraïbes. Bruxelles : APFT-ULB.

Ropert J. et Robert R.W., 1999. Questions de l'heure : Déforestation tropicale : le déclin des forêts tropicales. (http://www.rcfa-cfan.org/french/f.issues.12.html).

Tsayem M. et Fosting J.M., 2005. Évaluation quantitative des défrichements agricoles en forêt amazonienne de Guyane française et du Brésil. In: Taabni M. et Dupuy F., dir. La forêt : enjeux comparés des formes d'appropriation, de gestion et d'exploitation dans les politiques environnementales et le contexte, d'urbanisation généralisée, Poitiers : Université de Poitiers-MSHS.

Tsayem M., 1999. SIG et cartographie de l'occupation du sol : l'exemple de Saint-Georges de l'Oyapock en Guyane française. Science et Changements Planétaires/ Sécheresse, Paris, n° 410, p. 289-295

ÉVALUATION DU NIVEAU D'EUTROPHISATION DE LA MARE BOLÈ DE BARO (PRÉFECTURE DE KOUROUSSA)

Par

BAYO[1] Ibrahima, KOUROUMA[2] Dan Lansana, GBONIMY[3] Kawé & BARRY[4] Mamadou Samba

1. Département de physique, Faculté des Sciences de la Nature, Université Julius Nyerere de Kankan, B.P. : 209, République de Guinée.
2. Centre d'Étude et de Recherche en Environnement (CERE,) Université Gamal Abdel Nasser de Conakry
3. Institut polytechnique, Université Gamal Abdel Nasser de Conakry.
4. Département de biologie, Faculté des Sciences de la Nature, Université Julius Nyerere de Kankan, B.P. : 209, République de Guinée.

RÉSUME : La mare Bolè est située dans la sous-préfecture de Baro, préfecture de Kouroussa. Elle est célèbre par sa forêt sacrée et les cérémonies rituelles qui accompagnent la pêche traditionnelle, dont elle est objet chaque année. Cependant, la mare connaît aujourd'hui une dégradation poussée qui risque de la conduire vers une disparition physique. Il est donc essentiel d'entreprendre des études pour sa protection et sa gestion durable. Cet article s'inscrit dans ce cadre. Son but est d'évaluer le niveau d'eutrophisation de l'eau de la mare Bolè de Baro. Dans cette recherche, la démarche physico-chimique et la méthode d'observation ont été privilégiées. Ce travail a permis de montrer que la mare Bolè de Baro est hyper eutrophe.

Mots-clés : Activités anthropiques, qualité de l'eau, eutrophisation, mare, dégradation.

SUMMARY: The Bolè pool is situated in the CR of Baro, prefecture of Kouroussa. It is famous by its sacred forest and the ritual ceremonies, which accompany the traditional fishing, of which, it is object every year. However, the pool knows today an advanced deterioration that risks driving it toward a physical disappearance. It is therefore essential to undertake some studies for its protection and its lasting management. This article is written in this setting. Its objective is to value the level of eutrophication of the water of the Bolè pool of Baro. To reach this objective, the physico-chemical approach and the method of observation have been privileged. This work permitted to show that the Bolè pool of Baro is hyper-eutrophe.

Key words: **Anthropic activities, water quality, eutrophication, Mare, degradation**

Introduction

L'eutrophisation des mares est un processus évolutif naturel dû principalement à un excès de substances telles que l'azote ou le phosphore. Ces excès favorisent le développement d'espèces végétales nuisibles (algues, macrophytes…), une forte putridité de l'eau, la prolifération d'insectes, la disparition d'espèces végétales et animales. Ceci se traduit globalement par une détérioration générale de la qualité de l'eau. Ce processus peut être accéléré par les activités anthropiques.

Selon la Division de Technologie, Industrie et Économie de l'UNEP (2006), l'eutrophisation des eaux stagnantes (lacs, mares et étang) est l'un des problèmes environnementaux les plus répandus dans le monde.

En Guinée, la dégradation de l'environnement découlant des activités anthropiques entraînent l'eutrophisation, l'érosion hydrique, l'ensablement des principaux cours d'eau du pays, la pollution des eaux de surface et souterraines et parfois la disparition physique de certains points d'eau. MAGASSOUBA (2004) dans son rapport scientifique de mission de terrain en Haute-Guinée, note : « Actuellement, la plupart des mares visitées, entre autres, la mare Bolè de Baro, sont menacées de disparition à cause des fléaux comme les feux de brousse, le déboisement des berges et les travaux champêtres ».

Ainsi, tenant compte de l'importance culturelle et économique de la mare Bolè de Baro en Haute-Guinée, il est nécessaire d'entreprendre une recherche sur les causes de sa dégradation pour sa protection et sa gestion durable.

I. Matériels et méthodes

La méthode utilisée a consisté à mesurer les paramètres physico-chimiques des eaux de la mare Bolè en période de moyennes eaux (décembre, janvier-mars), puis à déterminer leurs valeurs moyennes. Ces valeurs ont permis d'apprécier la qualité des eaux en utilisant la grille de RSL (2003) et de déterminer le niveau d'eutrophisation en les comparant aux normes de la grille proposée par Fredette (2007), Palmer (2001), Rimann (2001) et Wetzel (2001).

1.1 Collecte des données

Pour l'évaluation du niveau d'eutrophisation, nous nous sommes appuyés sur la qualité de la colonne d'eau. Les paramètres ci-dessous retenus font partie de la liste des indicateurs pertinents pour cette détermination.

PO_4^{3}- : Concentration en ortho-phosphates (µM) ;

NID : Concentration en azote inorganique dissous (µM) ;

NO_2^- : Concentration en nitrites (µM) ;

NO_3^- : Concentration en nitrates (µM) ;

NH_3 : Concentration en ammonium (µM) ;

NT : Concentration en azote total (µM) ;

PT : Concentration en phosphore Total (µM).

1.2. Prélèvement, stockage et analyse des échantillons

Cinq échantillons ont été prélevés dans des flacons propres en plastique, respectivement au nord, sud, est, ouest et au centre de la mare. Après le prélèvement, les échantillons ont été conservés dans une glacière et transportés au laboratoire du CERE pour y être analysés.

1.3. Analyse

Pour le **dosage des paramètres** choisis, nous nous sommes essentiellement référés aux méthodes adaptées de Hach (Hach, 1995). Nous avons procédé comme suit :

Le dosage du **phosphore total PT :**

- La méthode de digestion au persulfate de potassium a été utilisée pour transformer les phosphates présents sous des formes organiques et condensées inorganiques (méta-pyro et autres poly-phosphates) en ortho-phosphates.

- Enfin, l'ortho-phosphate a été dosé par la méthode PhosVer3.

L'azote total (NT), a été utilisé pour le fait qu'il est la somme de trois types d'azote : l'azote Kjeldahl total NKT, les nitrates NO_3- et les nitrites NO_2-.

$$\mathbf{NT = NKT + NO_3^- + NO_2^-.}$$

Le dosage de **l'azote Kjeldahl total NKT** s'est fait par la méthode de *Nessler*. Le processus consiste à minéraliser l'échantillon, puis l'azote sous cette forme est converti en sel d'ammonium. L'ammoniac est ensuite analysé par une méthode de *Nessler* modifiée.

Pour le **NO_2^-**, le dosage a été effectué par la méthode de diazotation qui consiste à transformer les nitrites de l'échantillon en sel de diazonium.

Le dosage du **NO_3^-, **quant à lui**,** a été fait par la méthode de réduction au cadmium qui consiste à réduire le nitrate présent dans l'échantillon en nitrite au moyen du cadmium métallique. Le nitrite formé a été dosé comme indiqué plus haut.

En ce qui concerne **l'azote ammoniacal,** le dosage a été réalisé par la méthode de *Nessler*, qui consiste, tout d'abord à complexer (abaisser) la dureté dans l'échantillon, puis à faire réagir le réactif de Nessler sur les ions ammonium.

Pour la **concentration en azote inorganique dissous** (NID), elle a été déterminée en ajoutant les concentrations de nitrate **NO_3^-**, de nitrite **NO_2^-** et d'azote ammoniacal NH_3 :

$$\mathbf{NID = NO_3^- + NO_2^- + NH_3.}$$

1.4. Traitement des données

Les informations brutes collectées sur le terrain ont été saisies et organisées au moyen des logiciels Word 2007 et Excel 2007.

II. Résultats

2.1 Évaluation de la qualité de l'eau

Le tableau 1 présente une grille de lecture permettant d'apprécier l'eau de la mare Bolè. Elle est inspirée de la grille utilisée par le Réseau de Suivi Lagunaire du Languedoc-Roussillon RSL (2003). Elle permet de guider l'interprétation de l'expert sur le niveau d'eutrophisation.

De l'examen de ce tableau, il ressort que sur les sept (7) paramètres concernant la qualité de l'eau de la mare, quatre (dont l'orthophosphate, le nitrate, l'ammonium et le phosphore total) classent l'état de la mare mauvais, deux (l'azote inorganique dissous et l'azote total) le classent médiocre et enfin, le nitrite le classe moyen. Il en résulte que l'état général de la mare est mauvais.

Tableau 1 : Évaluation de la qualité de l'eau

Variables			**Très bon**		**bon**		**Moyen**		**Médiocre**		Mauvais
PO_4^{3-}	(µM)	0		0.3		1		1.5		4	**15,16**
NID	(µM)	0		2		6		10	**10,20**	20	
NO_2^-	(µM)	0		0.3		0.5	**0,652**	0.75		1	
NO_3^-	(µM)	0		1		3		5		10	**56,70**
NH_3	(µM)	0		1		3		5		10	**48,82**
NT	(µM)	0		50		75		100	**100,00**	120	
PT	(µM)	0		0.75		1.5		2.5		4.5	**15,16**

2.2 Évaluation du niveau d'eutrophisation

Le tableau 2 est la grille d'évaluation du niveau d'eutrophisation de la mare Bolè à Baro. Il comprend 5 principaux stades et deux stades intermédiaires.

Tableau 2 : Évaluation du niveau d'eutrophisation de l'eau de la mare Bolè à Baro

Classes trophiques		**Phosphore total (µg/l**			**pH (sans unité)**			**Conductivité [µS/cm]**			**Azote minéral [mg/m3]**		
Classe principale	Classe secondaire	Moyenne											
Ultra-oligotrophe		0		4	Dystrophie					≤100			200
					0		6						
Oligotrophe		4		10	6	**6.55**	7	100	**134**	400	200		400
	Oligo-mé sotrophe	7		13									
Mésotrophe		10		30	Environ 7			400		750	300		650
	Méso-eutrophe	20		35									
Eutrophe		30		100	7	**8.97**		700			500	**1274.5**	1500
Hyper-eutrophe		100	**470**								1500	**1949**	
Références		(Fredette, 2007)			(Palmer, 2001)			(Rimann, 2001)			(Wetzel, 2001)		

Comme il est facile de le remarquer, ce tableau indique une pollution excessive de la mare en azote minéral et en phosphore total. Par rapport donc à ces paramètres, la mare est respectivement classée eutrophe et hyper-eutrophe. Cependant, évaluée par rapport au pH et à la conductivité, elle est classée oligotrophe. L'analyse de ces résultats, appuyée par celui de l'observation de terrain permet de classer la mare au stade hyper eutrophe.

III. Discussions

3.1 Évaluation de la qualité de l'eau

Les mares sont des écosystèmes fragiles dans lesquels les différents composants doivent être maintenus en équilibre pour fonctionner. La rupture de cet équilibre peut être provoquée par une pollution. Selon son importance, une pollution peut modifier ou détruire la faune et la flore. Il est donc nécessaire de connaître la qualité de l'eau par la mesure des paramètres de qualité.

Le pH de l'eau de la mare est évalué à 6,6 < 7. Cette situation de baisse du pH peut être considérée comme une conséquence de son environnement physique immédiat. En effet, la visite de terrain en septembre 2010 a permis de géoreférencer deux dépotoirs d'ordures ménagères non loin de la mare aux coordonnées respectives (10°66'37", 9°42'02"), (10°36'43", 9°42'05").

En saison pluvieuse, le ruissellement aidant les substances à caractère acide issues de la décomposition de ces ordures, lessivées et drainées dans la mare pourrait être à l'origine de la baisse du degré d'alcalinité de la mare.

En termes de conductivité, le caractère stagnant de la mare est la cause de sa forte minéralisation (les effets de la décomposition des débris dans la mare sont très peu atténués à cause de l'absence d'écoulement).

Quant aux composés azotés, les valeurs enregistrées sont évaluées à la hausse, car elles rendent la qualité de l'eau médiocre (pour les composés NID, NT) et mauvaise (pour NO_2^-, NO_3^-, NH_3). Les facteurs prépondérants qui expliquent cette situation de hausse seraient l'absence de bande riveraine boisée autour de la mare et la pratique de la riziculture aux abords immédiats de la mare.

En somme, la qualité de l'eau de la mare Bolè analysée par rapport aux normes d'eutrophisation (RSL, 2003) montre que l'eau de la mare est mauvaise. La principale raison de cette situation est surtout liée à l'augmentation de la charge en polluants de la mare due au ruissellement et surtout à la mauvaise pratique agricole sur les berges de la mare.

3.2 Évaluation du niveau d'eutrophisation

Les mares ont une durée de vie limitée et, comme les espèces vivantes, elles sont vouées à plus ou moins brève échéance à cesser d'exister. Ainsi, après plusieurs milliers d'années, les mares deviennent marécageuses. Ce phénomène est irréversible. Il existe plusieurs stades de vieillissement.

Par rapport à la qualité de l'eau de la mare, la grille d'évaluation du niveau d'eutrophisation (Tableau 2) met en évidence trois stades de vieillissement : Oligotrophie par rapport au pH et à la conductivité, eutrophie par rapport à l'azote minéral et hyper eutrophie par rapport au phosphore. Le phosphore étant le facteur limitant, son apport détermine le niveau de production (biomasse), donc le niveau d'eutrophisation.

Ainsi, au vu de ces résultats, la mare est hyper eutrophiée. Ce fait s'accorde bien avec l'observation faite sur le terrain, qui a permis de noter la présence d'une masse considérable d'adventices dans le lit même de la mare.

En effet, le pH et la conductivité étant des paramètres physiques, ils sont relativement moins déterminants que les paramètres chimiques dans la détermination du niveau d'eutrophisation.

Conclusion

La mare Bolè de Baro souffre d'un manque de suivi, si bien que la qualité physico-chimique de ses eaux, la composition spécifique de son phytoplancton, sa tendance trophique et en particulier les accumulations de polluants dont elle est le siège sont des paramètres importants dont l'évolution reste méconnue.

Le constat sur le terrain montre que la mare subit les effets négatifs des activités anthropiques, de sorte qu'elle est soumise à un rythme accéléré d'envasement et de production de biomasse végétale. Sa disparition est certaine, si aucune mesure n'est envisagée pour inverser cette tendance.

Références bibliographiques

Fredette P., (2007). *La gestion des lacs au cœur du développement de Val-des-Monts, Fédération des Lacs de Val-des-Monts, Val-des-Monts,* Qc, 143 p. (incluant 13 ann.). Accès : www.federationdeslacs.ca

Hach company. (1995). *Manuel d'analyse d'eau.* 1re édition version française.

Magassouba M., Camara S. *(2004). Rapport scientifique de mission : opération de recherche dans le cadre du projet PEG (pêche et écologie de Guinée).* CNSHB, Conakry, Guinée.

Palmer M.A., D.B. Roy. (2001). *A method for estimating the extent of standing fresh waters of different trophic states in Great Britain.* Aquatic Conserv: Mar. Freshw. Ecosyst. 11: 199-216.

Rimann N. (2001). *Impact de l'eutrophisation des eaux sur la biodiversité des étangs.* Travail de diplôme. Laboratoire d'Écologie et de Biologie Aquatique (LEBA), Université de Genève. 121 p.

RSL. (2003). *Réseau de Suivi Lagunaire du Languedoc-Roussillon (Rapport RSL-03/2003).* Direction de l'Environnement et de l'Aménagement Littoral Laboratoire côtier de Sète.

UNEP. (2006). *Why Is Eutrophication Such a Serious Pollution Problem? Bulletin d'information du portail de l'eau de l'Unesco n° 147 : l'eutrophisation.* Accès :

http://www.unep.or.jp/ietc/publications/short_series/lakereservoirs-3/1.asp

Wetzel R.G. (2001). *Limnology. Lake and River ecosystems.* 3nd ed. Academic Press. New York, CBS College Publishing. 850 p.

NOUVELLE STRATÉGIE DE SYNTHÈSE DES THIOPHÈNES POLYSUBSTITUÉS À PARTIR DE LA CYCLOADDITION [4+1] DES DITHIOACÉTALS ET LE DIAZOACÉTATE D'ÉTHYLE

Par
DIALLO[1] Aboubacar, SAKHO[1] Adama Moussa, KEITA[1] Abdoulaye, BARRY[1] Ousmane & BAH[1] Amadou Youssouf

1. Département de chimie, Faculté des Sciences, Université Gamal Abdel Nasser de Conakry, B.P. : 1147 aboucar2009@yahoo.fr.

Résumé : L'atome de carbone du diazocarbonyle présente un caractère dipolaire selon les conditions dans lesquelles la réaction se déroule. Dans ce présent cas, le α-oxo-cétène-S, S-dithioacétal préalablement préparé a servi comme substrat renfermant une variété de groupes fonctionnels lui confère une diversité de propriétés chimiques dans la synthèse de thiophènes polysubstitués. Ainsi, avec la réaction de cycloaddition du diazoacétate d'éthyle utilisé comme réactif et le α-oxo-cétène-dithioacétal comme substrat en présence du trifluorométhane sulfonate de cuivre (II) comme catalyseur à 80 °C a conduit à la formation de différents thiophènes polysubstitués. Cette méthode est une nouvelle voie efficace de synthèse des composés thiophéniques polysubstitués avec d'excellents rendements. Les structures de ces composés thiophéniques synthétisés ont été confirmées par des analyses spectroscopiques RMN ^{1}H, RMN ^{13}C et de masse.

Abstract: The carbon atom has a dipolar character diazocarbonyle under the conditions in which the reaction proceeds. In this present case, the α-oxo-ketene-S, S-dithioacetal previously prepared was used as a substrate containing a variety of functional groups gives it a diversity of chemical properties in the synthesis of polysubstituted thiophenes. Thus, with the reaction of cycloaddition of ethyl diazoacetate and the substrate α-oxo-ketene dithioacetal in the presence of trifluoromethane sulfonate copper (II) as catalyst at 80 °C led to the formation of different polysubstituted thiophenes. This method is a new efficient synthetic route of polysubstituted thiophenic compounds with excellent yields. The structures of the thiophenic compounds synthesized were confirmed by spectroscopic analysis of ^{1}H, ^{13}C NMR and MS.

Key words: Cycloaddition, diazocarbonyle, α-oxo-ketene-S, S-dithioacetal, ethyl diazoacetate, polysubstituted thiophenes.

Introduction

La liaison C-H conduisant à la formation de la liaison C-C a été un objectif de longue date dans la synthèse organique et est une zone de croissance rapide qui se poursuivra à repousser les limites de la réactivité des produits chimiques car la liaison C-H peut être considérée comme étant un groupe fonctionnel omniprésent [1-3].

Les réactions de formation de liaisons carbone-carbone et carbone-hétéroatome sont au centre de la synthèse organique au cours des dernières décennies.

La chimie hétérocyclique connaît actuellement une renaissance en raison de l'intérêt qu'elle accorde sur des modèles dans la chimie combinatoire [4]. Comme les composés hétéroaromatiques sont présents dans de nombreux produits naturels [5] et sont les constituants de nombreux agents thérapeutiques [6], ils représentent aussi les structures idéales dans la synthèse des drogues et augmentent la diversité moléculaire. Ainsi, la disponibilité de simples procédés de synthèse permettant la préparation de différents hétérocycles avec des groupes comme substituants fonctionnels est une tâche importante pour la chimie organique et médicinale.

L'intérêt constant et croissant dans le développement de nouvelles méthodes générales efficaces de synthèse des systèmes hétérocycliques, par exemple, le thiophène et de sous-unités de thiophène condensés est justifié par leurs propriétés pharmacologique et physiologique [7]. Ces composés contenant un cycle de thiophène offrent un intérêt sans relâche en termes de pharmacologie [8a] et de réactivité [8b].

La synthèse des thiophènes hautement substitués a attiré beaucoup d'attention au cours des dernières années à cause de leur présence dans les produits naturels, des polymères conducteurs et le remplacement des groupes phényles iso-stériques dans la chimie médicinale [9-10]. Ils ont été utilisés comme des intermédiaires importants dans la synthèse organique [11] et ces types de fraction ont montré des activités biologiques intéressantes [12]. À ces égards, le développement d'une méthode efficace de synthèse des thiophènes polyfonctionnels est particulièrement important.

Dans des précédents travaux, Qun L. et ses coll. ont décrit les premières synthèses et certaines propriétés clés d'oligothiophènes conjugués et ont montré la différence entre le thiéno-[3,2-b]-thiophène et le thiéno-[2,3-b]- thiophène contenant deux anneaux annelés de thiophène avec les deux atomes de soufre dans la même direction. Ces composés sont des hétérocycles plans, rigides et très stables avec une double croix centrale de liaison conjuguée [13].

Il faut noter que dans le cadre de notre recherche avec l'utilisation des sels de cuivre (II), nous sommes parvenus au processus de cycloaddition-1,4. Ainsi, la réaction avec les composés *α*-oxo-cétène-*S, S*-dithioacétals a conduit à la formation des thiophènes polysubstitués en donnant d'excellents rendements comme indiqué dans les tableaux 1, 2 et 3.

Partie expérimentale

Réaction de synthèse de *α*-oxo-cétène-*S, S*-dithioacétal 1a

Peser 57,96 g de carbonate de potassium (420 mmol), le dissoudre à la température ambiante dans 200 ml de DMF, y ajouter 20,54 ml de pentan-2,4-dione (200 mmol) et agiter le mélange pendant 30 min. Ensuite, ajouter 12,03 ml de solution de disulfure de carbone (200 mmol) tout en le refroidissant ; après une heure, ajouter 31,35 ml de la solution de bromure d'éthyle (420 mmol) et agiter le système pendant 6 à 8 heures. Enfin, le mélange réactionnel a été versé lentement dans un bêcher de 100 ml contenant des cristaux de glace tout en agitant jusqu'à la précipitation du produit sous forme de cristaux et filtrer les cristaux jaunes **1g** obtenus dans un entonnoir de Büchner ; rendement 98 % (schéma I).

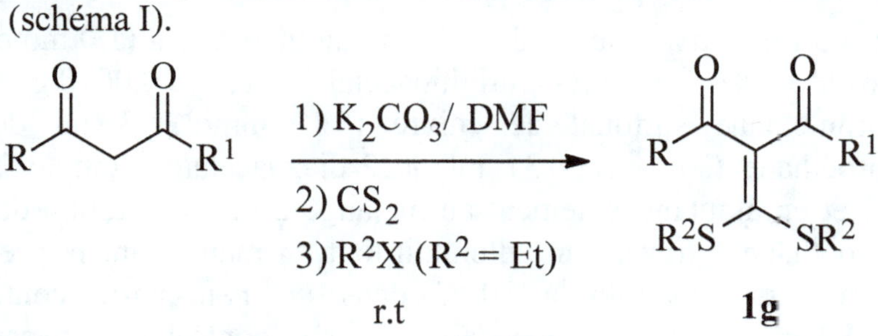

1g

Schéma I : Préparation de 3-(bis (éthylthio) méthylène) pentan-2,4-dione **1g.**

Dans 50 ml d'un flacon à fond rond, ajouter 2,3 g de 3-(bis (éthylthio) méthylène)-

pentan-2,4-dione **1 g** (10,0 mmol), 20 ml de dichlorométhyle, agiter pendant 30 min et maintenir le système au refroidissement avant d'ajouter 2,1 ml de solution d'acide sulfurique concentré H_2SO_4 (40,0 mmol).

L'agitation a été poursuivie à la température ambiante pendant une semaine, contrôler la disparition du substrat à l'aide du CCM et la solution du mélange réactionnel a été décantée dans une ampoule à décanter. Enfin, cette solution a été versée goutte à goutte dans un bêcher de 50 ml contenant des cristaux de glace tout en remuant jusqu'à la précipitation des cristaux du produit et filtrer dans un entonnoir de Büchner. Ainsi, on a obtenu le 4,4-bis (éthylthio) but-3-èn-2-one **1a,** *α*-oxo-cétène-*S, S*-dithioacétal, solide jaune clair 1,58 g soit un rendement de 83 % (schéma II).

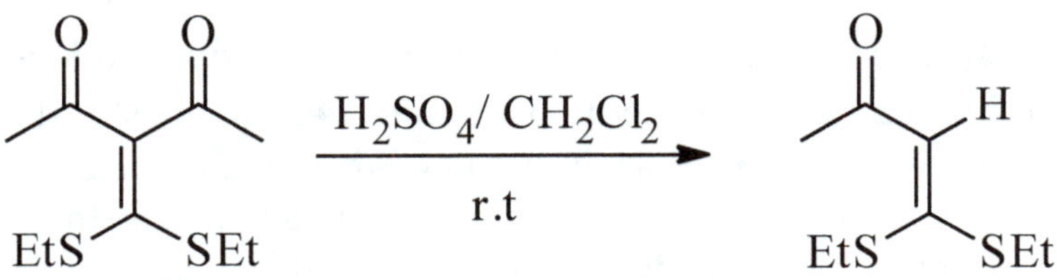

1a

Schéma II : Préparation de *α*-oxo-cétène-*S, S*-dithioacétals : 4,4-bis (éthylthio) but-3-en-2-one **1a.**

Synthèse des thiophènes polysubstitués 3

Dans un flacon à fond rond de 25 ml, ajouter 0,19 g (1,0 mmol) du composé *α*-oxo-cétène-*S,S*-dithioacétal **1**, 0,0018 g du trifluorométhane sulfonate de cuivre (5 % mmol), 3 ml de 1,2-dichloroéthane (solvant), 0,31 ml de 2-diazoacétate d'éthyle **2b** (3 mmol) et en ajoutant lentement au mélange 2 ml de solution de 1,2-dichloroéthane à travers un entonnoir tout en maintenant la pression constante puis chauffer à 80 °C dans un bain-marie contenant d'huile. Agiter le mélange pendant 2 heures, contrôler la disparition du 2-diazoacétate d'éthyle et du *α*-oxo-cétène-*S, S*-dithioacétal par le

CCM. Verser le mélange réactionnel dans l'eau puis neutraliser par une solution aqueuse saturée de chlorure de sodium (NaCl) et extraire trois fois avec du dichlorométhane (3x5 ml). L'extrait organique obtenu a été séché par le sulfate de sodium anhydre, comme agent desséchant, puis mélanger avec la poudre de silice. Enfin, la séparation chromatographique sur colonne (système de solvant : éther de pétrole : éther : v/v : 60 :1) a permis d'obtenir les dérivés de thiophènes polysubstitués **3** avec des rendements variés (voir schéma du tableau 2).

Synthèse des thiophènes polysubstitués 5 g et 5 h :

Dans un flacon à fond rond de 25 ml, placer 0,23 g de *α*-oxo-cétène-*S,S*-dithioacétal **1** (1,0 mmol), 0,0018 g du trifluorométhane sulfonate de cuivre (5 % mmol), avec 3 ml de 1,2- dichloroéthane (solvant), 0,51 ml de 2-diazoacétate d'éthyle **2b** (5 mmol) et ajouter lentement à travers un entonnoir à robinet 2 ml de solution de 1,2-dichlorométhane en maintenant la pression constante. Agiter et chauffer le système à 80 °C dans un bain-marie renfermant d'huile durant 2 heures puis surveiller la disparition des réactifs par le CCM. Après la réaction, le mélange réactionnel a été neutralisé avec une solution aqueuse saturée de chlorure de sodium (NaCl) et extraire ce mélange trois fois avec du dichlorométhane (3x5 ml). Combiner la phase organique obtenue avec du sulfate de sodium anhydre, agent absorbant d'eau, puis sécher à l'air libre avec la poudre de silice et procéder à la séparation chromatographique sur colonne (système de solvant : éther de pétrole : éther : v/v : 60 :1). C'est de cette manière que les composés de thiophènes polysubstitués **5** ont été obtenus avec des rendements variés (voir schéma du tableau 3).

Résultats et discussion

Les composés *α*-oxo-cétène-*S*, *S*-dithioacétals constituent une classe intermédiaire des composés multifonctionnels dans la synthèse organique, en raison de l'effet électronique du carbonyle et de l'alkylthio. Cet effet favorise la formation des liaisons carbone-carbone et carbone – atome de soufre en raison de la double liaison fortement polarisée suivant les différents sites réactionnels.

Optimisation des conditions de la réaction

Au cours de l'expérience, la réaction de 2-(bis-(méthylthio)-méthylène)-1-phenylbutan-1,3-dione **1f** (comme substrat) et le 2-diazoacétate éthyle **2b** (réactif) a été examinée en utilisant des catalyseurs et de solvants de nature différente dans des conditions optimisées dont les résultats sont consignés dans le tableau 1. À partir de ces résultats expérimentaux, les meilleures conditions pour la synthèse des thiophènes polysubstitués sont de maintenir la température à 80 °C avec le 1,2 – dichloroéthane (DCE) comme solvant de choix et 5 % mmol du trifluorométhane sulfonate de cuivre comme catalyseur. Le solvant est aussi un facteur affectant le rendement de la réaction comme illustré dans le tableau ci-dessus avec l'utilisation de l'acétonitrile comme solvant. Enfin, le choix du catalyseur est un autre facteur qui influence la réaction comme le montre le tableau 1 avec le remplacement du catalyseur approprié par d'autres catalyseurs du cuivre tels que le bromure de cuivre (II), le bromure de cuivre (I), le dichlorure de cuivre (II) et l'iodure de cuivre (I) ; avec le chlorure ferrique comme catalyseur, aucun produit n'est formé.

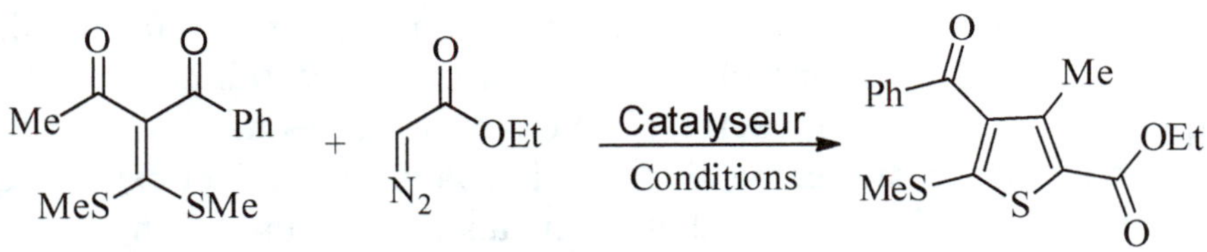

1f **2b** **3f**

Tableau 1
Optimisation des conditions de réaction.

Entrée	Solvants	Catalyseurs	Température (°C)	Rendement [a] **3f** (%)
1	DCE	$Cu(OTf)_2$	80	86
2	DCE	CuBr	80	48
3	DCE	$CuBr_2$	80	46
4	DCE	$CuCl_2$	80	45
5	DCE	CuI	80	40
6	DCE	$FeCl_3$	80	0

7	DMF	$Cu(OTf)_2$	reflux	0
8	THF	$Cu(OTf)_2$	reflux	Trace
9	CH_3CN	$Cu(OTf)_2$	reflux	38

[a] Rendement du produit isolé.

En outre, après avoir fixé les conditions optimales (Tableau 1, entrée 1), l'investigation de la réaction des composés *α*-oxo-cétène-*S,S*-dithioacétals **1** avec le 2-diazoacétate d'éthyle **2b** a été examinée (Tableau 2). La plupart des substrats sélectionnés **1b-e**, renfermant le phényle (entrée 3), des radicaux pauvres en électron (entrée 4) et riches en électrons (entrée 1 et 5) ont réagi dans les conditions douces pour donner les thiophènes polysubstitués correspondants **3b-e** avec des rendements modérés. D'autre part, les substrats **1a** et **1f** contenant le radical méthoxy et des radicaux **R** (**R** = **H**, **PhCO**, tableau 2, entrées 1 et 6 respectivement) ont réagi avec le 2-diazoacétate d'éthyle **2b** dans les mêmes conditions pour fournir les thiophènes polysubstitués **3a** et **3f** désirés avec des rendements respectifs 58 % et 86 %.

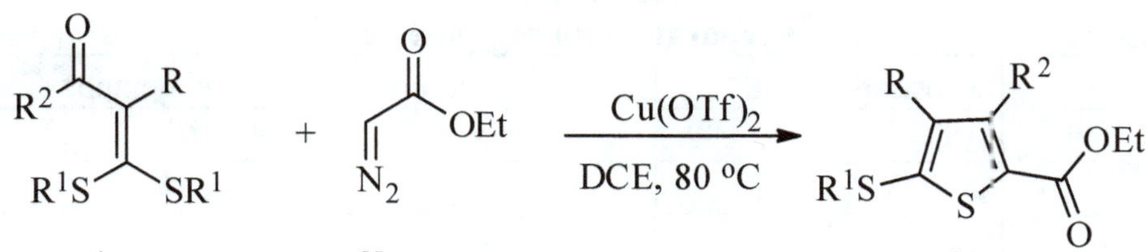

1 **2b** **3**

Tableau 2
Préparation du composé 3a.

Entrée Substrats	R	R^1	R^2	Produits	Rendement (%)[b]
1 **1a**	H	Et	Me	**3a**	58
2 **1b**	H	Et	$(CH_3)_3CCH=CH$	**3b**	53
3 **1c**	H	Et	$C_6H_5CH=CH$	**3c**	56
4 **1d**	H	Et	$4\text{-}ClC_6H_4CH=CH$	**3d**	58

5 **1e**	H	Et	4-$CH_3C_6H_4CH{=}CH$	**3e**	53
6 **1f**	PhCO	Me	Me	**3f**	86

[a] Conditions de la réaction : **1** (1,0 mmol), **2b** (3,0 mmol), $Cu(OTf)_2$ (5 % mmol), DCE (3 ml) et chauffer à 80 °C.

[b] Rendement du produit obtenu.

Enfin, la réaction de *α*-oxo-cétène-*S, S*-dithioacétal **4** avec le 2-diazoacétate d'éthyle **2b** dans les mêmes conditions a conduit à la formation des produits **5 g** et **5 h**, avec des rendements très faibles de 7 % et 6 % respectivement (Tableau 3, entrées 1 et 2).

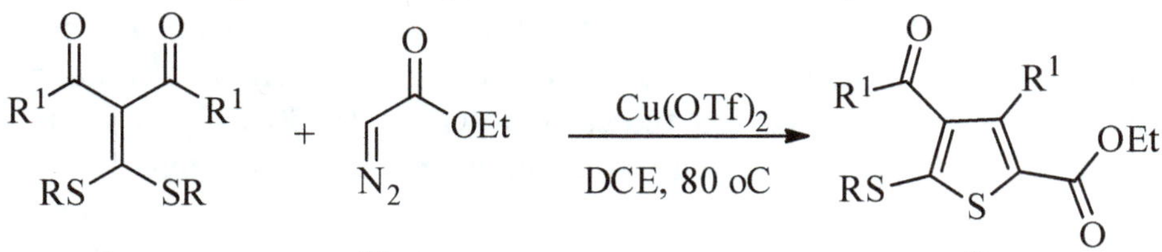

4 **2b** **5**

Tableau 3
Préparation du composé 5c.

Entrée	Substrats **4**	R	R[1]	Produits **5**	Rendement (%)[d]
1	**4 g**	Et	Me	**5 g**	7
2	**4 h**	Me	Et	**5 h**	6

[c] Conditions de la réaction : **4** (1,0 mmol), **2b** (5 mmol), DCE (3 ml), $Cu(OTf)_2$ (5 % mmol) et chauffer à 80 °C.

[d] Rendement du produit isolé.

Proposition du mécanisme de réaction

Le mécanisme réactionnel que nous avons proposé pour la réaction de la 4,4-bis- (éthylthio)-but-3-èn-2-one **1a** et le diazoacétate d'éthyle au cours de la synthèse d'un dérivé de thiophène polysubstitué est présenté dans le schéma III. La réaction a débuté par l'attaque nucléophile du substrat **1a** sur le 2-diazoacétate d'éthyle **2b** en présence du trifluorométhane sulfonate de cuivre comme catalyseur pour donner un intermédiaire réactionnel **A**, ylure de soufre. Ce dernier étant instable a conduit à un second intermédiaire **B** moins stable, carbanion. La cyclisation intramoléculaire a :

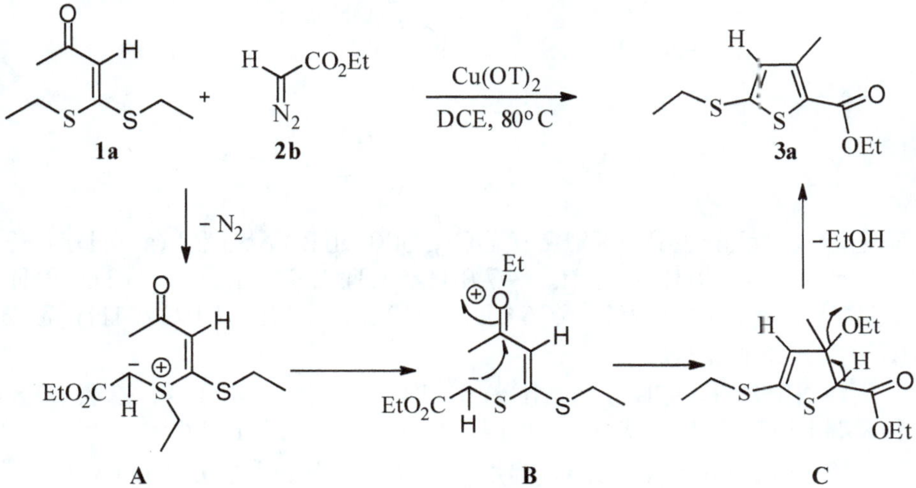

Schéma III : Proposition du mécanisme de la réaction conduit à un intermédiaire C, 2,3-dihydrothiophène. Qui enfin, subit une déshydrogénation, tautomérisation suivie d'une élimination d'éthanol et la formation du dérivé thiophénique polysubstitué désiré **3a.**

Caractérisation des différents dérivés de thiophènes

Composé 3a : 5-(éthylthio)-3-méthylthiophène-2-carboxylate d'éthyle

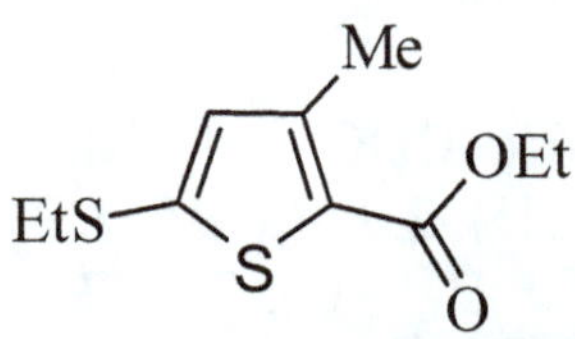

Liquide clair ; **^{1}H NMR** ($CDCl_3$, 500 MHz) δ: 1.33 (t, J = 7.5 Hz, 3H), 1.35 (t, J =7.0 Hz, 3H), 2.48 (s, 3H), 2.92 (q, J = 7.5 Hz, 2H), 4.30 (q, J = 7.0 Hz, 2H), 6.81 (s, 1H) ;

^{13}C NMR ($CDCl_3$, 125 MHz) δ : 14.3, 15.9, 19.4, 29.6, 60.5, 126.0, 130.9, 144.4, 162.1.

MS : m/z calcd for $\mathbf{C}_{10}H_{14}O_2S_2$: 230,04 ; found 231,05 $[M + 1]^+$.

**Composé 3b : (E)-3-(3,3-diméthylbut-1-en-1-yl)-5-(éthylthio) thiophène-2-
carboxylate d'éthyle**

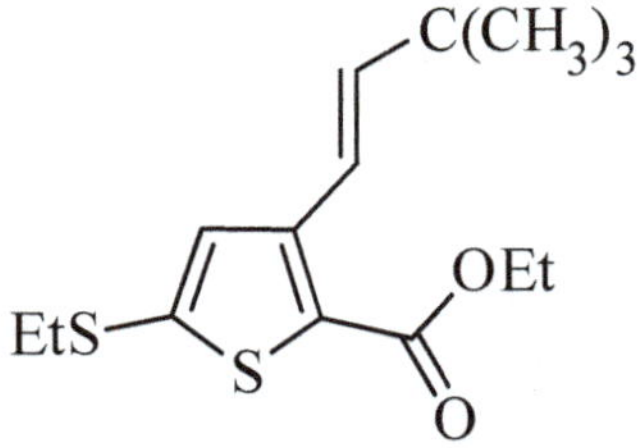

Liquide clair ; [1]**H SNMR** ($CDCl_3$, 500 MHz) δ : 1.22 (s, 9H), 1.33 (t, *J* = 7.5 Hz, 3H), 1.37 (t, *J* =7.0 Hz, 3H), 2.94 (q, *J* = 7.5 Hz, 2H), 4.31 (q, *J* = 7.0 Hz, 2H), 6.26 (d, *J* = 12.5 Hz, 1H), 7.19 (s, 1H), 7.22 (d, *J* = 12.5 Hz, 1H) ;

[13]**C NMR** ($CDCl_3$, 125 MHz) δ : 14.3, 14.7, 29.3, 31.4, 33.8, 60.8, 118.4, 126.2 (2C), 128.9 (2C), 141.9, 146.3, 146.7, 162.0.

MS : m/z calcd for $\mathbf{C}_{15}H_{22}O_2S_2$: 298,11 ; found 299,11 $[M + 1]^+$.

Composé 3c : (E)- 5-(éthylthio)-3-styrylthiophène-2-carboxylate d'éthyle

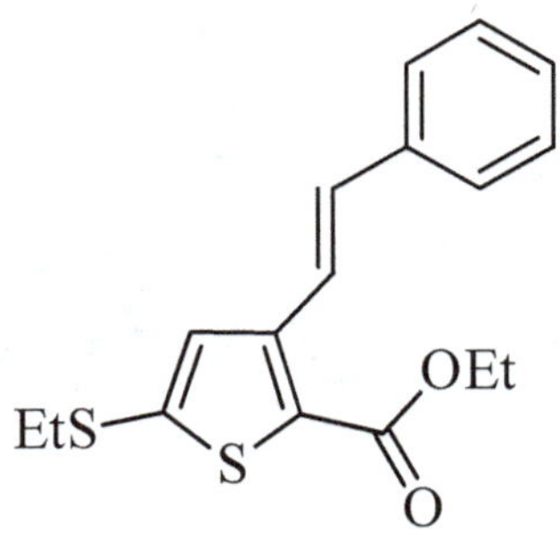

Liquide clair ; [1]**H NMR** ($CDCl_3$, 500 MHz) δ : 1.35 (t, *J* = 7.5 Hz, 3H), 1.39 (t, *J* =7.0 Hz, 3H), 2.97 (q, *J* = 7.5 Hz, 2H), 4.35 (q, *J* = 7.0 Hz, 2H), 7.05 (d, *J* = 16.5 Hz, 1H), 7.15-7.29 (m, 1H), 7.29-7.35 (m, 3H), 7.54 (d, *J* = 7.5 Hz, 2H), 8.07 (d, *J* = 16.5 Hz, 1H) ;

[13]**C NMR** ($CDCl_3$, 125 MHz) δ : 14.3, 14.6, 31.4, 60.9, 121.6, 126.9 (2C), 127.2, 128.2 (2C), 128.6 (2C), 132.9, 136.8, 142.3, 145.5, 161.8.

MS : m/z calcd for $\mathbf{C}_{17}H_{18}O_2S_2$: 218,07 ; found 219,09 $[M + 1]^+$.

Composé 3d : (E)-3-(4-chlorostyryl)-5-(éthylthio) thiophène-2-carboxylate d'éthyle

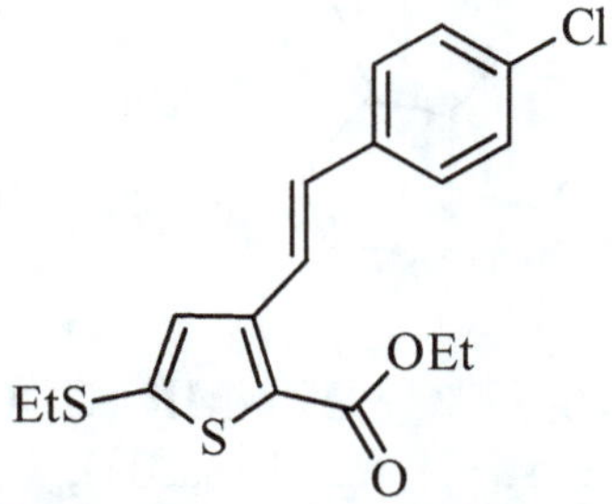

Liquide clair ; **^{1}H NMR** ($CDCl_3$, 500 MHz) δ : 1.36 (t, J = 7.0 Hz, 3H), 1.38 (t, J =7.0 Hz, 3H), 2.96 (q, J = 7.0 Hz, 2H), 4.34 (q, J = 7.0 Hz, 2H), 6.97 (d, J = 12.5 Hz, 1H), 7.29-7.31 (m, 3H), 7.45 (d, J = 9 Hz, 2H), 8.04 (d, J = 12.5 Hz, 1H) ;

^{13}C NMR ($CDCl_3$, 125 MHz) δ : 14.3, 14.6, 31.3, 60.9, 122.0, 127.3, 127.9 (2C), 128.1, 128.8 (2C), 131.5, 133.7, 135.3, 142.4, 145.1, 161.7.

MS : m/z calcd for $C_{17}H_{17}ClO_2S_2$ 252,04 ; found 253,04 $[M + 1]^+$.

Composé 3e : (E)-5-(éthylthio)-3-(4-méthylstyryl) thiophène-2-carboxylate d'éthyle

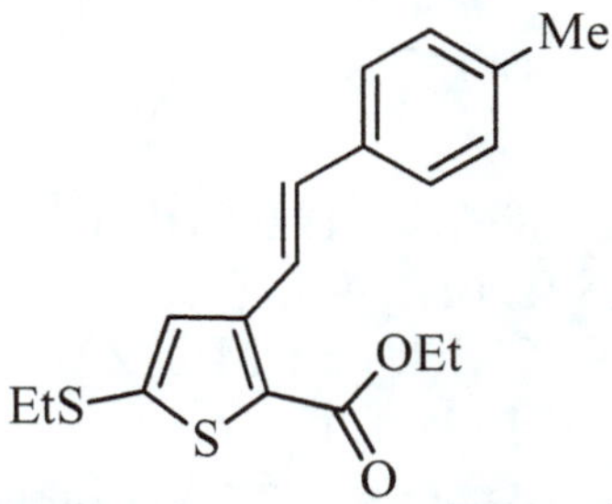

Liquide clair ; **^{1}H NMR** ($CDCl_3$, 500 MHz) δ : 1.35 (t, J = 7.5 Hz, 3H), 1.38 (t, J =7.0 Hz, 3H), 2.34 (s, 3H), 2.95 (q, J = 7.5 Hz, 2H), 3.34 (q, J = 7.0 Hz, 2H), 7.02 (d, J = 12.5 Hz, 1H), 7.15 (d, J = 8 Hz, 2H), 7.33 (s, 1H), 7.43 (d, J = 8 Hz, 2H), 8.02 (d, J = 12.5 Hz, 1H) ;

^{13}C NMR ($CDCl_3$, 125 MHz) δ : 14.3, 14.6, 21.2, 31.3, 60.8, 120.5, 126.7, 126.8 (2C), 128.3, 129.3 (2C), 132.9, 133.9, 138.2, 142.1, 145.7, 161.8.

MS : m/z calcd for $C_{18}H_{20}O_2S_2$: 232,09 ; found 233,10 $[M + 1]^+$.

Composé 3f : 4-benzoyl-3-méthyl-5-(méthylthio) thiophène-2-carboxylate d'éthyle

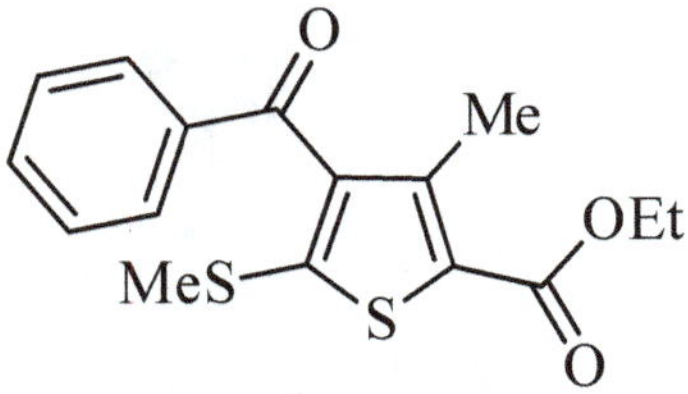

Solide blanc ; p.f : 76-77 °C ; **^{1}H NMR** ($CDCl_3$, 500 MHz) δ : 1.38 (t, *J* = 7.0 Hz, 3H), 2.33 (s, 3H), 2.51 (s, 3H), 4.34 (q, *J* = 7.0 Hz, 2H), 7.45-7.48 (m, 2H), 7.58-7.60 (m, 1H), 7.76-7.78 (m, 2H) ;

^{13}C NMR ($CDCl_3$, 125 MHz) δ : 14.3, 15.3, 19.4, 60.9, 126.4, 128.7 (2C), 128.8, 129.5 (2C), 133.5, 137.5, 140.3, 145.5, 161.7, 190.3.

MS : m/z calcd for $C_{16}H_{16}O_3S_2$: 320,05 ; found 321,06 $[M + 1]^+$.

Composé 5g : 4-acetyl-5-(éthylthio)-3-méthylthiophène-2-carboxylate d'éthyle

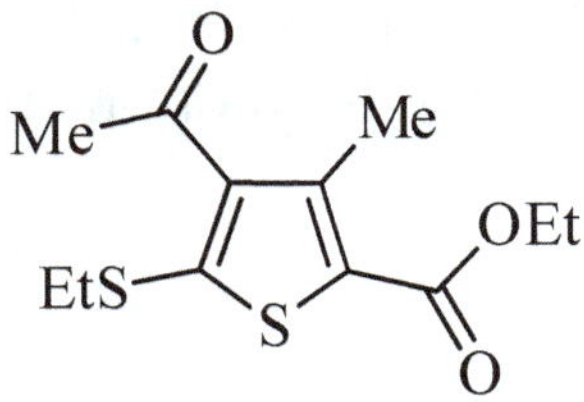

Solide blanc ; p.f : 182-183 °C ; **^{1}H NMR** ($CDCl_3$, 500 MHz) δ : 1.38 (t, *J* = 7.0 Hz, 6H), 2.88 (s, 6H), 4.36 (q, *J* = 7.0 Hz, 4H) ;

^{13}C NMR ($CDCl_3$, 125 MHz) δ : 14.2, 29.6, 61.0 (2C), 129.7 (2C), 140.7 (2C), 144.9, 147.3, 162.4 (2C).

MS : m/z calcd for $C_{12}H_{16}O_3S_2$: 272,05 ; fond 273,06 $[M + 1]^+$.

Composé 5h : 3-éthyl-5-(méthylthio)-4-propionylthiophène-2-carboxylate d'éthyle

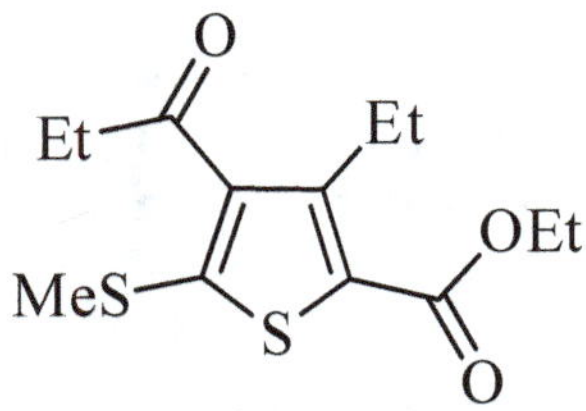

Solide blanc ; p.f : 125-126 °C ; **^{1}H NMR** ($CDCl_3$, 500 MHz) δ : 1.30 (t, *J* = 7.5 Hz, 6H), 1.39 (t, *J* = 7.0 Hz, 6H), 3.32 (q, *J* = 7.5 Hz, 4H), 4.36 (q, *J* = 7.0 Hz, 2H) ;

^{13}C NMR ($CDCl_3$, 125 MHz) δ : 14.2, 15.4, 20.7, 61.0 (2C), 129.5 (2C), 145.6, 145.8, 147.2 (2C), 162.1 (2C).
MS : m/z calcd for $C_{13}H_{18}O_3S_2$: 286,07 ; found 287,08 $[M + 1]^+$.

CONCLUSION

En somme, la réaction de cycloaddition de *α*-oxo-cétène-*S,S*-dithioacétal **1**, substrat, et le 2-diazoacétate d'éthyle **2b**, réactif, en présence du trifluorométhane sulfonate de cuivre dans le 1,2-dichloroéthane (DCE), solvant, a conduit à la formation des dérivés thiophéniques polysubstitués. Ces différents dérivés obtenus ont été caractérisés par des analyses spectroscopiques RMN ^{1}H, RMN ^{13}C et de masse dont les données sont consignées dans ce présent document. Cette méthode utilisée est une nouvelle approche efficace pour la synthèse des dérivés de thiophènes avec l'obtention des rendements appréciables.

Remerciements

Nos remerciements les plus profonds vont à l'endroit du Professeur Liu Qun, chef de Département de chimie organique et les collègues de l'université normale du nord-est de la République populaire de Chine de nous avoir accueillis dans leur laboratoire. Enfin, nous remercions tous ceux qui, de près ou de loin, ont contribué à l'élaboration de ce présent document.

Références bibliographiques

[1] a) S. Murai, F. Kakiuchi, S. Sekine, Y. Tanaka, A. Kamatani, M. Sonoda, N. Chatani, Nature 1993, 366, 529 ;
b) R. J. Phipps, M. J. Gaunt, Science 2009, 323, 1593 ;
c) J.-Y. Cho, M. K. Tse, D. Holmes, R. E. Maleczka Jr., M. R. Smith III, Science 2002, 295, 305 ;
d) K. Godula, D. Sames, Science 2006, 312, 67 ;
e) C.-J. Li, Acc. Chem. Res.2009, 42, 335.
[2] For selected examples on oxygen-directed Csp2_H activation, see:
a) T. Satoh, Y. Kawamura, M. Miura, M. Nomura, Angew. Chem. 1997, 109, 1820 ; Angew. Chem. Int. Ed. Engl. 1997, 36, 1740 ;
b) K.Tsuchikama, Y. Kuwata, Y.-K. Tahara, Y. Yoshinami, T. Shibata, Org. Lett. 2007, 9, 3097;

c) K. Tanaka, Y. Otake, A. Wada, K. Noguchi, M. Hirano, Org. Lett. 2007, 9, 2203.

[3] For selected examples on nitrogen-directed Csp2_H activation, see:

a) D. A. Colby, R. G. Bergman, J. A. Ellman, J. Am. Chem. Soc. 2006, 128, 5604 ;

b) X. Chen, X.-S. Hao, C. E. Goodhue, J.-Q. Yu, J. Am. Chem. Soc. 2006, 128, 6790 ;

c) H.-Q. Do, O. Daugulis, J. Am. Chem. Soc. 2007, 129, 12404 ;

d) I. _zdemir, S. Demir, B. Cetinkaya, C. Gourlaouen, F. Maseras, C. Bruneau, P. H. Dixneuf, J. Am. Chem. Soc. 2008, 130, 1156 ;

e) M. Kim, J. Kwak, S. Chang, Angew. Chem. 2009, 121, 9097 ; Angew. Chem. Int. Ed. 2009, 48, 8935.

[4] For recent references on the use of heterocyclic scaffolds in Combi-Chem. see:

a) A. R. Katritzky, *Chem. Rev.* 2004, *104*, 2125–2812 ;

b) N. Kaval, D. Ermolat'ev, P. Appukkuttan, P. W. Dehaen, C. O. Kappe, E. Van der Eycken, *J. Comb. Chem.* 2005, *7*, 490-502 ;

c) B. Martinez-Teopel, J. Teixido, R. Pascual, M. Mora, J. Pujola, T. Fujimoto, J. I. Borell, E. L. Michelotti, *J. Comb. Chem.* 2005, *7*, 436-448 ;

d) P. Wipf, C. R. J. Stephenson, M. A. A. Walczak, *Org. Lett.* 2004, *6*, 3009-3012 ;

e) T. Opatz, *Eur. J. Org. Chem.* 2004, 4113-4118 ;

f) G. A. Strohmeier, W. Haas, C. O. Kappe, *Chem. Eur. J.* 2004, *10*, 2919-2926 ;

g) A. Rafai Far, *Angew. Chem. Int. Ed.* 2003, *42*, 2340-2348 ;

h) K. A. Hansford, V. Zanzarova, A. Dorr, W. D. Lubell, *J. Comb. Chem.* 2004, *6*, 893.

[5] a) S. Hirano, S. Ichikawa, A. Matsuda, *Angew. Chem. Int. Éd.* 2005, *44*, 1854-1856 ; b) G. Heckmann, T. Bach, *Angew. Chem. Int. Éd.* 2005, *44*, 1199-1201 ;

c) M. Limbach, S. Dalai, A. Janssen, M. Es-Sayed, J. Magull, A. de Maijere, *Eur. J.Org.Chem.* 2005, 610-617.

[6] A. M. Doherty, *Annual Reports in Medicinal Chemistry*, Elsevier, Amsterdam, 2004, vol. 39.

[7] Alan R. Katritzky, Larisa Serdyuk and Linghong Xie, *Convenient one-pot method for the preparation of polysubstituted benzo[b]- and naphtho[1,2-b]-furans and -thiophenes, Center for Heterocyclic*

Compounds, Department of Chemistry, University of Florida, Gainesville, FL 32611-7200, USA.
[8] (a) Press, J. B. in The Chemistry of Heterocyclic Compounds; Eds. Weissberger, A.; Taylor, E. C.: Wiley Interscience, New York, 1985, vol. 44 (1), p. 353-456.
(b) Gronowitz, S. in The Chemistry of Heterocyclic Compounds; Eds. Weissberger, A.; Taylor, E. C.: vol. 44 (1), p. 1-213.
[9] Koike, K.; Jia, Z.; Nikaib, T.; Liu, Y.; Guo, D. Org. Lett. 1999, 1, 197.
[10] Press, J. B.; Pelkey, E. T. Progress in Heterocyclic Chemistry; Gribble, G. W., Gilchrist, T. W., Eds.; Pergamon: New York, 1997, vol. 9, p 77.
[11] Alberola, A.; Andres, J. M.; Gonzalez, A.; Pedrosa, R. ; Pradanos, P. Synth. Commun. 1990, 20, 2537-2547.
[12] Shindo, M.;Yoshimura, Y.; Hayashi, M.; Soejima, H.; Yoshikawa, T.; Matsumoto, K.;Shishido, K. Org. Lett. 2007, 9, 1963-1966.)
[13] Rajca, A.; Miyasaka, M.; Pink, M.; Wang, H.; Rajca, S. *J. Am. Chem. Soc.* 2004, 126, 15211-15222

PROPRIÉTÉS ANTI-INFLAMMATOIRES DES EXTRAITS AQUEUX DES ÉCORCES DE RACINES DE *MORINDA GEMINATA D.C (RUBIACEAE)*

Par

BOOLAMOU[1] Nyankoye Blaise, CAMARA[2] Kalil Polia, LAPO RA[3], MOUSSA A.[4], BASSENE[4] Emanuel, SAMB[3] Abdoulaye, BARRY[2] Mamadou Samba, OULARE[2] Kabiné & BALDE[6] Aliou Mamadou

1.Département de chimie, Faculté des Sciences de la Nature, Université Julius NYERERE de Kankan, B.P. : 209, Kankan, République de Guinée.

2. Département de biologie, Faculté des Sciences de la Nature, Université Julius NYERERE de Kankan, B.P. : 209, Kankan, République de Guinée.

3. Laboratoire de Chimie des Produits Naturels (FST, UCAD) Dakar (Sénégal).

4. Laboratoire de Physiologie, de Pharmacodynamique et de Thérapeutique de l'École Inter-états des Sciences et de Médecine Vétérinaire (EISMV, UCAD) Dakar (Sénégal).

5. Centre National de Recherche et Valorisation des plantes Médicinales de Dubréka, B.P. : 6411, Dubréka, République de Guinée.

Résumé : La présente étude a pour but d'évaluer les propriétés anti-inflammatoires des extraits aqueux des écorces de racines de *Morinda geminata DC,* plante de la famille des *Rubiaceae* largement répandue dans la sous-région d'Afrique de l'Ouest. Des rats de souche wistar ont été répartis en 2 lots de 10, puis gavés aux extraits aqueux de racines de *Morinda geminata DC* aux doses de 100 mg/kg (n=10) et 300 mg/kg (n=10). Ils ont ensuite été soumis à l'épreuve d'œdème induit par la carragénine. Au bout de 3 heures, les effets de la plante ont été comparés avec ceux d'animaux témoins recevant de l'eau distillée (n=10) et à ceux recevant de l'aspirine 10 mg/kg (n=10) comme anti-inflammatoire de référence. Les résultats des mesures plétysmographiques montrent que le pourcentage d'inhibition de l'œdème est respectivement de 44,23 %, 40,93 % et 44,50 % pour les lots Aspirine, *Morinda* 100 mg et *Morinda* 300 mg. De plus, dans tous les lots, l'effet maximal est obtenu au bout de 2 heures. Ces résultats permettent d'affirmer que les extraits aqueux de *Morinda geminata DC* expriment une activité anti-inflammatoire.

Mots-clés : *Morinda geminata DC*, anti-inflammatoire, rat wistar, carragénine, mesures plétysmographiques. Aspirine, eau distillée, Éxtraits aqueux.

SUMMARY: this study aims to evaluate the anti-inflammatory activity of *Morinda geminata DC*, plant of the family *Rubiaceae* widespread in the sub-region of West Africa. Wistar strain rats were divided into 2 groups of 10 and then stuffed the aqueous extracts of the roots of *Morinda geminata* DC at doses of 100 mg / kg (n = 10) and 300 mg / kg (n = 10). They were then subjected to the test of edema induced by carrageenan. After 3 hours, the effects of the plant were compared with those of control animals receiving distilled water (n = 10) and those receiving aspirin 10 mg / kg (n = 10) as anti - inflammatory reference. The results of the measurements show that plétysmographiques percentage inhibition of edema is respectively 44,23 %, 40,93 % and 44,50 % for batch keywords, and *Morinda geminata* D.C 100 mg 300 mg. Furthermore, in all lots, the maximal effect is obtained after two hours. These results allow to assert that the aqueous extracts of *Morinda geminata* DC express anti-inflammatory activity.

Key words: *Morinda geminata DC*, root bark and anti - inflammatory activity.

Introduction

Les propriétés des extraits aqueux des écorces de racines de *Morinda geminata DC contre les douleurs* inflammatoires en milieu Maninka et Kpèlè restent une préoccupation des anciens malades qui ont déclaré avoir retrouvé leur santé grâce à l'application de ces extraits aqueux. Par contre, d'autres malades des réponses mitigées. C'est face à cette situation que l'idée ou la piste de cette recherche a été confrontée. En effet, l'exploration de la littérature a révélé qu'aucune étude systémique n'avait encore été menée dans ces zones sur les propriétés anti-inflammatoires de ces extraits aqueux. Ce travail vient à combler cette lacune. *Morinda geminata* DC est une plante

couramment utilisée traditionnellement en Guinée pour traiter plusieurs affections dont les œdèmes, les entéralgies, les fièvres, le diabète, les ictères, l'hémoglobinurie bilieuse et la toux (Nalcouma, 1996). *Morinda geminata* DC et d'autres plantes sont connues et utilisées comme ayant des effets sur les infections qui entraînent des réactions inflammatoires
(Ladouni 2010). L'inflammation est un phénomène réactionnel mis en œuvre par l'organisme chaque fois que l'intégrité de ses constantes morphologiques et biologiques est menacée (Singla et Pathak, 1990). Elle n'est donc pas synonyme d'infection, mais l'infection peut être la cause de l'inflammation (Rousselet *et al.* 2005 ; Abema *et al.* 2007) la survenue de l'inflammation a des origines multiples parmi lesquelles figurent les infections, les agents physiques et les agents chimiques. Tout organisme normal peut alors souffrir de l'inflammation qui peut se manifester par divers symptômes tels que l'œdème (tuméfaction ou tumeur), la douleur et la chaleur ou la fièvre. *Morinda geminata* DC est un arbuste à rameaux quadrangulaires pouvant atteindre 10 à 15 m de hauteur et à glomérules de fleurs blanches odorantes. On le rencontre principalement en Haute et Basse-Guinée dans les terrains humides, de même qu'en Guinée forestière (Carrière, 1994). Sur le plan chimique, les recherches antérieures signalent l'absence de flavonoïdes, de saponosides, de tanins et d'alcaloïdes dans la plante (Pousset 1989, Kerharo, Adam, 1974). Par contre, la présence des quinones dans les écorces de tige et de racines a été signalée en quantité élevée

1. Matériels et méthodes

1.1 Matériel

1.1.1 Matériel végétal

Les écorces de racines ont été récoltées à Batè-Nafadji (Kankan) et Koropara centre (N'Zérékoré) en République de Guinée aux mois de mars et juillet 2011. Elles ont été séchées à l'abri du soleil au laboratoire de chimie organique de l'Université de Kankan. Après séchage, les écorces ont été broyées au laboratoire de pharmacognosie de la Faculté de Médecine Pharmacie Odontostomatologie de l'Université Cheikh Anta DIOP (UCAD), Dakar, Sénégal.

330 g de poudre d'écorces des racines de *Morinda geminata* DC ont été portés à ébullition dans 2 litres d'eau distillée pendant 30 min. Le décocté, une fois refroidi, a été filtré puis évaporé à sec. 45,94 g

d'extrait sec ont été obtenus, soit un rendement à l'extraction de 13,92 %.

1.1.2 Matériel animal

L'étude a porté sur 40 rats mâles Wistar, de poids variant entre 125 g et 250 g, provenant de l'animalerie du laboratoire de physiologie, pharmacodynamique et thérapeutique de l'École Inter-États des Sciences et de Médecine Vétérinaire (EISMV/ UCAD).

1.1.3 Autres matériels

- Carragénine 1 %
- Aspirine à 500 mg
- Liquide physiologique
- Pléthysmomètre

1.2 Méthodes

1.2.1 Détermination du volume de la patte des animaux avant l'induction de l'œdème

Au début de l'expérience, le volume de la patte postérieure gauche de chaque animal a été déterminé au moyen d'un pléthysmomètre. Les animaux ont ensuite été répartis en 4 lots de 10 :

- Lot témoin : eau distillée
- Lot de référence : aspirine à la dose de 10 mg/kg de poids vif corporel
- Lot *Morinda geminata* : extrait à 100 mg/kg de poids vif corporel
- Lot *Morinda geminata* : extrait à 300 mg/kg de poids vif corporel.

L'administration des différentes solutions a été réalisée par gavage à l'aide d'une sonde bucco-œsophagienne. Le volume administré à chaque lot était de 1 ml.

1.2.2 Induction de l'œdème

La méthode d'œdème de la patte de rat induit par la carragénine selon Dieng (Dieng *et al.*, 2013) a été utilisée. Celle-ci consiste à injecter au niveau de l'aponévrose plantaire de la patte postérieure gauche de l'animal 0,05 ml d'une suspension de carragénine à 1 %. Les animaux sont ensuite laissés dans des cages pendant 30 minutes jusqu'à apparition d'un œdème franc.

1.2.3 Évaluation des effets anti-inflammatoires

Trois (3) heures après l'induction de l'œdème, le développement de l'inflammation a été évalué au moyen du pléthysmomètre toutes les 60 minutes pendant 3 heures. Les mesures des volumes avant, et après administration de la carragénine ont permis de déterminer le pourcentage d'inhibition de l'œdème d'après la formule :

% d'inhibition=1-[(V_2 lot traité-V_1 lot traité)]/(V_2 témoin -V_1 témoin) x 100

V_2 : Volume de la patte après administration de carragénine

V_1 : volume de la patte avant administration de carragénine

1.2.4 Analyse statistique

Les résultats sont présentés sous forme de moyenne ± écart-type. La comparaison entre les lots a été faite par le test *t* de student. Les valeurs de $p < 0,05$ sont considérées comme significatives.

2. Résultats

Volume de l'œdème.

Tableau I : Volume moyen de l'œdème et pourcentage d'inhibition.

Lots	**vol. moyen de l'œdème (ml)**	**% inhibition**
Témoin	0,728 ± 0,43	0
Aspirine	0,406 ± 0,38	44,23*
Morinda 100	0,43 ± 0,20	40,93*
Morinda 300	0,404 ± 0,10	44,50*

p < 0,05

Le volume moyen de l'œdème obtenu en fin d'expérience et le pourcentage d'inhibition sont présentés dans le tableau I. Les résultats font apparaître que l'œdème est plus important dans le lot témoin. Les traitements à l'aspirine et au *Morinda geminata* à 100 mg/kg et à 300 mg/kg ont entraîné une inhibition de l'œdème respectivement de 44, 23 %, 40,93 % et 44, 50 %. Le pourcentage d'inhibition du volume des pattes n'est pas significatif entre les lots traités.

2.1. Évolution du volume de l'œdème en fonction du temps

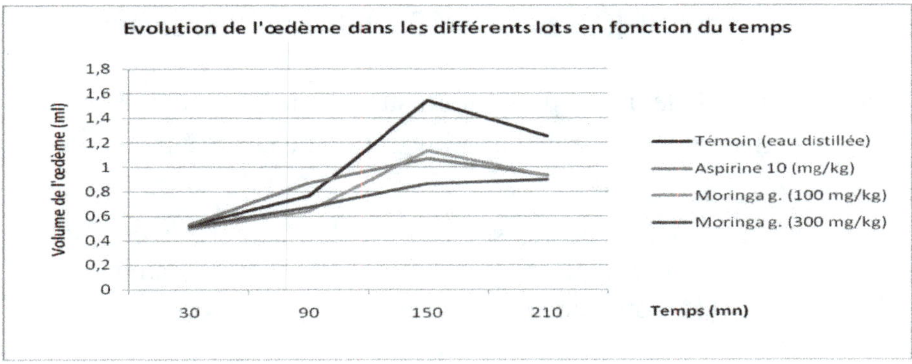

L'évolution de l'œdème en fonction du temps est illustrée par la figure 1. Celle-ci montre que l'œdème augmente progressivement dans tous les lots, jusqu'à T2 (150 minutes), moment à partir duquel il commence à régresser

2.2 Discussions

Les résultats montrent que la carragénine a provoqué un processus inflammatoire au niveau des pattes des rats. Ce processus inflammatoire s'est traduit par une rougeur et surtout un œdème dont l'effet maximal s'observe en 2 heures, moment à partir duquel il a commencé à régresser. À la fin de l'expérience c'est-à-dire au bout de 3 heures, l'œdème était plus développé dans le lot témoin que dans les lots traités à l'aspirine et aux extraits de *Morinda geminata DC*.

La carragénine est un agent phlogogène qui est souvent utilisé dans les modèles d'études sur les anti-inflammatoires (Winter *et al*., 1962 ; Crunkhon et al, 1971). Son administration provoque un processus inflammatoire caractérisé par la douleur, la chaleur, la rougeur et surtout par le gonflement de la patte postérieure du rat c'est-à-dire l'œdème.

L'analyse de l'évolution de l'œdème dans le lot témoin montre que celui-ci se développe progressivement jusqu'à atteindre son maximum au bout de 2 heures, moment à partir duquel il commence à régresser.

Bien que ce lot n'ait pas reçu d'anti-inflammatoire, il existe au niveau de l'organisme des mécanismes de défense qui permettent de contenir le développement d'un processus inflammatoire. En effet, l'inflammation est caractérisée par une phase vasculaire qui est sous la dépendance de nombreux médiateurs (histamine, sérotonine, quinines, trhomboxanes et Platelet activating factor…), et une phase cellulaire au cours de laquelle de nombreuses cellules notamment les polynucléaires neutrophiles et les monocytes envahissent le foyer inflammatoire. Ces phases se traduisent cliniquement par l'œdème, la rougeur, la douleur et la chaleur. Au-delà de ces phases, survient une phase de réparation dont la finalité est de réparer ou de remplacer le tissu lésé. On peut alors observer une réduction de l'œdème, voire la cicatrisation (Crespeau, 1992). C'est ce qui pourrait justifier qu'après 2 heures, l'œdème tend à régresser aussi bien dans le lot témoin que dans les lots traités. Cependant, comme le volume de l'œdème est plus faible dans les lots traités, cela laisse suggérer que tout comme l'aspirine, les extraits de *Morinda geminata* DC manifestent une activité anti-inflammatoire, qui vient contrer la réaction inflammatoire normale. En effet, les anti-inflammatoires tels que l'aspirine ont la propriété de bloquer la synthèse des prostaglandines issues du métabolisme de l'acide arachidonique d'origine membranaire. (Gogny et Puyt, 1992).

Dans les conditions de l'expérience actuelle, il est possible d'affirmer que les extraits aqueux des écorces de racines de *Morinda geminata* DC possèdent une activité anti-inflammatoire comparable à celle de l'aspirine. Cette activité tire vraisemblablement son origine dans la nature et la composition de substances révélées par le screening phytochimique.

Les études entreprises par PAUWELS (1979) ont révélé la présence de dérivés anthracéniques comme la morandine, dont les propriétés laxatives leur ont valu leur utilisation comme diarrhéiques (Institut de recherche scientifique du Zaïre, 1979).

En effet, il a été signalé la présence des saponosides connues pour leurs effets sur la perméabilité de la membrane cellulaire (KOROMA et BASIL 2009).

Il peut être suggéré que la combinaison des deux propriétés, à savoir, laxative (sortie d'eau du milieu intracellulaire), associée à une augmentation de la perméabilité cellulaire ont contribué à réduire l'œdème dans les lots traités.

Références bibliographiques

1 CAIMENT LEBLOND J., 1957 : *Contribution à l'étude des plantes médicinales d'A.0.F. et d'A.E.F.* Thèse Doct. Pharm. Paris.

2 **CARRIÈRE M., 1994** : *Plantes de Guinée à l'usage des éleveurs et des vétérinaires.* Minist. Coop. Fr., CIRAD-EMVT, page 88.

1. **CARRIÈRE M., avril 2000** : *Flore de Guinée: Appellations vernaculaires et usages traditionnels de quelques plantes.* Minist. Coop. Fr., CIRAD-EMVT, page 66.

2. **CRUNKHON P., MEACOCK, 1971**: *Mediator of inflammation induced in the rat paw carrageenan*; Br. J. Pharmacol., 42, 392-402.

3. **CRESPEAU F., 1992**. *Caractères morphologiques de l'inflammation.* Rec. Méd. Vét., 1 (8/9), 545-558.

4. **DANG VAN HO M., 1955.** *Presse Médicale*, France. 63, n° 72, 1478.

5. **FALL A.D., SY GY, FALL, DIATTA W., NICOLAS J.P., DIATTA K., GASSAMA A.S., BASSENE E., FAYE B., 2009 ;** *Étude des activités antalgiques et anti-inflammatoires et de la toxicité aiguë des feuilles de Aphania senegalensis* (Juss. Ex Poir) Radlk. *Sapindaceae. Ethnopharmacologia ;* 43 : 76-80.

6. **GOGNY M., PUYT J. D., 1992**. *Activité thérapeutique des anti-inflammatoires non-stéroïdiens.* Rec. Méd. Vét., 168 (8/9), 603-608.

7. **KERHARO J., ADAM J.G., 1974,** *La pharmacopée sénégalaise traditionnelle. Plantes médicinales et toxiques.* Édition Vigot et Frères. 1012 p.

8. **GOGNY M., PUYT J.D., 1992**. *Activité thérapeutique des anti-inflammatoires non stéroïdiens.* Rec. Méd. Vét., 168 (8/9), 603-608.

9. **KERHARO J., ADAM J.G., 1974,** *La pharmacopée sénégalaise traditionnelle. Plantes médicinales et toxiques.* Édition Vigot et Frères. 1012 p.

10. **KOROMA L. 2009 :** Composés phytochimiques et l'activité antimicrobienne de *geminata* DC et *Craterispermum laurinum)* de la Sierra.Revue africaine de biotechnologie. Vol.

11. **NACOULMA O., 1996.** *Plantes médicinales et pratique médicale traditionnelle au Burkina Faso, cas du plateau central*, tome II, doctorat ès sciences Nature, Université de Ouagadougou.

12. **PARIS R., ABUISSO N., 1958,** Annales. Pharmaceutiques. France. 16, n° 11, 660 5.

13. **PARIS R., NGUYEN B.A., TUOC, 1954,** Annales. Pharmaceutiques. Fr. 12, 794.

14. **POUSSET J. L., 1989.** *Plantes médicinales africaines. Utilisations pratiques.* Paris, ACCT., 266 p.

15. **SAKANDE J. 2004** : *Étude bio-guidée des propriétés pharmacologiques d'extraits et fractions.*

16. *Borassus aethioplum* Mart (Arécaceae) approche du mécanisme biochimique d'action. Thèse unique en sciences biologiques appliquées. Université de Ouagadougou.
17. SOW F.B, 2004. Étude d'une préparation médicamenteuse traditionnelle : Analyse physico-chimique ; Activité anti-inflammatoire et toxicité, doctorat de Pharmacie (Diplôme d'État), UCAD Dakar.
18. WINTER C.A., RISLEY E.A., NUSS G.W., 1962. *Carragheenin induced edema in hind paw of the rat as an essay for anti-inflammatory drungs*. Proc, Soc, Biol. Méd, 111:544-547.

DÉTERMINATION DE LA TENEUR EN VITAMINE B1 DANS LES FEUILLES COMESTIBLES À KANKAN

Par
TRAORE[1] Ansoumane, BARRY[1] Mamadou Samba, KAMANO[1] Célestin Silaty, CAMARA[1] Youssouf, BAYO[1] Mohamed

1. Département de biologie, Faculté des Sciences de la Nature, Université Julius Nyerere de Kankan, B.P. : 209, Kankan, République de Guinée.

Résumé : Nos travaux portant sur la détermination de la teneur en vitamine B1 dans les feuilles comestibles à Kankan ont été réalisés dans les laboratoires du Centre de Recherches Agronomiques de Bordo (C.R.A.B.) et de l'hôpital régional de Kankan. Le but de ces travaux est d'apprécier la valeur nutritive des feuilles à travers leurs constituants en vitamine B1. Le travail a consisté en l'inventaire des feuilles comestibles et à la détermination de leur teneur en vitamine B1. La méthode volumétrique basée sur le titrage avec le nitrate d'argent à 0,1N a été utilisée. Les résultats obtenus exprimés en mg/l sont : Aubergine : 1,62-2,120 ; patate : 0,76-1,40 ; manioc : 1,60-1,00 ; arachide : 1,20-1,21 ; épinard : 1,01-1,29 ; choux : 0,69-1,21 ; laitue : 0,70-0,87 ; gombo : 0,53-0,54 ; oignon : 0,83-0,97 ; taro : 0,64-0,65 ; sésame : 0,87 ; haricot : 1,11 ; melon : 0,71 ; baobab : 1,37 ; oseille de Guinée : 1,26. Les résultats montrent que les feuilles de gombo sont les plus pauvres en vitamine B1, tandis que les feuilles de manioc et d'aubergine sont les plus riches.

Mots-clés : Vitamine, teneur, feuilles comestibles, vitamine, détermination.

Summary: Our work on the determination of vitamin B1 in edible leaves Kankan was performed in the laboratories of Agricultural Research Centre Bordo (CRAB) and the regional hospital in Kankan. The aim of this work is to assess the nutritional value of the leaves through their constituent's vitamin B1. The work consisted of an inventory of edible leaves and determination of their vitamin B1.The volumetric method based on titration with silver nitrate 0.1 N was used. The results expressed in mg/l are: Aubergine: 1.62 to 2.120; potato: 0.76 to 1.40; Cassava: 1.60 to 1.00; Peanut: 1.20 to 1.21; spinach: 1.01 to 1.29; cabbage: 0.69 to 1.21; lettuce: 0.70 to 0.87; Okra: 0.53 to 0.54; onion: 0.83 to 0.97; taro: 0.64 to 0.65; Sesame: 0.87; Bean: 1.11; melon: 0.71; Baobab: 1.37; Guinea sorrel 1.26. The results show that the okra leaves are the poorest vitamin B1, while cassava leaves and eggplant are the richest.

Key words: vitamin, content, edible leaves, determination

1. Introduction

Les feuilles sont des expansions latérales de la tige ou des rameaux. Elles sont généralement vertes et c'est principalement à leur niveau que se produit l'assimilation chlorophyllienne ainsi que les échanges gazeux avec le milieu extérieur. Les feuilles occupent une place prédominante dans l'arboriculture et elles servent de nourriture pour les habitants des pays producteurs. Elles servent encore de matières premières pour les industries alimentaires et pharmaceutiques (Bach *et al.*, 1992).

Les feuilles, de par leur constitution en substances nutritives (glucides, lipides, protides, vitamines et minéraux), aident à garantir la santé tant physique que morale. Dans le souci de remédier aux problèmes alimentaires qui se posent aux populations des pays en développement notamment, il est important d'entreprendre des travaux d'analyse sur la composition chimique des feuilles cultivées. Dans cette optique s'inscrit l'analyse de la teneur en vitamine B1 des feuilles consommées par les populations de Kankan.

2. Matériel végétal

Tableau 1 : Noms français, scientifiques, malinké et dates de récolte/achat des espèces utilisées.

N°	Feuilles	Noms scientifiques	Variétés	Noms en Malinké	Dates de récolte ou d'achat
1	Aubergine	*Solanum melongena*	Doux Amer	Dyaro gbè Dyaro kuna	15/08/2012
2	Patate	*Ipomea batata*	Blanche Rouge	Wusengbè Wusen wulen	20/08/2012
3	Manioc	*Manihot utilisima*	Douce Amère	Bananku gbè Baa bananku	25/08/2012

4	Arachide	*Arrachis hypogeae*	Hâtif tardif	Karosaba tiya Tiyaba	30/08/2012
5	Gombo	*Hibiscus esculentus*	Hâtive tardive	Gban nèn Gban ba	03/09/2012
6	Épinard	*Amarantus dibius*	Rouge	boronfida	03/09/2012
7	Chous	*Brasica oleracea*	Pommé non Pommé	Suu	10/09/2012
8	Laitue	*Lactuca saltiva*	Pommée dentelée	Saladi	10/09/2012
9	Oignon	*Allium cepa*	Gros petit	Dyaba kumba dyabamisen	10/09/2012
10	Taro	*Calocassia antiquotum*	madère	Djabèrè Dyabèrè	20/09/2012
11	Sésame	*Solanum indicum*	-	Bènè	20/09/2012
12	Haricot	*Phaseolus vulgaris*	-	Soso	16/10/2012
13	Melon	*Cucurbita pepo*	-	Dyée	20/10/2012
14	Baobab	*Adansonia digitata*	-	Seda	02/11/2012
15	Oseille de Guinée	*Hibiscus sabdariffa*	-	Dakumum	02/11/2012

3. Méthodes

Dans le cadre de cette analyse, la méthode volumétrique de dosage a été utilisée. Une prise d'essais de 2 g est placée dans une fiole jaugée de 50 ml. On y ajoute 40 ml d'eau distillée et on complète jusqu'au trait de jauge par l'acide chlorhydrique dilué. On agite et on laisse au repos pendant 12 heures au moins. Ensuite on filtre.

Dans un berzelus, on mesure 30 ml de solution de chlorhydrate de vitamine B1 et 5 gouttes de bleu de bromothymol. On neutralise avec une solution de NaOH à 0,1N jusqu'à l'apparition d'une coloration violette (PH 7,6). La solution à doser s'acidule avec l'acide nitrique concentré jusqu'à l'apparition d'une coloration jaune.

On ajoute 1 ml de solution d'allium ferrique ammoniacal et 0,1 ml de sulfocyanure d'ammonium 0,1N ; la solution se colore en rouge. On titre avec la solution de nitrate d'argent 0,1N jusqu'à la disparition de la couleur. On note le nombre de ml utilisé pour le titrage.

Calcul de la teneur en vitamine B1 :

$$Xmg\% = \frac{0{,}0043 \times Vm \times Vf}{Vm \times Pe} \times 100 = \frac{0{,}0043 \times Vm \times 50}{30 \times 2} \times 100.$$

Où, Xmg % = teneur en vitamine B1 ; 0,0043 est le titre (mg) de $AgNO_3$ à 0,1N correspondant à la vitamine B1 ; Vm est le volume moyen en (ml) de $AgNO_3$ à 0,1N utilisé lors du titrage ;

Vf = volume final en (ml) = 50 ; Ve est le volume en (ml) d'un extrait vitaminique analysé = 30 ; Pe est la prise d'essais en gr (= 2) ; 100 est le rapport en %.

4. Résultats

Au cours de nos travaux de laboratoire, nous avons obtenu les résultats consignés dans le tableau ci-dessous :

Tableau 2 : Résultats des analyses

Feuilles	Variétés	Volume de $AgNO_3$ utilisé				Teneur
		V_1	V_2	V_3	Vm	en mg %
Aubergine	Douce Amère	6,1 4,6	5,8 4,5	5,9 4,5	5,93 4,53	2,12 1,62
Patate	Blanche jaune Rouge	4,0 3,0 2,2	3,9 4,0 2,2	3,9 3,9 2,0	3,93 3,90 2,13	1,40 1,39 0,76
Manioc	Douce Amère	4,8 5,0	4,7 5,1	4,6 5,0	4,70 5,03	1,68 1,80
Arachide	Hâtive Tardive	3,4 3,6	3,3 3,6	3,4 3,2	3,36 3,40	1,20 1,21
Gombo	Hâtif tardif	1,4 1,5	1,6 1,5	1,5 1,6	1,50 1,53	0,53 0,54
Épinard	Rouge Vert	3,5 2,9	3,7 2,9	3,6 2,7	3,80 2,83	1,29 1,01
Chous	Pommé Non Pommé	1,9 3,6	1,9 3,5	2,0 3,4	1,93 3,50	0,97 0,83
Laitue	Pommée Dentelée	2,1 2,4	2,3 2,2	2,2 2,4	2,20 2,33	0,78 0,83
Oignon	Gros Petit	2,3 2,8	2,3 2,7	2,4 2,7	2,73 2,33	0,97 0,83
Taro	Madère Malanga	1,8 1,8	1,8 1,9	1,9 1,7	1,03 1,80	0,65 0,64
Sésame	-	2,5	2,4	2,4	2,43	0,87
Haricot	Vert	3,2	3,0	3,1	3,10	1,11
Melon	-	1,9	2,1	2,0	2,0	0,71
Baobab	-	4,0	3,8	3,7	3,83	1,37
Oseille	de Guinée	1,5	3,5	3,6	3,53	1,26

De ces résultats, il découle que sur les 22 variétés analysées, la teneur en vitamine B1 dans les feuilles comestibles varie de 0,51 à 2,12 mg pour cent. Les feuilles les plus riches sont celles de l'aubergine et celles du manioc tandis que les feuilles les plus pauvres sont celles du gombo (0,53 à 0,54 mg pour cent). Nos résultats comparés à ceux d'autres chercheurs, corroborent (Javillier. M. *et al.*, 1962 *; Luc Dressant,* 1984 *; Kerharo J., 1973).*

À l'analyse de nos résultats, les différentes teneurs de nos feuilles étudiées peuvent couvrir les besoins quotidiens de l'organisme en vitamine B1 (**0,4** mg à **2,5** mg/jour selon Donart *et al.* 1986).

Conclusion

Pour ceux qui s'intéressent à l'alimentation humaine de façon générale, les feuilles des légumineuses constituent un matériel précieux pour les vitamines et autres substances. Il convient d'accorder de l'importance à l'intensification de la culture de ces légumineuses et à la sensibilisation de la population sur la consommation des feuilles locales. Cette sensibilisation peut se situer au niveau de nos centres de santé tant urbains que ruraux et aussi nos radios rurales dans nos langues nationales. Nous recommandons vivement à d'autres chercheurs du département de biologie ou d'ailleurs d'intensifier de tels travaux de recherche sur les feuilles à fin de saisir la notion de l'essentiel des constituants des feuilles de nos légumineuses cultivées. Par des moyens financiers, encourager l'action maraîchère des femmes avec évidemment un programme suivi d'alphabétisation.

Références bibliographiques

1. **ALBERT L., 1985**. *Principe de biochimie*,Flammarion.

2. **BACH *et al.*, 1992.**

1. **BERNARD *et al.*, 1984**. Dictionnaire médical pour les régions tropicales.

2. **CLAUDE NARDEUX (M) *et al.* 1984**. Dictionnaire de l'agriculture, éd. Française. Librairie.

3. **CHARLES MARIE MESSIEEN, 1979** : *Le potager tropical* (T1 et T2).

4. **CAMEFORT H., 1986**. *Morphologie des végétaux vasculaires, cytologie, anatomie, adaptations.* Doin, Paris, 432 p.

5. **CAMEFORT H. BOUE. 1980**. *Reproduction et biologie des végétaux supérieurs. Bryophytes. Ptéridophytes. Spermaphytes.* Doin, Paris, 436 p.
6. **CATESSON R., 1990.** *Biologie végétale,* tome 2 : « Organisation végétative ». Doin, Paris, 256 p.
7. **CRETE P., 1962.** *Précis de botanique.* Tome 1. « Morphologie et reproduction des plantes vasculaires ». Masson, Paris, 347 p.
8. **DOMART A. *et al.*, 1986.** Nouveau Larousse médical.
9. **J. LE BOULANGER, 1985 :** Les vitamines-Biochimie-mode d'action. Internet thérapeutique.

COMPARAISON DE LA QUALITÉ DES EAUX DE LA RIVIÈRE NIANDAN ET DE LA MARE BOLÈ DE BARO EN RAPPORT AVEC LEUR NIVEAU D'EUTROPHISATION

Par
BAYO[1] Ibrahima, CONDE[1] Karamoko, GBONIMY[2] Kawé & BARRY[3] Mamadou Samba

1. Département de physique, Faculté des Sciences de la Nature, Université Julius Nyerere de Kankan, B.P. : 209, République de Guinée.
2. Institut polytechnique, Université Gamal Abdel Nasser de Conakry.
3. Département de biologie, Faculté des Sciences de la Nature, Université Julius Nyerere de Kankan, B.P. : 209, République de Guinée.

Résumé : La rivière Niandan coule du sud vers le nord, en drainant un bassin d'une superficie de 12 470 km^2 qui abrite la mare Bolè de Baro. À cause des cérémonies rituelles qui accompagnent chaque année la pêche traditionnelle que la population de Baro organise dans la mare, elle représente un fleuron dans la culture mandingue. L'écosystème de la mare entretient une relation complexe avec le bassin versant de la rivière Niandan. En utilisant la démarche physico-chimique et la méthode d'observation, ce travail a permis de montrer que par rapport aux paramètres d'eutrophisation, la qualité des eaux de la mare Bolè de Baro est mauvaise et celle de la rivière Niandan, médiocre. Ce résultat analysé à travers une grille d'eutrophisation classe la mare hyper eutrophe et nécessite une recherche complémentaire pour fixer le niveau d'eutrophisation du Niandan.

Mots-clés : **Qualité des eaux, eutrophisation, bassin versant, fleuron, écosystème.**

Summary: The Niandan river sinks the south northwards, draining a basin of a surface of 12 470 km^2 that shelters the Bolè pool of Baro. Because of the ritual ceremonies that come with every year the traditional fishing in the pool organized by the population of Baro, it represents a floret in the culture manding. The ecosystem of the pool maintains a complex relation with the basin of the Niandan river. While using the physico-chemical gait and the method of observation, this work permitted to show that in relation to the parameter of eutrophisation, the quality of the waters of the Bolè pool of Baro is bad and the one of the Niandan river, mediocre. This results analyzed through a grid of eutrophication classifies the pool hyper-eutrophe and require a complementary research to fix the level of eutrophication of the Niandan.

Key words: Quality of waters, eutrophication, river basin, ecosystem

Introduction

La mare de Baro entretient avec le bassin versant du Niandan des relations multiples et réciproques. La qualité de ses eaux dépend très étroitement du fonctionnement passé et actuel du bassin. De plus, sa présence est un facteur supplémentaire d'anthropisation du bassin versant, qui entraîne un accroissement des risques de pollution : rappelons le cas de la grande fête annuelle de la mare Bolè qui regroupe des milliers de personnes et qui donne lieu à une véritable foire où se retrouvent divers articles allant de la gamme des déchets biodégradables aux déchets non biodégradables.

Inversement, les « pressions » anthropiques exercées directement dans le bassin ou sur les plans d'eau (aménagements physiques, exploitations du peuplement piscicole) ont une répercussion sur le fonctionnement écosystémique de la mare. De ce fait, la dégradation observée de l'écosystème de la mare Bolè de Baro n'est pas un phénomène isolé.

Ainsi, pour comprendre et résoudre les maux dont souffre la mare Bolè, il est important de mener des études qui prennent en charge le système composé de la mare et du bassin du Niandan qui l'abrite.

I. Matériels et méthodes

La méthode a consisté à calculer les valeurs moyennes des paramètres physico-chimiques de la mare Bolè de Baro et de la rivière Niandan. Ces valeurs ont permis d'apprécier la qualité des eaux en utilisant la grille de RSL (2003) et de déterminer le niveau d'eutrophisation en les comparant aux normes de la grille proposée par Fredette (2007), Palmer (2001), Rimann (2001) et Wetzel (2001).

1.1 Collecte des données

Les données concernant la mare ont été mesurées en période de moyennes eaux (décembre, janvier-mars) et celles concernant le

Niandan ont été relevées en période de hautes eaux (août-novembre), moyennes et basses eaux (avril-juillet). Ces dernières ont permis d'analyser le comportement des paramètres physico-chimiques des eaux du Niandan aux différentes périodes.

Pour l'évaluation du niveau d'eutrophisation, les paramètres ci-dessous sont pertinents (RSL, 2003).

PO_4^{3-} : Concentration en ortho-phosphates (µM) ;

NID : Concentration en azote inorganique dissous (µM) ;

NO_2^- : Concentration en nitrites (µM) ;

NO_3^- : Concentration en nitrates (µM) ;

NH_3 : Concentration en ammonium (µM) ;

NT : Concentration en azote total (µM) ;

PT : Concentration en phosphore total (µM).

1.2 Méthodes d'analyse

Le dosage des paramètres choisis, a été basé sur les méthodes adaptées de Hach (Hach, 1995).

Phosphore total PT :

- La méthode de digestion au persulfate de potassium a été utilisée pour transformer les phosphates présents sous des formes organiques et condensées inorganiques (méta-pyro et autres poly-phosphates) en ortho-phosphates.
- Enfin, l'ortho-phosphate a été dosé par la méthode PhosVer3.

Azote total (NT) : Il a été déterminé en se basant sur le fait qu'il est la somme de trois types d'azote : l'azote Kjeldahl total NKT, les nitrates NO_3- et les nitrites NO_2-.

$$NT = NKT + NO_3^- + NO_2^-.$$

Azote Kjeldahl total NKT : Il a été dosé par la méthode de Nessler. Le processus consiste à minéraliser l'échantillon, puis l'azote sous cette forme est converti en sel d'ammonium. L'ammoniac est ensuite analysé par une méthode de Nessler modifiée.

Nitrite NO_2^- : Il a été déterminé par la méthode de diazotation qui consiste à transformer les nitrites de l'échantillon en sel de diazonium.

Nitrate NO_3^- : Il a été dosé par la méthode de réduction au cadmium qui consiste à réduire le nitrate présent dans l'échantillon en nitrite au moyen du cadmium métallique. Le nitrite formé a été dosé comme indiqué plus haut.

Azote ammoniacal : Il a été mesuré par la méthode de Nessler, qui consiste, tout d'abord à complexer (abaisser) la dureté dans l'échantillon, puis à faire réagir le réactif de Nessler sur les ions ammonium.

Azote **inorganique dissous** (NID) : Il a été déterminé en faisant la somme des concentrations de nitrate $\mathbf{NO_3^-}$, de nitrite $\mathbf{NO_2^-}$ et d'azote ammoniacal NH_3 :

$$\mathbf{NID = NO_3^- + NO_2^- + NH_3.}$$

II. Résultats

2.1 Comparaison des paramètres physico-chimiques (Niandan / Baro)

Le tableau 1 présente les valeurs moyennes des paramètres physico-chimiques des eaux du Niandan en période de hautes, moyennes et basses eaux. Ces données permettent de rendre compte de l'évolution de chaque paramètre d'une période à l'autre. Ainsi, les nitrates, nitrites et azote inorganique dissous baissent en passant de la période des hautes eaux (août-novembre) aux basses eaux (avril-juillet), alors que la température et la conductivité croissent. Par ailleurs, le pH et l'oxygène dissous atteignent leur maximum en période de moyennes eaux (décembre, janvier-mars).

Tableau 1: Valeurs moyennes des paramètres physico-chimiques du Niandan relevées en période de hautes, moyennes et basses eaux.

Périodes	T(°C)	pH	Cond (µs/cm)	NO_3^- (mg/l)	NO_2^- (mg/l)	NH_3 (mg/l)	NID (mg/l)	PO_4^{3-} (mg/l)	O_2 Dissous (mg/l)
Hautes Eaux	25,17	7,43	56,53	6,37	0,03	0,01	1,45	0,11	0,41
Moyennes Eaux	27,20	8,59	65,75	4,4	0,02	-	0,99	-	0,59
Basses Eaux	29,70	7,41	83,15	2,605	0,02	-	0,59	-	0,43

Source : Base régionale de l'hydraulique de Kankan

Par ailleurs, le tableau 2 présente les valeurs des paramètres physico-chimiques de la rivière Niandan et de la mare Bolè de Baro en période de moyennes eaux.

L'examen de ce tableau permet de constater que pendant la période des moyennes eaux, l'eau du Niandan est plus alcaline que celle de la mare, alors qu'en termes de conductivité, la mare est doublement plus minéralisée que le Niandan. Concernant la température, elle est pratiquement identique pour le Niandan et la mare. Quant aux composés azotés (nitrate, nitrite et azote inorganique dissous), pour la période allant de 2009 à 2010, leur concentration a enregistré une baisse drastique, si bien qu'en 2010, les valeurs relevées dans le Niandan sont restées significativement inférieures à celles mesurées dans la mare.

Tableau 2 : Valeurs des paramètres physico-chimiques du Niandan et de la mare Bolè en période de moyennes eaux.

	Dates	T(°C)	Ph	Cond (µs/cm)	NO_3^- (mg/l)	NO_2^- (mg/l)	NH_3 (mg/l)	NID (mg/l)	PO_4^{3-} (mg/l)	O_2 Dissous (mg/l)
Niandan[1]	25/02/2009	28,4	8,20	67,20	7,30	0,03	-	1,66	-	0,70
	14/01/2010	26,00	8,97	64,30	1,50	0,006	-	0,34	-	0,48
Bolè	**07/01/2011**	**27,00**	**6,55**	**134,00**	**3,52**	**0,03**	**0,83**	**1,275**	**1,44**	-

2.2 Évaluation de la qualité de l'eau de la mare Bolè de Baro et de la rivière Niandan

Le tableau 3 présente une grille de lecture de l'eau de la mare Bolè de Baro et du Niandan. Elle est inspirée de la grille utilisée par le Réseau de Suivi Lagunaire du Languedoc-Roussillon RSL (2003). Elle permet de guider l'interprétation de l'expert sur le niveau d'eutrophisation.

Dans ce tableau, les valeurs inscrites dans des cellules à fond gris indiquent la qualité de l'eau de la mare Bolè et les autres sont relatives au Niandan.

De l'examen de ce tableau, il ressort que sur les sept (7) paramètres concernant la qualité de l'eau de la mare Bolè de Baro, quatre (dont

[1] Source : Base régionale de l'hydraulique de Kankan.

l'orthophosphate, le nitrate, l'ammonium et le phosphore total) classent l'état de la mare mauvais, deux (l'azote inorganique dissous et l'azote total) le classent médiocre et enfin le nitrite le classe moyen. Il en résulte que l'état général de la mare est mauvais.

En ce qui concerne la rivière Niandan, sur les cinq (5) paramètres la concernant, trois (3) (dont l'azote inorganique dissous, le nitrite et l'ammonium) caractérisent son eau de qualité médiocre et les deux autres paramètres en l'occurrence l'orthophosphate et le nitrate indiquent respectivement bon et mauvais. Ainsi, l'état général de l'eau du Niandan est médiocre.

Tableau 3 Évaluation de la qualité de l'eau de Bolè et du Niandan.

Variables	Unité	*VG	bon	VG	Moyen	VG	Médiocre	VG	Mauvais
PO_4^{3-}	(µM)	0.3	**0,58**	1		1.5		4	**15,16**
NID	(µM)	2		6		10	**10,20**	20	
	(µM)	2		6		10	**15,60**	20	
NO_2^-	(µM)	0.3		0.5	**0,652**	0.75	**0,96**	1	
NO_3^-	(µM)	1		3		5		10	**56,70**
	(µM)	1		3		5		10	**138,70**
NH_3	(µM)	1		3		5	**5,82**	10	**48,82**
NT	(µM)	50		75		100	**100,00**	120	
PT	(µM)	0.75		1.5		2.5		4.5	**15,16**

Source : Base Régionale de l'hydraulique de Kankan - Réseau de Suivi Lagunaire du Languedoc-Roussillon RSL (2003)
* **VG**: Valeur de la Grille

2.3 Évaluation du niveau d'eutrophisation de l'eau de Bolè et du Niandan

Le tableau 4 est la grille d'évaluation du niveau d'eutrophisation de la mare Bolè et de la rivière Niandan à Baro. Il comprend 5 principaux stades et deux stades intermédiaires. Comme dans le cas précédent (Tableau 3), les valeurs inscrites dans les cellules à fond gris indiquent la qualité de l'eau de la mare Bolè et les autres valeurs sont relatives au Niandan.

Comme il est facile de le remarquer, ce tableau indique une pollution excessive de la mare Bolè en azote minéral et en phosphore total. Par rapport donc à ces paramètres, l'eau de la mare est respectivement classée eutrophe et hyper eutrophe. Cependant, évaluée par rapport au pH et à la conductivité, elle est classée oligotrophe. Ces résultats appuyés par celui de l'observation de terrain, permettent de classer la mare au stade hyper eutrophe.

En ce qui concerne la rivière Niandan, le tableau 4 indique une pollution excessive en azote minéral. Ainsi, par rapport à ce paramètre, elle est classée hyper eutrophe, alors qu'elle est respectivement évaluée eutrophe et oligotrophe par rapport au pH et à la conductivité.

Tableau 4 : Évaluation du niveau d'eutrophisation de l'eau de Bolè et du Niandan à Baro

Classes trophiques		**Phosphore total (µg/l**			**pH (sans unité)**			**Conductivité [µS/cm]**			**Azote minéral [mg/m³]**		
Classe principale	Classe secondaire	Moyenne											
Ultra-oligotrophe		0		4	Dystrophie 0		6			≤100			200
Oligotrophe		4		10	6	**6.55**	7	100	**134**	400	200		400
		4		10	6		7	100	**101**	400	200		400
	Oligo-méso trophe	7		13									
Mésotrophe		10		30	Environ 7			400		750	300		650
	Méso-eutrophe	20		35									
Eutrophe		30		100	7	**8.97**		700			500	**1 274**	1500
Hyper eutrophe		100	**470**								1500	**1 949**	
Références		(Fredette, 2007)			(Palmer, 2001)			(Rimann, 2001)			(Wetzel, 2001)		

III. DISCUSSION

3.1 Comparaison des paramètres physico-chimiques (Niandan / Baro)

À cause de son influence sur l'état de la mare, campons tout d'abord notre analyse sur le Niandan. La baisse de nitrates, nitrites et d'azote inorganique constatée en passant de la période des hautes eaux à celle des basses eaux est due à la baisse du phénomène de lessivage des sols consécutif au ruissellement. Ce phénomène de lessivage augmente la concentration de ces éléments dans la rivière en période de hautes eaux (période correspondant à la saison pluvieuse).

Pour la même période, l'augmentation de température et de conductivité constatée au niveau de l'eau du Niandan, est la suite logique de l'élévation de température qui prévaut de décembre à avril dans la zone et qui, d'une part, provoque la croissance de la température de la colonne d'eau et d'autre part, réduit graduellement l'effet de dilution.

Par ailleurs, pour les trois périodes considérées (Tableau 1), l'oxygène dissous est maximal en période de moyennes eaux (décembre-janvier-février). Ceci peut s'expliquer par le fait que c'est la période la plus froide de l'année et au cours de laquelle, la solubilité de ce gaz dans l'eau est maximale.

De plus, en comparant les valeurs des pH (Tableau 2), il est aisé de remarquer que l'eau du Niandan est plus alcaline ($pH_{moyen} = 8,58$) que celle de la mare (pH = 6,6). Cette baisse du pH constatée dans la mare peut être considérée comme une conséquence de son environnement physique immédiat. En effet, la visite de terrain en septembre 2010 a permis de géoreférencer deux dépotoirs d'ordures ménagères non loin de la mare aux coordonnées respectives (10°66'37", 9°42'02"), (10°36'43", 9°42'05").

En saison pluvieuse, le ruissellement aidant, les substances à caractère acide issues de la décomposition de ces ordures, lessivées et drainées dans la mare pourraient être à l'origine de la baisse de l'alcalinité de l'eau de la mare. En termes de conductivité, le caractère stagnant de la mare est la cause de sa relative forte minéralisation par rapport aux eaux du Niandan qui, elles s'écoulent en permanence.

Concernant l'identité des températures constatée entre la mare et le Niandan, elle pourrait s'expliquer par leur proximité (moins de 200 m) et par le fait que les deux baignent pratiquement dans les mêmes conditions climatiques.

Enfin, l'écart important constaté entre les concentrations des composés azotés mesurées dans la mare et les valeurs moyennes de ces composés calculées pour le Niandan, serait une conséquence de l'écoulement de ses eaux et pour la mare, celle du manque de bande riveraine boisée et de la pratique de la riziculture aux abords immédiats.

3.2 Évaluation de la qualité de l'eau de la mare Bolè et du Niandan à Baro

Pour avoir une idée sur le niveau de pollution de la mare Bolè et du Niandan, la qualité de leur eau a été analysée par rapport aux normes d'eutrophisation (RSL, 2003). Le résultat consigné dans le tableau 3 montre qu'en général, l'eau du Niandan est médiocre et celle de la mare mauvaise. Les principales raisons de ces constats sont, pour le Niandan, liées à l'atténuation du degré de pollution due à son écoulement, tandis que pour la mare, on assiste à l'augmentation de la charge polluante due au ruissellement et surtout à la mauvaise pratique agricole sur les berges de la mare.

3.3 Évaluation du niveau d'eutrophisation de l'eau de Bolè et du Niandan

Les mares et les rivières sont des écosystèmes fragiles. Elles naissent, se développent, vieillissent et meurent. Le tableau 4 met en évidence trois stades de vieillissement pour la mare : Oligotrophie par rapport au pH et à la conductivité, eutrophie par rapport à l'azote minéral et hyper eutrophie par rapport au phosphore. Le phosphore étant le facteur limitant, son apport détermine le niveau de production (biomasse), donc le niveau d'eutrophisation.

Ainsi, au vu de ces résultats, la mare est **hyper eutrophiée**. Ce fait s'accorde bien avec l'observation faite sur le terrain, qui a permis de noter la présence d'une masse considérable d'adventices dans le lit même de la mare.

En ce qui concerne la rivière Niandan, le tableau 4 indique une pollution excessive en azote minéral. Ainsi, par rapport à ce paramètre, elle a été classée hyper eutrpohe, alors qu'elle a été respectivement évaluée eutrophe et oligotrophe par rapport au pH et à la conductivité.

Le pH et la conductivité étant des facteurs physiques, ils sont relativement moins déterminants que les paramètres chimiques dans la détermination du niveau d'eutrophisation. La discussion portant sur la détermination de l'état général de la rivière, du point de vue du niveau d'eutrophisation, s'appuie donc sur l'azote. Cependant, bien que la concentration d'azote relevée soit élevée, l'observation menée sur le terrain n'a pas permis de constater visuellement la présence des macroalgues au niveau de la rivière. De plus, l'azote n'étant pas un facteur limitant dans la production de la biomasse végétale au niveau de la rivière, il est alors difficile d'indiquer pour le Niandan un stade de vieillissement. De ce fait, les études méritent d'être approfondies.

Conclusion

La mare de Baro (d'une superficie d'environ 15 à 20 ha), fait partie de l'écosystème du bassin du Niandan, elle est donc influencée par le régime hydrologique tropical de cette rivière marqué par de fortes crues. Ces crues entretiennent et prolongent la vie de la mare en contribuant à la reconstitution de son stock halieutique d'une part et à l'atténuation de son niveau de pollution par apport d'eau en hivernage d'autre part. Cette relation de protection qui lie la mare au bassin du Niandan conduit à affirmer que si les résultats des mesures des paramètres physico-chimiques réalisées en période de moyennes eaux (début de la saison sèche) classent la mare hyper eutrophe, en saison pluvieuse les mesures pourraient produire certainement autres résultats.

Dans le cas de figure où des recherches futures confirmaient cette hypothèse, en produisant des résultants moins inquiétants, toujours est-il que le présent résultat est encore un élément de plus, qui s'ajoute à la longue liste des preuves qui rendent certaine la disparition prochaine de la mare, si aucune mesure n'est envisagée pour inverser la tendance.

Références bibliographiques

FREDETTE P., (2007). *La gestion des lacs au cœur du développement de Val-des-Monts, Fédération des Lacs de Val-des-Monts, Val-des-Monts,* Qc, 143 p. (incluant 13 ann.). Accès : www.federationdeslacs.ca

HACH COMPANY. (1995). Manuel d'analyse d'eau. 1re édition version française.

PALMER M.A., D.B. ROY. (2001). *A method for estimating the extent of standing fresh waters of different trophic states in Great Britain.* Aquatic Conserv: Mar. Freshw. Ecosyst. 11: 199-216.

RIMANN N. (2001). *Impact de l'eutrophisation des eaux sur la biodiversité des étangs.* Travail de diplôme. Laboratoire d'Écologie et de Biologie Aquatique (LEBA), Université de Genève. **121 p.**

RSL. (2003). *Réseau de Suivi Lagunaire du Languedoc-Roussillon (Rapport RSL-03/2003).* Direction de l'Environnement et de l'Aménagement Littoral Laboratoire côtier de Sète.

TWEDDELL, S. (2009). *Fiche synthèse : indice de qualité des bandes riveraines (iqbr) du tronçon principal de la rivière Matane.* MRC, Québec (Canada). 8 p.

WETZEL R.G. (2001). *Limnology. Lake and River ecosystems.* 3nd ed. Academic Press. New York, CBS College Publishing. 850 p.

ÉVALUATION DE L'ACTIVITÉ ANTI-RADICALAIRE, ANTIOXYDANTE D'UNE VARIÉTÉ LOCALE DE *CARICA PAPAYA L.*

Par

DIALLO[1] Abdoulaye, TRAORE [1] Ansoumane, BARRY[1] Mamadou Samba, BERETE [2] Namory

1. Département de biologie, Faculté des Sciences de la Nature, Université Julius NYERERE de Kankan, B.P. : 209 Kankan, République de Guinée.
2. Département de biologie, Faculté des Sciences et Technique, Centre universitaire de N'Zérékoré, République de Guinée.

Résumé : Nos travaux d'analyse portant sur l'estimation de l'activité anti-radicalaire, antioxydante d'une variété locale de *Carica papaya* L. a abouti à des résultats ci-après : La concentration inhibitrice 50 % en microgramme varie selon l'organe analysé. Ainsi, au niveau de la feuille, la plus haute concentration inhibitrice est 363,1 ; la racine 676,1 ; la fleur 1 778,3 ; l'écorce 2 238,7 ; les graines 5 623,4 ; et le latex frais 3 630 780,5. La méthodologie portant sur l'extraction et le dosage de l'activité antioxydante d'extraits végétaux a été mise au point. Les analyses statistiques ont été effectuées d'après le logiciel STATSOFT USA 1993. La méthode de dosage par la DPPH a été utilisée. Nous n'avons constaté que l'activité anti-radicalaire et antioxydante est beaucoup plus élevée dans le latex et plus faible dans les feuilles.

Introduction

L'activité de la peroxydation des lipides des membranes biologiques est à la base de nombreuses maladies qui sont réunies dans le groupe de pathologie des radicaux libres. Actuellement, la peroxydation des lipides est considérée par plusieurs auteurs comme l'une des manifestations les plus importantes du stress au niveau cellulaire ; ce qui justifie l'importance accordée aux études des antioxydants naturels en tant que facteurs probables d'une défense de l'organisme des influences nuisibles de l'environnement.

C'est pourquoi une méthodologie portant sur l'extraction et le dosage de l'activité antioxydante d'extraits végétaux a été mise au point. Un des principes actifs d'activité antioxydante dans les plantes est représenté par nombreux composés phénoliques ou poly-phénoliques.

Ces derniers ont été isolés et dosés dans les extraits des feuilles, écorces, racines et autres organes des plantes présentant des activités anti-radicalaires considérables. Le but du présent travail est l'extraction et le dosage de différents organes d'une variété locale du papayer en vue d'une estimation de leur activité anti-radicalaire totale.

I. Matériels et méthodes

1.1 Matériels :

Balance, tubes à essai, pipettes graduées, pipettes automatiques (réglage à différents volumes), Becher, Erlen Meyer, spectrophotomètre, centrifugeuse.

1.2 Échantillonnage

Les feuilles, les fleurs, les péricarpes, les mésocarpes, les graines, l'écorce de la tige et de la racine que nous avons étudiée ont été pris sur quelques papayers de la région de Conakry puis séchés à la température ambiante (aux environs de 30°) pendant 72 heures. Après séchage, ces différents échantillons ont été triturés dans le mortier pour les rendre homogènes. Le latex (reçu en incisant la peau de fruit vert) a subi deux traitements : une partie a été séchée dans l'étuve à 37 °C pendant 24 heures (latex sec) puis trituré et l'autre partie n'a été ni séchée, ni triturée (latex frais).

N.B. : Nous avons préparé 5 échantillons de feuilles d'âges différents :

- Feuilles 1 : environ 37 jours
- Feuilles 2 : environ 29 jours
- Feuilles 3 : environ 27 jours
- Feuilles 4 : environ 22 jours
- Feuilles 5 : environ 19 jours.

Dans un tube à essai, on a préparé l'extrait 1 % (1 g de chaque échantillon plus 100 ml d'alcool éthylique à 95 %) qu'on a laissé à l'extraction pendant 24 heures. Après extraction, la capacité anti-radicalaire de différents échantillons a été dosée par la diphenylpicrylhydrazyl (DPPH).

1.3. Principe de la méthode

La diphenylpicrylhydrazyl (DPPH) est un radical chimique stable avec le maximum d'absorbance optique à 517 nm. Pendant une réaction sur les substances anti-radicalaire, ce réactif est converti dans la forme non radicalaire avec la disparition d'absorbance à 517 nm, d'où on peut tracer l'activité anti-radicalaire de substances par la diminution de la densité optique de DPPH) 517 nm. (18 ; 20)

L'activité anti-radicalaire d'une substance donnée est aussi étroitement liée à son activité antioxydante.

La 2,2-diphenyl-1-picrylhydrazyl réagit sur les composés phénoliques en récupérant l'atome d'hydrogène et en se convertissant dans la forme non radicalaire.

1.4. Mode opératoire

Préparer la solution de DPPH dans l'alcool éthylique à 95 % de façon à recevoir la densité optique finale à 517 nm entre 0,4 et 0,5.

Ajouter dans un tube à essai 2 ml de DPPH et 0,1 ml de l'échantillon à étudier. Après l'incubation (15 min), la densité optique finale à 517 nm est enregistrée sur le spectrophotomètre SECOMAM S500 par rapport à un témoin photométrique (2 ml de DPPH plus 0,1 ml d'alcool à 95°).

Obtenir les échantillons à étudier (n=5) à partir des dilutions successives binaires des extraits initiaux représentant les concentrations décroissantes des principes actifs.

Après dosage par la DPPH, traiter les données spectrophotométriques par l'analyse de régression.

2. L'analyse de régression

L'équation de régression linéaire est la suivante :

Y = a - b x

Où **y** = densité optique, **a** = densité optique du point de croisement de la ligne de régression avec l'axe des ordonnés, **b** = coefficient de régression linéaire, **x** = quantité en microgramme de substances sèches.

Comme indice de l'activité anti-radicalaire des extraits étudiés, nous avons choisi la concentration de l'extrait qui diminue la densité optique de DPPH de 50 %.

La concentration inhibitrice 50 % (Cl 50). Cette concentration correspond à la disparition de 50 % de la forme radicalaire de DPPH. Elle est calculée selon l'équation suivante :

Y = 50 ; 50 = a - bx d'où **x = a - 50/ b**

X = CI 50 Dans le modèle linéaire de régression.

Dans le modèle logarithmique, $150=10^x$

Les équations de régressions ont été construites d'après le logiciel STATISICA par Windows (stat soft USA, 1993).

Le coefficient de corrélation du modèle de régression linéaire ainsi que le coefficient de détermination du modèle établissent la validité d'extrapolation des données expérimentales selon le modèle théorique de régression. Plus ces coefficients sont grands, plus le modèle est valide. La limite supérieure pour le coefficient de corrélation est de 1,0 et celle du coefficient de détermination est 100 %.

Le modèle théorique est applicable si le coefficient de corrélation est supérieur à 0,5 et le coefficient de détermination est 50 %.

La probabilité (P) de l'hypothèse « nulle » doit être ***inférieure*** à 0,05(P ***inférieure à*** 0, 05) pour que le modèle soit applicable aux données expérimentales obtenues.

Le coefficient de régression linéaire (b) est un indicatif de la puissance ou de la faiblesse d'un échantillon du point de vue activité anti-radicalaire.

L'analyse de régression permet d'obtenir les résultats plus précis par rapport aux données primaires.

3. Résultats et interprétations

A. Résultats

Les résultats des principaux indices d'activités anti-radicalaires des différents organes de *Carica papaya* L. obtenus à partir de l'analyse de régression sont mentionnés dans le tableau 1.

Tableau 1 : Principaux indices d'activités anti-radicalaires des extraits alcooliques de différents organes de *Carica papaya* L. trouvés à partir de l'analyse de régression

Échantillons	Coefficient de régression linéaire (b)	Coefficient (a)	Coefficient de corrélation	Coefficient de détermination (R^2) en %	Probabilité de la validité du modèle de régression (P)
Feuilles n° 1 (environ 37 jours)	24,50±7,00	112,66	0,78	60,64	0,018
Feuilles n° 2 (environ 29 jours)	42,42±11,24	151,70	0,90	82,61	0,032
Feuilles n° 3 (environ 27 jours)	41,97±11,73	154,60	0,90	81,01	0,037
Feuilles n° 4 (environ 22 jours)	35,78±8,35	140,90	0,92	85,95	0,023
Feuilles n° 5 (environ 19 jours)	25,35±9,09	110,12	0,70	49,25	0,023
Racine	34,90±11,10	148,90	0,84	71,10	0,035
fleurs	20,63±5,50	117,00	0,79	63,83	0,006
Écorce de la tige	27,67±7,67	142,87	0,85	72,35	0,015
Péricarpe	10,54±3,00	85,48	0,74	55,19	0,006
Graine	22,25±6,09	133,40	0,85	72,72	0,015
Mésocarpe	9,41±2,29	88,95	0,79	62,75	0,002
Latex frais	10,53±3,63	119,15	0,90	80,80	0,100
Latex sec	3,67±1,51	97,27	0,91	66,22	0,093

B = coefficient de régression. Il représente la tangente de l'angle d'inclinaison de la ligne de régression vis-à-vis de l'axe des abscisses. Ses valeurs sont négatives mais, pour une question de commodité, nous les avons prises en valeurs absolues.

A = densité optique du point de croisement de la ligne de régression avec l'axe des ordonnées.

Comme indiqué au niveau de l'analyse de régression, nous voyons que nos données sont dans les normes requises par les modèles de régression linéaires sauf pour le latex (p supérieur à 0,05).

La corrélation est très forte et est supérieure ou égale à 0,70. Le coefficient de détermination (R^2) est aussi supérieur à 50 % pour tous les échantillons sauf pour les feuilles n° 5 (49,25 %) et, cela est peut-être dû aux erreurs de travaux pratiques. La probabilité de la validité du modèle pour tous les échantillons, à part le latex, est également très inférieure à 0,05. Alors, le modèle de régression linéaire peut être appliqué aux données expérimentales que nous avons obtenues.

Tableau 2 : Classement des extraits alcooliques de différents organes de *Carica papaya* L. par ordre croissant du coefficient de régression linéaire (b) obtenu par le titrage de DPPH par les extraits correspondants

N°	Échantillons	Coefficient de régression linéaire (b)
1	Latex sec	3,67± 1,51
2	Mésocarpe	9,41±2,29
3	Latex frais	10,53±3,63
4	Péricarpe	10,54±3,00
5	Fleur	20,63±5,50
6	Graine	22,25±6,09
7	Feuilles n° 1	24,50±7,00
8	Feuilles n° 5	25,34±9,09
9	Écorce de la tige	27,76±7,67
10	Racine	34,90±11,10
11	Feuilles n° 4	35,78±8,35
12	Feuilles n° 3	41,97±11,73
13	Feuilles n° 2	42,42±11,24

Le coefficient de régression linéaire (b) obtenu par l'approximation des données selon le logiciel (régression linéaire) de

STATGRAPHICS est un indice de la vitesse d'une réaction entre l'extrait correspondant et la forme radicalaire de DPPH. Plus le coefficient de régression linéaire (b) d'un échantillon est grand, plus cet échantillon puissante activité anti-radicalaire.

Tableau 3 : Classement des extraits alcooliques de différents organes de *Carica papaya L.* par ordre croissant du coefficient de la concentration inhibitrice 50 %

N°	Échantillons	Concentration inhibitrice 50 % en microgramme
1	Feuilles n° 5	234,4
2	Feuilles n° 2	251,2
3	Feuilles n° 3	316,2
4	Feuilles n° 4	346,7
5	Feuilles n° 1	363,1
6	Racine	676,1
7	Fleur	1 778,3
8	Écorce de la tige	2 238,7
9	Péricarpe	2 290,4
10	Graines	5 623,4
11	Mésocarpe	13 803,8
12	Latex frais	3 630 780,5
13	Latex sec	$7,6x10^{12}$

Cl 50 : la concentration de l'extrait à étudier qui diminue de 50 %, la densité optique à 517 nm de la solution étalonnée de DPPH.

Cette concentration est un indice de la puissance anti-radicalaire de l'échantillon correspondant ; plus cette concentration est faible, plus le pouvoir anti-radicalaire par antioxydant est fort.

Discussions

Le tableau 2 montre que les feuilles n°s 2, 3, 4 et la racine possèdent une activité anti-radicalaire plus puissante par rapport à tous les échantillons étudiés. L'écorce de la tige, les feuilles n^cs^ 5, 1, les graines et les fleurs ont une activité anti-radicalaire moyenne. Le péricarpe et le latex frais sont relativement faibles. Le mésocarpe (pulpe de fruit) et le latex sec ont une activité anti-radicalaire plus faible que celle de tous les organes étudiés.

Le tableau 3 montre presque le même constat. Ici, toutes les feuilles dans l'ordre décroissant suivant n°s 5, 2, 3, 4 et 1 sont plus puissantes que les organes étudiés. La racine a une activité anti-radicalaire moyenne. Les fleurs, l'écorce de la tige, le péricarpe et les graines sont relativement faibles. Le mésocarpe, le latex frais et le latex sec ont une anti-radicalaire plus faible.

En somme d'après ces deux tableaux, nous pouvons dire que les feuilles de papayer ont une activité anti-radicalaire plus puissante que tous les organes étudiés. Ceci est dû à une forte présence de composés phénoliques, de pigments et d'alcaloïdes (au nombre de cinq). Cette affirmation est en conformité avec les données de la littérature. Par exemple, le thé vert (produit par le séchage de feuilles de thé) est connu comme l'un des plus puissants antioxydants naturels et contient une concentration considérable de dérivées phénoliques.

Conclusion

Au terme de nos travaux, nous pouvons tirer les conclusions suivantes : – les feuilles de papayer ont une activité anti-radicalaire et antioxydante plus puissante que tous les organes étudiés ; – la racine vient en seconde position ; – l'écorce de la tige, les fleurs, les graines et le péricarpe sont relativement faibles ; – le mésocarpe, le latex frais et le latex sec ont une activité radicalaire plus faible par rapport à tous les organes étudiés.

Références bibliographiques

1. **ALIEKHINE A.A. BONDAR V.V. DZUBA, 1999** : *Propriétés antioxydantes des extraits des parties différentes de plantes de 37 espèces de la famille des orchidacées*. Résumes des exposés de la conférence internationale « Processus des radicaux », Saint-Pétersbourg, p. 808 (en russe).

2. **BARABOI V.A., BERKMAN I. I., GLOTTINE V.G., KOUDRIACHOV U.B. 1999.** *Peroxydation et stress* ; Saint-Pétersbourg (en russe).

3. Barrel J.P., Randoux A., Maguart F.X., 1997 : *Biochimie dynamique*. De Boeck université, Paris, p. 938.

4. **BOUQUET A., DEBRAY M., 1974** : *Plantes médicinales de la Côte d'Ivoire* : Travaux et documents de l'ORSTOM. Paris, p. 64.

5. **PIERRE GRENANT, CHRISTIAN MORETTI, HENRI JACQUEMIN, 1987** : *Pharmacopées traditionnelles en Guyane.* Paris, p. 180-182.
6. **RICHARD M. J., 1996**. : *Micronutriments et radicaux libres. Alcoologie.* Vol. 18, p. 137-143. Paris.
7. **DERACHE PH., DERACHE R., 1993** : Effets physiologiques du monoxyde d'azote. Conséquences nutritionnelles et toxicologiques. Vol. 6. p. 333-349, Paris.
8. **ANDREAS M.P., 1999 :** *Antioxydant statuts, diet, nutrition and health*; p. 650.
9. **POTCHINOK T.V. *& al.*, 1985** : *Méthodes rapides de dosage d'activité antioxydante de substances pharmaceutiques N5* ; p. 365-569. Leningrad.
10. **BOROVIKOV V.P. BOROVIKOV I.P., 1997** : *Statistica. Analyse statistique et traitement de données dans le milieu Windows.* P. 33-44. Moscou.

UTILISATION DES DÉJECTIONS ET RÉSIDUS ALIMENTAIRES D'AULACODERIE DANS L'ALIMENTATION DES POISSONS D'ÉTANG

Par

LOUA[1] Paul Claver, THEA[1] Patrice, GBANAMOU[1] Gnagna, LAMAH[1] Pépé & BANGOURA[1] Aboubacar

1-Institut de Recherche et Vulgarisation de L'Aulacodiculture en Guinée (IRVAG) N'Zérékoré, République de Guinée

Résumé : En Guinée, le déficit en protéines animales est la première carence alimentaire des couches défavorisées de la population. Pour combler ce déficit en protéines animales, il faut intensifier les élevages existants et introduire de nouveaux élevages comme l'aulacodiculture et la pisciculture. Mais ces élevages sont souvent confrontés à des problèmes alimentaires. L'objectif général de cette recherche est l'association de l'aulacodiculture et de la pisciculture pour combler le déficit en protéines animales des populations. À partir des déjections et résidus alimentaires d'aulacoderie, déceler des microbes et parasites, des principes nutritifs et trouver une formule alimentaire pour poissons d'étang constituent les objectifs spécifiques. Après les prises de contact, six échantillons de 500 g chacun de déjections et résidus alimentaires d'aulacoderie, son de riz et lisier de porc sont analysés. L'espèce de poisson utilisée est *Tilapia nilotica*. Le dispositif expérimental du bloc au hasard de Fisher utilisé, comprend 4 variantes et 3 répétitions : variantes A (Témoin) : son de riz une fois par semaine ; variante B : 1 kg de lisier de porc plus 0,50 kg de son de riz par are et par jour ; variante C : 5 aulacodes par are et par jour ; variante D : 5 aulacodes plus 0,50 kg de son de riz par are et par jour. Les poissons, par jour, reçoivent un repas et à 7 heures 30 min. La production a varié de 0,37 t à 0,50 t/ha pour la variante A, 1,29 t à 2,65 t/ha pour la variante B ; 1,33 t à

2,45 t/ha pour la variante C ; 2,45 t à 2,55 t/ha pour la variante D. Nous suggérons l'utilisation de la ration donnée dans la variante D.

Mots-clés : Déjection, alimentation, aulacoderie, poisson, étang.

Introduction

En Guinée, le déficit en protéines animales est la conséquence non seulement de la démographie sans cesse croissante aggravée par l'influx des réfugiés et afflux de migrants de retour au pays, mais aussi la rareté de la viande de brousse et la cherté de la viande des animaux élevés.

Pour combler ce déficit en protéines animales, il faut intensifier les élevages conventionnels existants et introduire de nouveaux élevages comme l'aulacodiculture et la pisciculture.

Mais tous ces élevages sont très souvent confrontés à des problèmes alimentaires qu'il faut résoudre pour rentabiliser, les déjections de certains animaux domestiques pour nourrir d'autres comme c'est le cas des poissons, peut contribuer à l'allégement des efforts d'alimentation des pisciculteurs.

D'après la FAO (1976), en Afrique, l'alimentation des poissons, quand elle est assurée, l'est généralement à partir des déchets ménagers associés à des végétaux (herbes, tubercules).

Hem Saurin, 1997, indique que le riz, le manioc, les patates pilées, les noix de palme, sont utilisés dans l'alimentation des poissons en Guinée forestière.

Selon le mémento de l'agronomie 2002, comme en agriculture, des engrains organiques peuvent être utilisés pour fertiliser des étangs.

Il s'agit en général de déchets agricoles ou sous-produits, en théorie peu coûteux. Ils stimulent facilement l'écosystème en l'enrichissant en azote et phosphore.

Tableau 1 : Déchets agricoles ou sous-produits des animaux utilisés comme fertilisant dans les étangs

Animaux	Ration déjection, urine	Humidité	Azote %	Phosphore ($\%P_2o_5$)	Potassium ($\%K_2o$)
1-Vache laitière	75-25	85	4,0	2,7	3,4
2-Boeuf	75-25	85	7,8	2,5	3,6
3-Poulet	100	65	6,0	7,9	3,7
4-Porc	53-47	85	4,7	4,3	2,7
5-Mouton	67-30	70	3,9	2,4	3,5
6-Cheval	75-25	75	2,3	1,3	1,4

Selon le même auteur, des essais ont été conduits pour apprécier les impacts respectifs des engrais organiques (litière de poulailler et fumier de bovin laitier) et engrais chimiques (urée plus superphosphate triple) sur la production de *Tilapia nilotica* en étang de terre.

Les résultats montrent clairement que les meilleurs rendements sont obtenus en utilisant les déjections de poulet (11,7 kg/ha/jour) ou le fumier de bovin (8,6 kg/ha/jour).

Il poursuit en disant que la supériorité de certains fertilisants organiques est conformée par d'autres expériences.

En Chine, la comparaison entre la litière de poulailler, le lisier de porc et le fumier de bovin a montré que les meilleurs rendements sont obtenus avec le lisier de porc et la litière de poulailler (respectivement 5,2 et 5,1 fois, le témoin non fertilisé).

Enfin il termine en disant que : une manière simple de fertiliser les étangs consiste à élever d'autres animaux sur ou à proximité des étangs. La taille des élevages associés varie en fonction du degré d'intensification, du poids et l'âge des animaux.

Pour les porcs, la taille d'élevage recommandée est de 35 à 85 porcs par ha et pour les canards par ha.

La principale contrainte est liée au fait que les éleveurs doivent dominer les 2 élevages.

Tableau 2 : Exemples d'élevages terrestres associés à la pisciculture et rendements piscicoles obtenus (en t/ ha / an)

Pays	Nombre d'animaux/ha	Rendement en poissons
1-Chine 2- Côte d'Ivoire 3- Philippines	Canards 2 500 1 000-1 500 750-1 250	3,4 3,8-4,5 2,2-4,5
1-Chine 2-Philippines 3-Côte d'ivoire	Porcs 30-45 40-140 50-100	2-3 4,7-8,7 7,7-10,2
1-Côte d'ivoire 2-Afrique du Sud	Poulets 2 500 6 000	5,4 6,3

Selon J. Lazare *& al.* (1990), l'utilisation de fertilisants chimiques comme les engrais (NPK) à la culture des algues et des vers de terre consommés par les poissons.

Selon Mémento de l'agronomie (2002), il existe en pisciculture 4 structures d'élevage des poissons :

- Pisciculture en étang ;
- Pisciculture en cage flottante ;
- Pisciculture en enclos ;
- Rizipisciculture.

D'après le Projet Piscicole Guinée forestière (PPGF), les parasites des animaux terrestres n'ont généralement pas d'effets négatifs sur les poissons d'étang.

Mémento de l'agronomie (2002) rapporte que beaucoup de poissons utilisés en pisciculture consomment les larves des moustiques.

D'après la FAO (1989), la pisciculture devait faire l'objet d'une analyse comparative avec les autres productions animales en termes, par exemple, de valorisation des sous-produits d'élevage et de la qualité des protéines produites.

C'est donc dans le but de valoriser les déjections et résidus alimentaires d'aulacoderie en pisciculture comme les fientes de poulet, le lisier de porc, la bouse de vache et alléger la tâche d'alimentation des poissons par les pisciculteurs que l'équipe de recherche de l'IRVAG a proposé et exécuté ce projet de recherche.

L'objectif général de cette recherche est l'association de l'aulacodiculture et de la pisciculture en vue de combler le déficit en protéines animales des populations.

L'objectif spécifique est :

- apprécier la valeur nutritive des déjections et résidus alimentaires d'aulacoderie et la productivité des poissons d'étang à partir des déjections et résidus alimentaires d'aulacoderie.

Matériels et méthodes

L'exécution de la recherche a commencé par la prise de contact avec les partenaires (Projet Piscicole Guinée forestière : PPGF) et les prestataires (Laboratoire de la Direction Nationale de l'Élevage, le Département de biologie de l'Université de Conakry).

Le projet de recherche est exécuté à la ferme Goumou située à 24 km de l'IRVAG.

Après la prise de contact, 6 échantillons de 500 g chacun de déjections et résidus alimentaires d'aulacoderie, son de riz et lisier de porc sont analysés pour déceler les parasites nuisibles aux poissons et les principes nutritifs contenus.

La méthode d'analyse spectrale est utilisée pour l'analyse bromatologique et les résultats parasitologiques disponibles avec l'exécution du projet de recherche « Identification des causes de mortalité des aulacodes élevés en captivité » (2003-2004).

L'espèce de poisson utilisé est *Tilapia nilotica.* Le nombre d'alevins utilisés pour l'expérience est 2 116 à raison d'un alevin par m^2.

Pour amoindrir les risques liés aux erreurs de sexage, nous avons utilisé l'espèce de poisson prédateur *Hemichromis fasciatus* nécessaire au contrôle des populations de *Tilapia nilotica.*

Le site d'élevage des poissons utilisé est l'étang.

Le dispositif expérimental de bloc au hasard de Fisher comprenant 4 variantes et 3 répétitions.

Pour les normes alimentaires, on a utilisé :

- variante A (témoin), son de riz une fois par semaine ;
- variante B, 1 kg de lisier de porc plus 0,5 kg de son de riz par are et par jour ;
- variante C, 5 aulacodes par are et par jour ;

- variante D, 5 aulacodes plus 0,5 kg de son de riz par are et par jour ;

Un seul repas est donné aux poissons par jour à 7 heures 30 min.

L'expérience a duré 229 jours.

Résultats de l'expérience

À l'issue de l'expérience, nous sommes parvenus aux résultats suivants :

Résultats bromatologiques

L'analyse bromatologique des déjections et résidus alimentaires d'aulacoderie a décelé : 39,24 % de glucides, 6,04 % de protides, 8,63 % de lipides, 18,87 % de cendres totales et 12, 64 % de celluloses.

En fonction donc des résultats obtenus au cours de l'expérience, nous disons que les proportions dans lesquelles se trouvent ces principes nutritifs, peuvent nous permettre de constituer les bases solides d'une ration ou une ration à part entière des poissions d'étang.

c) Résultats sur la dynamique de croissance et la production des poissons de l'expérience

Au cours et à la fin de l'expérience, les poissons sont pêchés et pesés pour connaître la dynamique de croissance des poissons et la production des étangs.

Ainsi, les alevins de l'expérience qui pesaient au départ respectivement 40 g pour la première génération, 30 g pour la deuxième génération et 10 g pour la troisième génération ont atteint à la fin des travaux les poids ci-dessous :

Tableau 3 : Dynamique du gain de poids des poissons par étang et par variante

Variante	Étangs	génération	Âge des poissons (J)	Poids initial des alevins (g)	Poids final des poissons (g)	Gain de poids des poissons (GQM en g)
A (témoin)	1	1re	356	40	149	0,50
		2e	288	30	117,6	0,40
		3e	251	10	75,7	0,30
B	2 et 3	1re	356	40	300	1,18
		2e	288	30	250	1,00
		3e	251	10	150	0,63
C	4 et 5	1re	356	40	250	0,95
		2e	288	30	200	0,77
		3e	251	10	150	0,63
D	6 et 7	1re	356	40	250	0,95
		2e	288	30	150	0,54
		3e	251	10	100	0,41

Tableau 4 : Production en poissons des étangs de l'expérience

Variante	Étangs	Poids total des poissons par étang (kg)	Estimation des poids des poissons en tonne à l'hectare (t/ha)
A	1	20	0,50a
B	2	75	1,29b
	3	95	1,84b
C	4	45	1,33b
	5	43	2,45b
D	6	83	2,65b
	7	73	3,54b

L'analyse des tableaux de la dynamique du gain de poids des poissons et de la production en poissons des étangs montre que les gains de poids chez les poissons sont appréciables et que les déjections et résidus alimentaires d'aulacoderie peuvent être utilisés comme aliment des poissons d'étang. L'analyse statistique montre qu'il n'y a pas de différences significatives entre les variantes B, C et D. Cependant, il y a différences significatives avec la variante témoin A (P≤ 0, 050).

Discussions

L'objectif que nous nous sommes fixé et qui est l'acceptabilité des déjections et résidus alimentaires d'aulacoderie par les poissons et le gain de poids qui en a résulté est atteint.

L'espèce *Tilapia nilotica* utilisée au cours de l'expérience a sa reproduction et son pré grossissement aisé et ne fait pas appel à aucune technique sophistiquée comme les siluridés, carpes ou autres espèces en cours de domestication.

L'étang, site d'élevage des poissons, permet l'utilisation directe d'une partie des aliments et le reste pour le développement des Zooplanctons et Phytoplanctons consommés par les poissons par rapport à la cage flottante, la pisciculture en enclos et la rizipisciculture qui exigent une étude approfondie des conditions hydrauliques du site, la présence de lagunes, mares ou zones lacustres peu profondes et productives.

L'utilisation des déjections et résidus alimentaires d'aulacoderie va susciter l'association de l'aulacodiculture et de la pisciculture par rapport aux autres espèces élevées.

Les parasites contenus dans les déjections et résidus alimentaires d'aulacoderie n'ont pas d'effets négatifs sur la vie et la production des poissons d'étang.

Selon le Projet Piscicole Guinée forestière (PPGF), les parasites des animaux terrestres n'ont généralement pas d'influence négative sur les poissons d'étang.

Mémento de l'agronomie (2002), rapporte que beaucoup de poissons utilisés en pisciculture consomment les larves des moustiques.

S'agissant de la valeur nutritive des déjections et résidus alimentaires d'aulacoderie, le taux de protéines est plus élevé (6,40 %) que les fientes de poulet (6,0 %), le lisier de porc (4,7 %), les crottes de mouton (3,9 %) et du cheval (2,3 %) (DELINCE 1992).

Avec un seul repas par jour et un poisson par m², la production des étangs a varié de 1,29 t à 2,65 t par ha pour la variante B ; 1,33 t à 2,45 t par ha pour la variante C, 2,45 t à 2,55 t par ha pour la variante D et 0,50 t par ha pour la variante témoin (A) comparativement à :

- J. Lazare et coll. (1990) qui avec 3 repas par jour de fertilisants alimentaires ont obtenu avec 2 alevins par m² de *Tilapia nicolita*, une production de 10 t par ha ou plus

- Les mêmes auteurs indiquent que le mélange de 75 % de son de riz plus 25 % de tourteau de coton permet d'obtenir avec *Tilapia nilotica* de densité 2 alevins par m² et 3 repas par jour, une production de 7 à 8 t par ha.

Les consommateurs des poissons produits dans nos étangs d'expérience se sont réjouis de leurs qualités (sans odeurs spécifiques) par rapport aux poissons de la même espèce produits dans la région forestière.

Conclusion

La réalisation de cette recherche nous a permis :

- de déceler les parasites contenus dans les déjections et résidus alimentaires d'aulacoderie. Ces parasites n'ont pas d'effets négatifs sur la vie et la production des poissons d'étang ;
- de mettre en évidence la valeur nutritive des déjections et résidus alimentaires d'aulacoderie ;
- de générer un gain de poids chez les poissons d'étang ;
- d'obtenir une production moyenne en poissons d'étang.

Il ressort de l'analyse des tableaux de production des étangs et du gain de poids des poissons, qu'il y a des variations d'étang à une autre au sein d'une même variante et d'une variante à une autre.

Parlant de la variation d'un étang à une autre au sein d'une même variante, elle est due à l'existence aux alentours des étangs, des ennemis de poissons (reptiles et oiseaux pêcheurs) qui ont diminué leur quantité au cours de l'expérience.

Cette variation est due aussi aux erreurs de sexage estimées à 5 % quelle que soit l'excellence.

Ce phénomène permet la production d'alevins par endroits dans les étangs et influence le gain de poids des poissons. Quant à la variation d'une variante à une autre, elle est due essentiellement à la différence de qualité des différentes rations données aux poissons au cours de l'expérience.

Enfin, nous suggérons :

- l'utilisation de la formule alimentaire de la variante D par les pisciculteurs avec 2 repas par jour et 2 alevins par m² ;

- la poursuite de la recherche sur la valeur nutritive et l'utilisation des déjections et résidus alimentaires d'aulacoderie en pisciculture et dans d'autres domaines.

Références bibliographiques

1- FAO Fisheries Circuler (1976).
2- FAO Fisheries Circuler n° 815, Rev. 1 (1989).
3- **HEM SAURIN, 1997** : Rapport d'expertise, projet UNCHR/VSF des petits élevages à impact rapide en Guinée forestière, Volet Pisciculture, 23 p.
4- **J. LAZARE & Coll., 1990** : Méthode artisanale d'aquaculture du tilapia en Afrique, 45bis, édt. Nogent-sur-Mame, Cedex France, 83 pages.
5- Mémento de l'agronomie (2002).

PRODUCTION DE BIOGAZ À PARTIR DES BOUES DE VIDANGE DE LA VILLE DE CONAKRY

Par
KEITA[1] Mamby, BAH[1] Mawiatou & TRAORE[2] Yakouba

1. Département de physique, Faculté de Sciences, Laboratoire d'Étude et de Recherche en Énergie Appliquée (LEREA), Université Gamal Abdel Nasser de Conakry, B.P. : 1147, Conakry, République de Guinée.
2. Institut supérieur des Sciences de l'Éducation de Guinée – Lambanyi, Conakry.

Résumé : Cette recherche porte sur la valorisation des boues de vidange par sa méthanisation. Les échantillons prélevés à la décharge du quartier Concasseur à Conakry ont été utilisés pour la production du gaz méthane. Un dispositif expérimental a été réalisé. À partir d'un échantillon de 5 litres de boues de vidange, il a été produit 8,316 litres. Les principaux paramètres physico-chimiques et biologiques (température, humidité, pH, matières en suspension, Demande Chimique de l'Oxygène, Azote ammoniacal, coliformes fécaux) des boues de vidange et des effluents de la digestion ont été déterminés au Laboratoire Eau-Environnement de l'Université Gamal Abdel Nasser de Conakry. Une comparaison de ces deux séries de résultats a montré que le traitement des boues de vidange est effectivement assuré par la digestion anaérobie. En outre, il a été constaté que les effluents pourraient être à des fins agricoles. Il est à noter que la valorisation des boues de vidange au niveau de nos villes pourrait être envisagée afin d'améliorer leur état de salubrité, tout en créant des emplois et des revenus.

Introduction

En général, la gestion des déchets urbains pose beaucoup de problèmes aux autorités et aux communautés urbaines, du point de vue du financement, de sa gestion, de la pollution environnementale engendrée et les obstructions des voies de communication.

À Conakry, les déchets urbains collectés sont dépotés à la décharge publique, au quartier Concasseur, sans traitement et valorisation. Même si deux stations de traitement ont été construites aux quartiers Sonfonia et Yimbaya, la décharge publique du quartier Concasseur continue de recevoir des déchets.

La présente recherche porte sur la caractérisation des boues de vidange des fosses septiques et la production de biogaz à partir des effluents. Les échantillons ont été prélevés à la décharge publique du quartier Concasseur.

I. Études théoriques

Les boues de vidange sont des résidus de tout genre provenant des systèmes d'assainissement individuel tels que les fosses septiques, les latrines à seau, les latrines à fosse, et des toilettes publiques [1]. Les boues de vidange sont caractérisées par leurs propriétés physiques, chimiques et biologiques.

Les propriétés physiques des boues de vidange sont [2] : la teneur en matière sèche (MS) ; la teneur en matière volatile (MV), la teneur en matière minérale (MM), la teneur en eau interstitielle, la viscosité, la charge spécifique, la résistance spécifique, la compressibilité, les pouvoirs calorifiques, la température et les matières en suspension.

Les propriétés chimiques sont des boues de vidange [3, 4] : la composition élémentaire pondérale, la matière organique, le pH, la conductivité, la Demande Biochimique en Oxygène (DBO), la Demande Chimique d'Oxygène (DCO), le processus de nitrification et de dénitrification [5, 6].

Les propriétés biologiques des boues de vidange sont caractérisées par : les bactéries, les virus, les parasites, les champignons, les algues, et la macrofaune qui y vivent [7].

Pour la gestion des boues de vidange, afin de réduire la pollution qu'elles engendrent, on possède à leurs traitements.

Les procédés de traitement des boues de vidange sont diversifiés, on y rencontre plusieurs méthodes et sous-méthodes. On peut citer :

- les procédés de déshydratation : cette méthode comprend six sous-procédés [8, 9, 10] ;
- les conditionnements préalables des boues sont composés de : l'élutriation [11, 12, 13] et la floculation [14];

- les traitements thermiques qui comprennent la congélation et le chauffage [15] ;
- la stabilisation des boues de vidange est composée de deux grandes méthodes qui sont : la stabilisation non biologique (la pasteurisation des boues [16], le traitement à la chaux ; le traitement chimique des boues ; l'irradiation des boues [17], les autres procédés physiques) et la stabilisation biologique: les deux sous-procédés rattachés à cette méthode sont : la digestion aérobie [18], et la digestion anaérobie [19].

La digestion anaérobie ou (la méthanisation) est le processus naturel biologique de dégradation de la matière organique en absence d'oxygène [20]. Elle se produit naturellement dans certains sédiments, les marais, les rizières, ainsi que dans le tractus digestif de certains animaux : insectes (termites) ou vertébrés (ruminants…).

En milieu anaérobie, la matière organique dégradée est principalement transformée en biogaz (à plus de 90 %, le reste étant utilisé par les micro-organismes méthanogènes pour leur croissance et reproduction). La maîtrise de la méthanisation permet de produire du méthane à partir de certains éléments polluants (déchets solides urbains, déjection des animaux, boues de vidange…) [21]. C'est cette méthode de traitement qui a été utilisée dans la deuxième partie de cette recherche et la première méthode portant sur les caractérisations des propriétés physico-chimiques des boues de vidange.

II Études expérimentales

Le but de cette recherche est de produire du biogaz (Méthane) à partir des boues de vidange. Le procédé de production du méthane étant une méthode de traitement des boues de vidange, il a été procédé à la détermination des propriétés physico-chimiques et biologiques des boues de vidange et des effluents de la digestion, afin d'évaluer l'efficacité de cette méthode de traitement. Ainsi, les expériences comportent trois types de travaux :

- la détermination des paramètres des boues de vidange initiales ;
- la production de méthane à partir de ces boues de vidange ;
- la détermination des paramètres des effluents après la digestion.

2.1. Détermination des paramètres des boues de vidange initiales

Les échantillons prélevés à la décharge du quartier Concasseur, dans des flacons en plastique, bien stérilisés et conservés dans une glacière, avant d'être acheminés au laboratoire pour analyse. Les analyses ont été effectuées au Laboratoire Eau-Environnement de l'Université Gamal Abdel Nasser de Conakry (Référence des échantillons : N° Réf : B03/CH/GC/IP/juin.2013, Université Gamal Nasser de Conakry). Les principaux résultats sont consignés dans le tableau 1.

Tableau 1 : Paramètres des boues de vidange initiales (avant la digestion)

N°	Paramètres	Résultats
1	Température ambiante (°C)	30,5
2	Humidité (%)	66,0
3	Température échantillon (°C)	30,7
4	Ph	8,14
5	Matières en Suspension (MES) (mg/l)	6200
6	Demande Chimique de l'Oxygène (DCO) (mg/l)	420
7	Azote ammoniacal ($NH4^+$) (mg/l)	55,15
8	Coliformes fécaux (Colonies/100 ml)	11.10^4

2.2. Production de méthane à partir de ces boues de vidange

2.2.1 Description du dispositif :

le dispositif utilisé est composé d'un bidon opaque de 10 litres (digesteur), dans lequel on a mis 5 litres d'eau et 5 litres de boues de vidange. Un second bidon transparent de 5 litres (gazomètre) de masse totale $m_o = 472.6\ g$, dans lequel on a mis *250 ml* d'eau. Ensuite, on a percé deux petits trous au niveau des couvercles du digesteur et du gazomètre où on a fixé une valve sans clapet et un raccord transparent de *0,33 m* de longueur et de *8 mm* de diamètre, serrés entre eux par un collier, pour éviter la fuite du gaz dans le gazomètre lors de la digestion. Une balance électronique a permis d'assurer les pesées chaque jour. Une photo de l'appareil du dispositif est présentée sur la figure 1. Cette expérience a eu lieu à l'ISSEG de Lambanyi, Conakry.

Figure 1 : Photo du dispositif expérimental

2.2.2 Analyse des résultats de la digestion anaérobie

a) Variation de la température ambiante lors de l'expérience

Les mesures de la température, effectuées durant la digestion sont représentées sur la figure 2.a. La température moyenne est de 30,16 °C. Cette température correspond aux régimes des systèmes mésophiles. Régime pour lequel les micro-organismes sont très lents à dégrader la matière organique. Ceci explique la longue durée de notre expérience (21 jours).

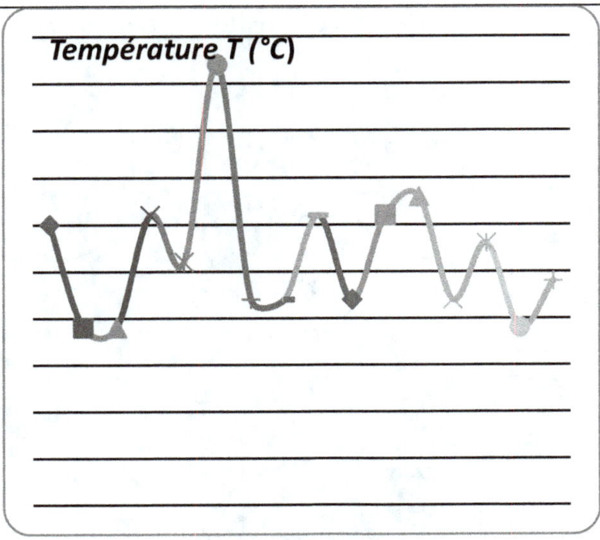

Figure 2.a : Température

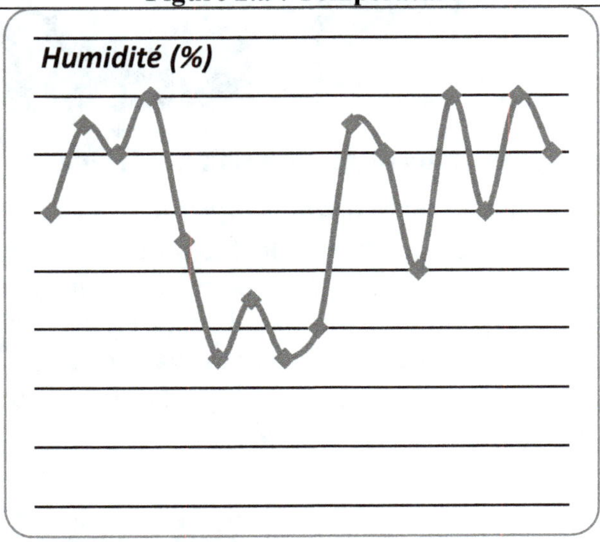

Figure 2.b : Humidité

b) Variation de l'humidité ambiante

L'humidité est restée favorable à la poursuite de la digestion (figure 2.b).

c) Évolution de la masse du gazomètre

La courbe de la figure 3 montre l'évolution de la masse du gazomètre en fonction de la date, durant la digestion.

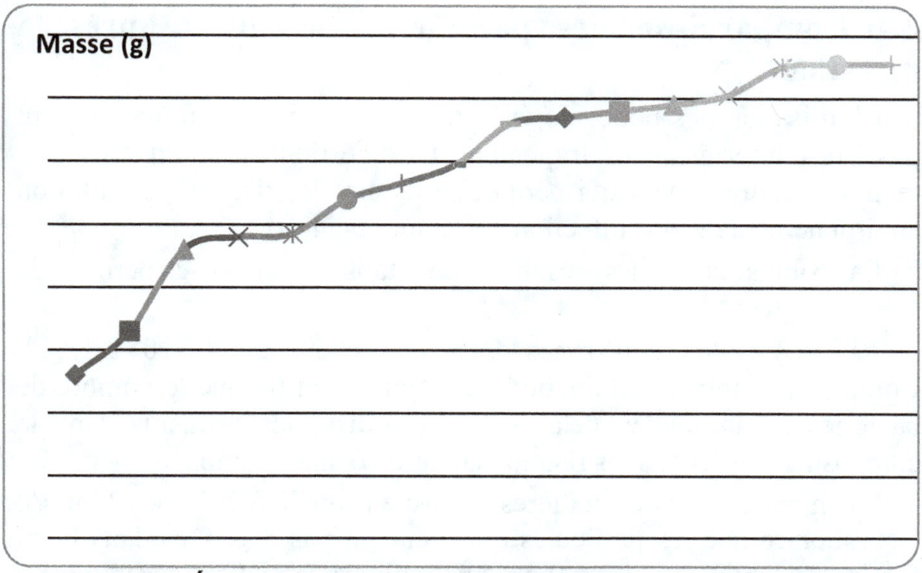

Figure 3 : Évolution de la masse du gazomètre durant la digestion

Le volume de gaz méthane est déduit à partir de la masse du gazomètre avant et après la digestion. Sa masse est de 9,9 g et la masse correspondante de méthane est de 5,94 g. Le volume correspondant à cette masse est de 8,316 litres [22].

2.3 Détermination des paramètres des effluents après la digestion

Après l'obtention du méthane, nous avons retiré les effluents et procédé à l'analyse au même Laboratoire Eau-Environnement de l'Université Gamal Abdel Nasser de Conakry (le numéro de référence des échantillons d'effluent est : N° Réf. : B04/CH/GC/IP/juin.2013, Université Gamal Nasser de Conakry). Les résultats des analyses sont consignés dans le tableau 2.

Tableau 2 : Paramètres des effluents (après la digestion des boues)

N°	Paramètres	Résultats
1	Température ambiante (°C)	29,9
2	Humidité (°C)	64
3	Température échantillon (%)	31,60
4	pH	9,02
5	Matières en suspension (MES) (mg/l)	4725
6	Demande chimique de l'oxygène (DCO) (mg/l)	305
7	Azote ammoniacal ($NH4^+$) (mg/l)	25,8
8	Coliformes fécaux (Colonies/100 ml)	1.10^4

2.4 Comparaison des paramètres avant et après la digestion

L'utilisation des boues de vidange telles qu'en agriculture ne peut pas être faite sans aucun traitement. La digestion méthanique est une méthode de traitement qui permet de réduire les risques de pollution environnementale et d'infection des communautés.

La comparaison des résultats des tableaux 1 et 2 permet de constater que :

– Le taux des coliformes fécaux a chuté de 11.10^4 à 1.10^4 Colonies/100 ml. La diminution de ce taux signifie que le nombre de bactéries a diminué et cela permet d'utiliser les effluents dans le compostage agricole sans risque majeur de contamination.

La chute du taux des matières en suspension de 6 200 à 4 725 mg/l. Cela montre que les particules qui n'étaient pas dissoutes dans l'eau (grains de sable, poussières, particules solides de matière organique en suspension) ont été réduites.

– L'augmentation en valeur du pH de 8.14 à 9.02, indique que la solution est devenue plus basique et par conséquent, les effluents sont moins destructifs de la nature.

– La diminution de la DCO de 420 à 305 mg/l, signifie que les odeurs dégagées sont réduites. Cependant, la norme étant de 25 à 30 mg/l pour l'OMS, il est indispensable de procéder à un abattement pour des fins d'utilisation agricole.

Conclusion

Les expériences ont confirmé que la digestion anaérobie des boues de vidange peut être utilisée pour la production de biogaz.

Aussi, qu'elle permet un traitement des boues de vidange pour des fins de protection de l'environnement et de la biodiversité.

En outre, on pourrait envisager la production de compost pour des fins agricoles.

La perceptive de valorisation des boues de vidange pourrait, au niveau de nos villes, améliorer leur état de salubrité, tout en créant des emplois et des revenus.

Bibliographie

[1] DIALLO BABA DIOGO, 2012 : « Cours de Technologie de traitement des eaux usées », Master en agriculture durable, ISAV-Faranah.

[2] KORMANIK R.A, 1972: *Estimating solids production for sludge hand ling water & sewage Works*, december, 1972, p. 72-74.

[3] KLOTTER H.E, 1971: *Zukunftsaufgaben der Abfalibeseitigung-Wasser und Boden*, p. 105-108. Mai 1971.

[4] Mémento technique de l'eau, Degrémont, 1978

[5] DOTSON G.K., 1973: *Somme constrains of spreading sewage sludge on cropland-Compost sciences*, november 1973, p. 12-15.

[6] WILSON D.O., 1977: *Nitrification in soil treated with domestic and industrial sewage sludge-Environ.pollut*, 1977, 12, n° 1, p. 73-82.

[7] REMY GOURDON, 1971 : « Traitement biologique des déchets ». Laboratoire d'analyse environnementale des procédés et des systèmes industriels. Institut national des sciences appliquées de Lyon.

[8] JAMONET B. : *Le traitement des boues résiduaires*, Université des Sciences et Techniques du Languedoc, Montpellier, France.

[9] « Théories et technologie de la séparation des insolubles et du traitement des boues », Agence Financière de Bassin Seine-Normandie – Paris, juillet 1971.

[10] « Études de déshydratation thermique des boues à l'aide de sécheurs verticaux », Rapport Inor-Von Rall, ville de Dieppe, S, D.

[11] BENEDEK P., FARKAS P., LITERATHY P., 1972: *Kinetics of aerobic sludge stabilization water research*, vol. 6, 1972, p. 91-97.

[12] CHAP. 1972 : *Traitement final des boues à la station d'Achères III par filtration (dans les filtres-presses) après conditionnement thermique*, A.F.E.E, Session Juin 1972, Versailles, 39 pages.

[13] « Utilisation agricole des boues d'origine urbaine », M.A.GAMRANSI.

[14] LESCHBER R., NIEMITZ W., 1976: *Erarbeitung von methoden zur Ermittung Der Konditionier-Barkeit Von Klarschlammen-Von Wasser*, n° 47, 1976, p. 187-207.

[15] EVERETT J.G., 1974: *The effect of pH on the heat treatment of sewage sludges-water research*, november 1974, p. 899-906.

[16] OBRIST W., Rolle G., *Coût de la pasteurisation des boues de station d'épuration en Suisse*. Traduction d'un document de Umwelt hygiene.

[17] RAMAKRISHNAN C.V., 1971, *Possible use of gamma radiation in wastewater treatment*, J.scient.Ind.Res., mai 1971, p. 228-234.
[18] LINDSTEDT K.D., BENNETTER., PUNTENNEY J., 1971: *Aerobic digestion for waste active. Sludge Solids reduction. Water and swage works*, juin, p. 166-168.
[19] MEYNELL P.-J., 1976: *Méthane: planning à digester*, Prism Press.
[20] GALWARDI E., BEHN V., HUMENICK. M., MALINAT, GLOYNA, 1974: *Recovery of usable energy from treatment of municipal wastewaters*, University of Texas at Austin, 1974.
[21] RENE MOLETTA *et al.* 2008, *La méthanisation,* Tec & Doc, Lavoisier, avril 2008, p. 53.

ÉTUDES DES PARAMÈTRES D'UN MODÈLE DE FOSSE SEPTIQUE EN ASSAINISSEMENT AUTONOME DES EAUX USÉES: APPLICATION INSTITUT DES SCIENCES AGROVÉTÉRINAIRE DE FARANAH (ISAV)

Par

KANTE[1] Cellou, KEITA[2] Mamby & DIALLO[3] Baba Diogo

1. Département de génie civil, Institut polytechnique, Université Gamal Abdel Nasser de Conakry, B.P. : 1147, Conakry, République de Guinée.
2. Département de physique, Faculté de Sciences, Laboratoire d'Étude et de Recherche en Énergie Appliquée (LEREA), Université Gamal Abdel Nasser de Conakry, B.P. : 1147, Conakry, République de Guinée.
3. Département de génie rural, Institut Supérieur des Sciences Agronomiques et Vétérinaires de Faranah

Résumé : La présente étude s'intéresse au développement de l'assainissement autonome lorsque les rejets d'eaux usées d'une ou de plusieurs habitations ne sont pas raccordés au réseau public d'assainissement et ne font l'objet d'aucun traitement spécifique, par les propriétaires avant leur rejet dans le milieu naturel.

Des recherches menées ont montré que les eaux usées de Faranah contribuent à la pollution de l'écosystème du fleuve Niger [1]. Afin de contribuer à la résolution de ce problème, un modèle de fosses septiques est proposé, les paramètres et dimensions de ses différents compartiments sont calculés pour des ménages de l'ISAV comprenant 8 à 15 personnes. Aussi l'intérêt de la vulgarisation de ce type de fosse est dégagé.

Mots-clés : Effluents, latrines, fosse septique, puits perdu, lit bactérien, eaux usées, assainissement.

Introduction

Le type d'ouvrages d'assainissement à Faranah, en général ne garantit pas la protection des populations contre les risques de contamination par des maladies hydriques et celles liées à l'eau.

Les latrines traditionnelles qui sont les plus nombreuses ne répondent à aucune norme ou règle de construction. Elles ne peuvent assurer la décantation et la dégradation des matières organiques de manière convenable. Elles dégagent de mauvaises odeurs et constituent un milieu favorable à la reproduction des mouches, cafards et moustiques.

Ces bestioles qui tournent entre les latrines et les habitations, constituent des agents transmetteurs de certaines maladies telles que : la diarrhée, la dysenterie et le choléra.

À cause de l'état d'étanchéité des dalles des latrines, les eaux de ruissellement drainent très souvent les déchets jusque dans les rivières et sources, les latrines constituant ainsi une source importante de polluants.

L'étude menée propose un modèle simple de fosses septiques, réalisable par les populations de Faranah. Les calculs effectués sont relatifs au campus universitaire de l'Institut Supérieur Agronomique et Vétérinaire de Faranah (ISAV).

I. Théorie et analyse

Les ouvrages d'assainissement autonome, des ménages posent actuellement des problèmes de santé publique et d'environnement, il est nécessaire de les améliorer pour minimiser les effets nocifs. Pour ce faire, nous proposons un modèle d'ouvrages constitué d'une fosse septique, un lit bactérien et un puits perdu.

1.1. Description du modèle

1.1.1. Le modèle proposé est représenté (figure 1)

Il comprend :

a) Fosse septique toutes eaux

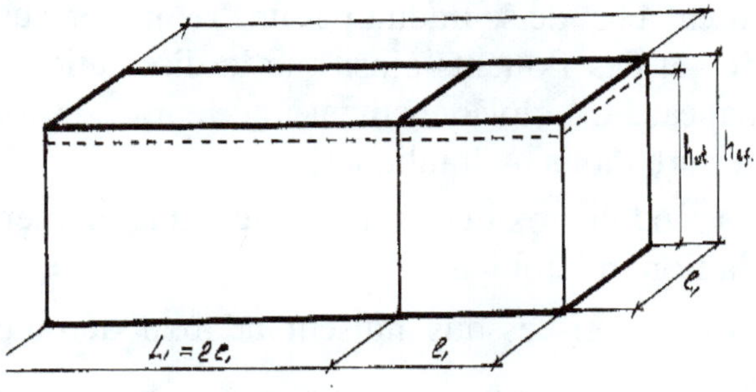

Figure 1 : Schéma de la fosse septique

Deux types de processus sont mis en jeu dans une fosse septique [2] :

- Un phénomène physique de décantation permettant la séparation des particules plus denses que le liquide qui se déposent au fond de la fosse. Les particules légères et les graisses restent en surface, s'accumulent et forment une couche flottante appelée « chapeau de digestion » ou « flottants », dont environ 30 % de l'épaisseur émerge.
- Un processus biologique de fermentation qui provoque une destruction et une liquéfaction partielle des matières organiques contenues dans les eaux usées. La fermentation est due à la présence des micro-organismes (bactéries anaérobies) qui transforment les composés organiques complexes en acides organiques plus simples. Ces derniers sont à leur tour transformés en méthane (CH_4), en sulfure d'hydrogène (H_2S) et en gaz carbonique (CO_2), ce qui, avec les acides gras volatils, confère à ces gaz de digestion une odeur nauséabonde.

Les gaz de digestion se dégagent des boues décantées sous forme de bulles d'air, qui entraînent dans leur ascension des particules de boues. Ces dernières ensemencent en permanence les matières organiques biodégradables du chapeau qui se décomposent et se liquéfient progressivement.

L'efficacité de ce processus de biodégradation et son rendement, dépendent des facteurs suivants :

- La capacité de la fosse : le volume de la fosse, et plus particulièrement celui réservé à la rétention des boues décantées et des matières flottantes, doit être suffisamment grand.
- Le temps de séjour des boues : directement lié à la fréquence des vidanges, en général 2 à 5 ans.

- L'amortissement hydraulique : l'arrivée de débits de pointe importants et d'eau chaude se traduit par une remise en suspension des boues décantées et des flottants ainsi que la dissolution partielle des graisses du chapeau. Un cloisonnement intérieur de la fosse amortira l'impact des perturbations hydrauliques.
- Le rejet des produits toxiques : il n'affecte que momentanément et partiellement la flore microbienne.

Aussi, les processus ci-dessous nuisent au bon déroulement de la biodégradation :

- L'introduction de morceaux de bois, des chiffons et des papiers non solubles, est à éviter.
- L'infiltration des eaux pluviales n'est pas recommandée.
- Ne jamais y introduire des hydrocarbures (mazout, essence, huile de vidange…).
- Les gaz doivent pouvoir s'évacuer librement grâce à un dispositif de ventilation atteignant le niveau du toit d'habitation.

b) Lit bactérien (réacteur aérobie à biomasse fixe)

Le lit bactérien épure l'effluent provenant de la fosse septique de toutes eaux avant de le rejeter dans le milieu naturel (puits perdu, fossé, caniveau, cours d'eau).

Il est composé de matériaux filtrants (coke, mâchefers, laitier concassé, pouzzolane) de calibre 40-80 mm, de hauteur minimum 80 cm et de volume minimum 1 m^3. Les effluents se trouvent sur un répartiteur spécial pour assurer la diffusion uniforme sur toute la surface du matériau filtrant, en évitant les écoulements préférentiels.

Par l'intermédiaire d'un regard, situé en aval, une circulation d'air s'effectue de bas en haut à travers la couche filtrante. Une ventilation abondante par le bas et le sommet du massif filtrant provoque sur ce dernier le développement d'une flore microbienne aérobie qui engendre un processus d'oxydation efficace de l'effluent qui percole lentement.

Ces bactéries minéralisent les matières polluantes organiques et ainsi, les germes pathogènes meurent, faute de conditions propices à leur survie [3].

c) Puits perdu

Après ces différents traitements en amont, l'effluent sera déversé au moyen d'une plaque perforée, par exemple, afin d'assurer la répartition sur l'ensemble du lit drainant, évitant un ruissellement le long des parois.

Le fond est garni de matériau (60/80) tel que les cailloux. On dispose par-dessus une couche de graviers de 0,2 m qui est recouverte à son tour par une couche de sable de 0,2 m jusqu'au niveau du tuyau d'amenée des eaux.

II. Calcul des paramètres de la fosse septique

Il sera procédé au calcul des dimensions de la fosse septique, des compartiments de la fosse septique et du lit bactérien.

2.1. Fosse septique

La capacité totale d'une fosse septique se calcule par la formule ci-dessous :

$$V = P \times Q + P \times N \times F \times S'$$

Où :

P : est le nombre de personnes qui utilisent la fosse septique ;

Q : débit des eaux usées en litres par personne et par jour ;

N : nombre d'années entre deux vidanges des boues ;

S' : le volume d'accumulation des boues et de l'écume.

On estime S' = 0,275 litre par personne et par jour dans les fosses qui reçoivent les eaux vannes et les eaux ménagères et à (0,25 à 0,3 l) pour 1 habitant et par jour [4] ;

Par an, nous aurons : 0.275 x 365 ≈ 100 l par an ;

F : facteur qui relie la vitesse de digestion à la température et à la périodicité des vidanges. Le tableau 1 donne les valeurs de F [5].

Tableau 1 : Valeurs du facteur F

Nombre d'années entre les vidanges	Valeur de F		
	Température ambiante		
	>20 °C toute l'année	>10 °C toute l'année	<10 °C en hiver
1	1,30	1,50	2,50
2	1,00	1,15	1,50
3	1,00	1,00	1,27
4	1,00	1,00	1,15
5	1,00	1,00	1,06
6 et plus	1,00	1,00	1,00

La taille moyenne des ménages à l'ISAV étant estimée à huit (8) personnes [6], nous allons dans le cadre de cette étude, dimensionner les ouvrages d'assainissement autonome pour des ménages de 8,10 et 12 personnes au maximum ; et 15 et 20 personnes pour les autres ménages hors de l'ISAV.

La norme d'évacuation des eaux usées Q est définie comme suit :

$$Q = k \times n = 0.8 \times 75 = 60 l / jhabt$$

Où :

k : est le coefficient de rejet égal à 0,8 ;

n : est la norme de consommation d'eau potable, est de 75 l/j/hab.

La température moyenne du mois le plus froid de l'année est 20 °C et le nombre d'années entre deux vidanges successives sera pris N = 5 ans. Ainsi, le facteur F = 1,00 (voir tableau 1).

Les résultats de calcul des volumes de rétention, d'accumulation des boues, de l'écume et de la capacité totale de la fosse septique sont présentés dans le tableau 2 en fonction du nombre de personnes par ménage.

Tableau 2 : Volume de rétention (*A*), d'accumulation des boues (L_{lb}) et la capacité de la fosse (*V*).

Volume de la fosse septique, V	Taille des ménages				
	8	*10*	*12*	*15*	*20*
$A = P \times Q$ (m^3)	**0,48**	**0,6**	**0,72**	**0,9**	**1,2**
$L_{lb} = \frac{V_1}{h_1} \times b_1$ (m^3)	**4,00**	**5,0**	**6,0**	**7,5**	**10,0**
$V = A + L_{lb}$ (m^3)	4,48	5,60	6,72	8,4	11,2

2.2. Calcul des dimensions des compartiments de la fosse septique

Les fosses septiques que nous proposons sont de forme rectangulaire et à deux compartiments. Les dimensions des compartiments de la fosse sont dans le rapport :

$L_1/l_1 = 2,0$ avec une profondeur $h = 1,5\ l_1$

Où :

L_1 : La longueur du premier compartiment ;

l_1 : La longueur du second compartiment.

Avec une largeur l_1 de la fosse septique, nous pouvons calculer le volume de l'ouvrage de la façon suivante en se référant à la figure 1:

$V_1 = (2\,l_1 + l_1)\,l_1 \times 1{,}5\,l_1 = 4{,}5\,l_1^3$, *(voir figure 1);*

Or $V_1 = A_1 + B_1$; $V_2 = A_2 + B_2$, *etc.*

Alors $V_1 = 4{,}5\,l_1^3$; $V_1 = 4{,}48\,m^3$;

$$l_1^3 = \frac{4.48}{4{,}50} \approx 1m^3$$

$$l_1 = \sqrt[3]{1} = 1m\ ;\ L_1 = 2{,}0m\ ;\ h_{ut} = 1{,}5m$$

$$L = 3\,l_1$$

On laisse un espace libre de 35 cm au-dessus du niveau du liquide dans la fosse pour la ventilation. La hauteur effective de chaque fosse est alors : $h_{ef} = h_{ut} + 0{,}35m$

h_{ut} : La profondeur utile. (Distance entre le radier de la fosse et le niveau du liquide).

Les résultats de calcul des dimensions des différentes fosses septiques sont présentés dans le tableau 3.

Tableau 3 : Calcul des profondeurs, longueurs et largeurs des fosses septiques

Volume utile de la fosse septique (m^3)	Profondeur utile, h_{ut} (m)	Hauteur effective, h_{ef}, (m)	Largeur de la fosse (m)	Longueur totale de la fosse $L = 3\,l_1$
$V_1 = 4{,}48$	1,50	1,85	1,00	3,00
$V_2 = 5{,}60$	1,60	1,95	1,07	3,21
$V_3 = 6{,}72$	1,71	2,06	1,14	3,42
$V_4 = 8{,}40$	1,85	2,20	1,23	3,69
$V_5 = 11{,}20$	2,00	2,35	1,35	4,05

2.3. Calcul des dimensions du lit bactérien

Les appareils équipant les installations d'épuration des maisons individuelles ou des petites collectivités sont très souvent à faible charge, c'est-à-dire que le débit d'eaux usées rapporté à l'unité de surface ou de volume du lit est assez faible.

Dans ces conditions, le volume à admettre pour les matériaux est de l'ordre de 1,5 m^3 [7].

L'épaisseur du lit bactérien se calcule par la relation : $h_{l.b} = h_{ut} - 0{,}1$;

où $h_{l.b.}$ est épaisseur (hauteur) du lit bactérien, *0,1* est la distance entre le radier et le faux plancher.

La valeur minimale du lit bactérien doit être de 1.0 m.

Ainsi, on détermine l'épaisseur de la couche de matériaux et la longueur du lit bactérien.

$h_{l.b.1} = 1,5 - 0,1 = 1,40\ m$;

$h_{l.b.2} = 1,6 - 0,1 = 1,50\ m$;

$h_{l.b.3} = 1,71 - 0,1 = 1,67\ m$;

$h_{l.b.4} = 1,85 - 0,1 = 1,75\ m$;

$h_{l.b.5} = 2,0 - 0,1 = 1,90\ m$.

La longueur du lit bactérien est calculée par la relation :

$$L_{lb} = \frac{V_1}{h_1} \times b_1$$

où $V_{1.}$: le volume des matériaux filtrants, égal à 1,5 m^3 ;

$h_{1.}$: l'épaisseur de la couche en (m) ;

$b_{1.}$: la largeur du lit bactérien en (m).

Les dimensions des lits bactériens sont données dans le tableau 4:

Tableau 4 : Dimension des lits bactériens

Volume du lit bactérien *V* *(m^3)*	Épaisseur de la couche de matériaux h_l *(m)*	Largeur du lit bactérien b_l *(m)*	Longueur du lit bactérien $L_{.l.b}$ *(m)*
$V_1 = 1.5$	1,40	1,00	1,07
$V_2 = 1.5$	1,50	1,07	0,93
$V_3 = 1.5$	1,61	1,14	0,83
$V_4 = 1.5$	1,75	1,23	0,71
$V_5 = 1.5$	1,90	1,35	0,58

Rappelons qu'on laisse un espace libre de 35 cm au-dessus du niveau du liquide dans la fosse et 10 cm au-dessous des matériaux filtrants pour la ventilation.

2.4 Calcul du regard d'aération

Pour assurer la ventilation du lit bactérien, on aménage, à côté du lit, un regard d'aération. Ces deux ouvrages sont séparés par une cloison en maçonnerie et ont les mêmes profondeurs et largeur. Sa longueur est de 0,80 m.

2. 5. Calcul du puits perdu

La surface d'infiltration du puits perdu est calculée par la formule ci-après :

$F = A/J\ (m^2)$

où : A – est le débit journalier des eaux usées du ménage donné au tableau 2 ;

J : est le taux d'infiltration, il varie de 30 à 40 $l/m^2/j$, [5] ; considérons que $J = 40\ l/m^2/j$

$$F = \frac{A_n}{40}(m^2)\ ;$$

Les résultats de calcul de F suivant 1, 2, 3, 4 et 5 sont donnés dans le tableau 5.

La surface d'infiltration est composée de celle du fond et de celles latérales.

$$F = C^2 + 4 \times C \times hp(m^2)$$

Où C – le côté du puits perdu (m);

h_p : la profondeur du puits perdu (m) ; la forme du puits est carrée. Prenons $C_1 = 1{,}4$ m.

Les résultats de calcul des dimensions des puits sont dans le tableau 5.

Tableau 5 : Calcul des dimensions des puits perdus

Taille du ménage	Débit, A (l/j)	J(l/m²/j)	Surface, F (m²)	Côté, C (m)	Profondeur h_p (m)
8	480	40	12	1,4	1,79
10	600	40	15	1,5	2,13
12	720	40	18	1,6	2,14
15	900	40	22,5	1,8	2,68
20	1200	40	30	2,0	3,25

Il est recommandé de choisir soigneusement l'emplacement du puits.

La conduite amenant l'effluent du lit bactérien au puits perdu aura une pente de 2 % et ce dernier sera placé entre 1 et 5 m du lit (figure 2).

Les profondeurs totales des différents puits perdus par ménage, définies par la relation ci-dessous, seront :

$h_t = h_{ef} + h' + h_p$

- pour les *ménages de 8 personnes :* $h_{t1} = 1{,}85 + 0{,}1 + 1{,}790 = 3{,}740$ *m.*
- *pour les ménages de 10 personnes :* $h_{t2} = 1{,}95 + 0{,}1 + 2{,}125 = 4{,}175$ *m.*
- *pour les ménages de 12 personnes :* $h_{t3} = 2{,}06 + 0{,}1 + 2{,}410 = 4{,}570$ *m.*
- *pour les ménages de 15 personnes :* $h_{t4} = 2{,}20 + 0{,}1 + 2{,}675 = 4{,}975$ *m.*
- *pour les ménages de 20 personnes :* $h_{t5} = 3.25 + 0{,}1 + 2{,}080 = 5{,}700$ *m.*

Sur la base de ces différentes dimensions calculées, nous proposons le schéma complet d'une fosse septique améliorée avec ses différentes parties représentées (figure 2).

Figure 2 : Schéma complet d'une fosse septique améliorée

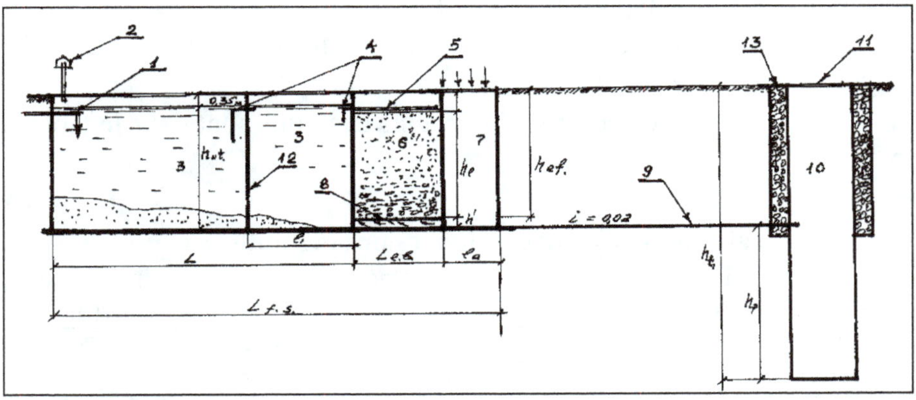

1. Tuyau d'arrivée ; 2. Ventilation haute ; 3. Fosse septique à deux (2) compartiments ; 4. *Coude ; 5. Tuyau PVC perforé ; 6. Lit bactérien aérobie ; 7. Regard d'aération ; 8. Radier faux ; 9. Tuyau de sortie ; 10. Puits perdu ; 11. Couvercle étanche ; 12. Cloisonnement intérieur ; 13. Briques ou pierres.*

De par sa construction, le puits perdu permet l'infiltration dans le sol d'une partie des effluents traités. Il a couramment un diamètre compris entre 1,0 et 1,5 m et une profondeur de 2,0 à 6,0 m. Ses parois latérales sont garnies de briques ou de pierres non jointées. Il doit être fermé par un couvercle étanche.

Conclusion

L'application des résultats de cette recherche à l'ISAV et dans la préfecture de Faranah permettrait de :

- diminuer la pollution dans la ville et au campus, pour une meilleure protection de l'environnement ;
- réduire les maladies hydriques (diarrhée, dysenterie, choléra, paludisme, etc.) au niveau de la population et particulièrement chez les enfants ;
- limiter la pollution des eaux souterraines par les eaux usées.

C'est pour ces raisons que nous estimons, que la vulgarisation de ces ouvrages d'assainissement autonome est nécessaire pour le bien-être des populations.

Bibliographie

[1] KANTE C., KEITA M., DIALLO B., 2013 : *Étude du système de gestion des eaux usées du campus de l'Institut Supérieur Agronomique et Vétérinaire de Faranah.* P. 78 -79, *RESUK*, 012, 2013.

[2] TOURE C., 1990 : *Technologies appropriées d'assainissement dans les pays en voie de développement,* CREPA Ouagadougou.

[3] Mémento du gestionnaire de l'alimentation en eau et de l'assainissement. François Valiron, Jérôme Monod, Réné Coulomb, tome 2, « Assainissement urbain », Lyonnaise des eaux, 1994.

[4] R. FRANCEYS *et al.,* 1995. : *Guide de l'assainissement individuel*, OMS.

[5] C. YAKOVLEV, Y. KARELINE, A. JOUKOV, 1975 : *Assainissement.*

[6] ETHESER, *Assainissement autonome.*

[7] Programme d'amélioration de l'environnement urbain et de l'assainissement de CONAKRY (PADEULAC), 1er mars 1993.

ÉVALUATION DU POTENTIEL ÉNERGÉTIQUE DES EFFLUENTS ANIMAUX DE LA FERME DE SIAFATA ET DE CINQ VILLAGES DE LA COMMUNE RURALE D'OREMAI-MACENTA

Par
KEITA[1] Mamby, THIAM[2] Aboubacar & SAKOVOGUI[3] Ansoumane

1. LEREA. Département de physique, Faculté des Sciences. UGAN – Conakry.
2. LEA. École supérieure polytechnique, Université Cheikh Anta DIOP – Dakar.
3. Département Énergétique, Institut Supérieur de Technologie de Mamou.

Résumé : Cette recherche porte sur l'évaluation du potentiel énergétique (électrique) des effluents animaux de la ferme de Siafata et de cinq villages de la commune rurale d'Oremai-Macenta. Le recensement des cheptels de la ferme de ces localités a été effectué. Les caractéristiques énergétiques des effluents ont été calculées et les possibilités d'utilisation de ce potentiel énergétique (biogaz) ont été évaluées.

Introduction

En République de Guinée, l'élevage constitue, après l'agriculture, la deuxième activité du monde rural. Le cheptel recensé en 2000 se chiffre à : 3 millions de bovins, 90 mille ovins, 10 millions de caprins, 60 000 porcins et la volaille est estimée à 12 millions. D'importantes quantités de déchets (fientes, lisier, fumier…), plus de 10 millions de tonnes sont produites chaque année, mais sont très peu valorisées dans la plupart des régions du pays [1].

En zone forestière, par exemple, à Macenta, N'Zérékoré, Beyla, Lola, Diécke, de grandes fermes ont vu le jour ces dernières années du fait du développement des activités minières et agricoles. La gestion de ces fermes pose actuellement de nombreux problèmes à savoir : la divagation des animaux, la gestion des effluents et des litières.

Ainsi, l'évaluation du potentiel énergétique de ces effluents animaux permettrait d'envisager dans ces villages non connectés aux réseaux électriques public et privé, l'implantation d'unités de valorisation de ces déchets par : la production d'énergie électrique et thermique. Cette recherche s'inscrit dans cette optique.

I. Présentation des localités

La Guinée forestière en général est une région montagneuse d'altitude moyenne variant entre 600 à 800 mètres. Elle couvre 49 500 km^2. Cette région est soumise à une croissance démographique importante, dont près de 70 % de la population vivent en zone rurale. Elle a une pluviométrie très intense variant entre 2 200 et 5 200 mm, avec 7 à 9 mois de saisons pluvieuses [2].

Le site étudié est composé de la ferme de Siafata et les cinq villages suivants : Orémai (siège de la sous-préfecture) avec 1 936 habitants, Siafata à 5 km avec 172 habitants, Nérédou à 3 km, avec 1 088 habitants ; Yomai à 13 km avec 1 198 habitants ; et Kassanka à 13 km avec 3 248 habitants, selon les estimations de 2010 [3].

II. Étude théorique

1) La méthodologie

La méthodologie d'évaluation du potentiel énergétique des effluents animaux de la ferme de Siafata et des cinq villages est structurée comme suit :

a) Réalisation d'une visite de terrain ;
b) Recensement détaillé des cheptels de la ferme de Siafata et des cinq villages ;
c) Évaluation de la production moyenne journalière d'effluents d'élevage par village ;
d) Calcul des caractéristiques des effluents d'élevage de chaque site, à savoir :

- la quantité de matière organique sèche (MOS) ;

- la quantité de matière organique sèche biodégradable (MOSb) ;
- la production en biogaz ;
- la quantité de CH_4 contenue dans le biogaz ;
- la quantité d'énergie électrique susceptible d'être produite.

Ces cinq quantités sont définies par les relations ci-dessous [4, 5].

2) Évaluation de la quantité de matière organique sèche biodégradable $(MOS)_{biodé}$

Elle est déterminée par la relation suivante : $(MOS)_{biodé} = Nb_{ani} \times MB_{jour} \times \%MOS$ **(1.1)**

Où :

$(MOS)_{biodé}$ *: Quantité de matière organique sèche biodégradable en (m^3/j) ou en (kg/j) ;*

Nb_{ani} *: Nombre d'animaux selon les catégories ;*

MB_{jour} *: Quantité de substrat produit par jour en (m^3/j) ;*

$\%MOS$ *: Pourcentage de matière organique sèche*

Sachant que : 1 m^3 de fumiers de bovins pèse en moyenne 750 kg ; 1 m^3 de fientes de poulets : 500 kg et 1 m^3 de crottes de porcs : 1 000 kg.

3) Évaluation de la production de biogaz $P(Biog)$

Elle est déterminée par la relation suivante :

$P(Biog) = (MOS)_{biodé} \times (Biog/MOS_{biode})$ **(1.2)**

où :

$P(Biog)$: Production journalière de biogaz en litre par jour (l/j)

$(Biog/MOS_{biode})$: Quantité de biogaz en litre contenu dans 1 kg de MOS biodégradable en litre par kilogramme (l/kg)

4) La quantité de CH_4 contenue dans le biogaz $P(CH_4)$

Elle est déterminée par la relation suivante :

$$P(CH_4) = P(Biog) \times \%CH_4 \quad \textbf{(1.3)}$$

où :

$P(CH_4)$: Production journalière de méthane en litre par jour (l/j) ;

$\%CH_4$: Taux de méthane contenu dans le biogaz.

5) Évaluation de la production d'électricité $(P_{élec})$

Elle est déterminée par la relation suivante :

$P_{élec} = P(Elect/CH_4) \times P(CH_4)$ ***(1.4)***

où :

$P_{élec}$ *: Production d'énergie électrique exprimée en kilowatt-heure par jour (kWh/j) ou en kilowatt (kW) ;*

$P(Elect/CH_4)$ *: Quantité d'électricité contenue dans un mètre cube de méthane en kilowatt heure par mètre cube de méthane (kWh/m³CH₄).*

III. Étude expérimentale

Deux missions d'étude sur les sites ont permis de recueillir les données pour l'analyse.

1- Recensement des cheptels des villages

Les visites de terrain ont eu lieu : du 5 septembre au 10 octobre 2013 et du 24 décembre au 5 janvier 2014, pour un recensement détaillé de tous les types de cheptels. Le tableau 1.

Tableau 1 : Recensement des cheptels de la ferme de Siafata et les cinq (5) villages

Catégories	Nombre d'animaux par site						Total
	Siafata		Orémai centre	Nérédou	Yomai	Kassanka	
	Ferme de Siafata	Siafata village					
Porcelets 4 à 10 semaines	66	8	72	52	5	32	**235**
Truies gestantes	11	8	33	33	7	24	**116**
Truies avec porcelets	4	1	3	25	2	6	**41**
Verrats	3	2	12	9	3	9	**38**
Porcs à l'engraissement	75	33	55	124	4	23	**314**
Poules pondeuses	4 000	100	-	-	-	-	**4 100**
Poulets de chair	10	3	-	-	-	-	**13**
Lapins	15	-	-	-	-	-	**15**

Évaluation du potentiel électrique des effluents d'élevage de la ferme de Siafata et des cinq villages

Le potentiel électrique des effluents d'élevage de la ferme de Siafata et des cinq villages est évalué en utilisant la production moyenne d'effluents d'élevage par période de six (6) mois [5], les caractéristiques des substrats d'effluents d'élevage [6], les données du tableau 1 et les formules ci-dessus.

a) Ferme de Siafata

Les résultats des calculs pour la ferme de Siafata sont donnés dans le tableau 2.

Tableau 2 : Potentiel électrique des effluents d'élevage de la ferme de Siafata

Catégories	Nbre d' Animaux	Qté Substrat [5] (m3/ani/6 mois)	Qté Substrat (m3/j)	MOS (m3/j)	MOS (kg/j)	Biogaz (l/kgMOS)	Biogaz (l/j)	CH4 (l/j)	Electric (kW)
Porcs									
Porcelets 4 à 10 semaines	66	0,4	0,14666667	0,11440	114,40000	550	62 920	37 752	15,730
Truies gestantes	11	1,8	0,11000000	0,08580	85,80000	500	42 900	25 740	10,725
Truies avec porcelets	4	2,8	0,06222222	0,04853	48,53333	450	21 840	13 104	5,460
Verrats	3	1,8	0,03000000	0,02340	23,40000	500	11 700	7 020	2,925
Porcs à l'engraissement	75	1,2	0,50000000	0,39000	390,00000	600	234 000	140 400	58,500
Volaille	-	*(m3/1000 ani/6 mois)*	-	-	-	-	-	-	-
Poules pondeuses	4 000	27	0,60000000	0,45000	225,00000	400	90 000	55 800	23,250
Poulets de chair	10	15	0,00083333	0,00063	0,31250	500	156,25	96,875	0,040
Petits ruminants	-	*(m3/100 ani/6 mois)*	-	-	-	-	-	-	-
Lapins	15	22,5	0,01875000	0,01500	11,25000	450	5 062,5	2 784,38	1,160
Total d'électricité									**117,791**

b) Village d'Orémai

Tableau 3 : Potentiel électrique des effluents d'élevage de la ferme d'Ourémai

Catégories	Nbre d'Animaux	Subst (m3/ani/6 mois)	Subst (m3/j)	MOS (m3/j)	MOS (kg/j)	Biogaz (l/kgMOS)	Biogaz (l/j)	CH4 (l/j)	Électricité (kW)
Porcelets 4 à 10 semaines	72	0,4	0,16000000	0,12480	124,80000	550	68 640	41 184	17,16
Truies gestantes	33	1,8	0,33000000	0,25740	257,40000	500	128 700	77 220	32,175
Truies avec porcelets	3	2,8	0,04666667	0,03640	36,40000	450	16 380	9 828	4,095
Verrats	12	1,8	0,12000000	0,09360	93,60000	500	46 800	28 080	11,7
Porcs à l'engraissement	55	1,2	0,36666667	0,28600	286,00000	600	171 600	102 960	42,9
Total d'électricité									**108,03**

Pour les quatre autres villages, les mêmes procédures de calcul ont été utilisées. Les potentiels énergétiques calculés pour les six sites sont résumés dans le tableau 4.

Tableau 4 : Potentiels électriques de la ferme de Siafata et les cinq villages

N°	Sites	Nombre d'habitants	Nombre d'animaux	Puissance électrique (kW)
1	Ferme de Siafata	-	4 184	**117,791**
2	Orémai	1 936	175	**108,03**
3	Nérédou	1 088	243	**184,188**
4	Siafata	172	155	**39,355**
5	Kassanka	3 248	94	**65,932**
6	Yomai	1 198	21	**16,792**

III. Possibilités d'utilisation de la puissance électrique disponible

Ces ressources énergétiques du tableau 4 pourraient servir pour la satisfaction de certains besoins de la ferme et des populations des cinq villages. Le tableau 5 donne les possibilités d'utilisation de ces ressources pour la ferme de Siafata, les villages de : Orémai, Nérédou et Kassanka.

Tableau 5 : Propositions d'utilisation des puissances électriques disponibles

Utilisation	FERME et VILLAGES							
	Ferme de Siafata		Orémai		Nérédou		Kassanka	
	Quantité	Puissance totale (kW)	Quantité	Puissance totale (kW)	Quantité	Puissance totale (kW)	Quantité	Puissance totale (kW)
Éclairage domestique (11 W)	100	1,100	2 000	22,000	1 000	11,000	3 800	41,800
Éclairage de l'école primaire	0	0,000	8	0,088	8	0,088	8	0,088
Éclairage de collège	0	0,000	10	0,110	0	0,000	0	0,000
Éclairage du centre de santé	0	0,000	10	0,110	5	0,055	5	0,055
Éclairage des églises	0	0,000	10	0,110	3	0,033	8	0,088
Éclairage des mosquées	0	0,000	5	0,055	2	0,022	5	0,055
Éclairage maison des jeunes	0	0,000	8	0,088	5	0,055	8	0,088
Éclairage sous-préfecture	0	0,000	20	0,220	0	0,000	0	0,000
Poste téléviseur (250 W)	1	0,250	4	0,400	10	1,000	10	1,000
Lecteur DVD (12 W)	1	0,012	4	0,048	10	0,120	15	0,180
Décodeur TV (6 W)	1	0,006	4	0,024	10	0,030	15	0,090
Chargeur téléphone (5 W)	20	0,100	10	0,050	100	0,500	200	1,000
Menuiserie	0	0,000	1	3,000	2	6,000	1	3,000
Poste de soudure	0	0,000	1	3,000	2	6,000	0	0,000
Pompages d'eau (6 ou 10 kW)	2	20,000	2	20,000	3	30,000	1	6,000

Réfrigérateur (80 ou 150 W)	2	0,300	2	0,300	2	0,300	1	0,150
Broyeuse (10 kW)	3	30,000	5	50,000	8	80,000	1	10,000
Chaud (1 000 W)	2	2,000	0	0,000	0	0,000	0	0,000
Bouilloire électrique (300 W)	2	0,600	0	0,000	0	0,000	0	0,000
Ordinateur 100 W	2	0,200	5	0,500	3	0,300	0	0,000
Imprimante Laser 500 W	1	0,500	5	2,500	3	1,500	0	0,000
Puissance utilisée (kW)		**55,068**		**102,603**		**137,003**		**63,594**
Puissance disponible (kW)		**117,791**		**108,03**		**184,188**		**65,932**

Conclusion

Cette recherche indique clairement que les besoins énergétiques des populations rurales peuvent être satisfaits par une valorisation des déchets animaux, surtout en considérant le développement que connaît l'élevage ces dix dernières années (la multiplication des fermes).

Afin de procéder à cette valorisation, il est indispensable d'organiser des campagnes régulières de recensement des différents cheptels pour évaluer les potentiels énergétique et agricole des effluents animaux.

Cette valorisation de ce potentiel énergétique se traduira par l'installation de bio-digesteurs, et de dispositifs de production énergétique. Le dimensionnement d'une telle installation fera l'objet d'une autre étude.

Bibliographie

[1] Organisation des Nations unies pour l'alimentation et l'agriculture (FAO) : État des ressources génétiques animales en Guinée. Rapport national, avril 2003.

[2] KABA MOUCTAR *et al.* 2000 : *Étude de vulnérabilité des ressources en eau face aux changements climatique* ; Projet FEM-PNUD/GUI/97/G33 ; Conakry, 2000.

[3] Rapport du plan quinquennal de développement de la commune rurale d'Orémai-Macenta, janvier 2011.

[4] MICHEL MAURER, REMY GENDRE, 2004 : *Le biogaz en Alsace : Potentiel, étude économique*. École Nationale Supérieure d'Ingénieurs Électriciens de Grenoble, année 2004.

[5] J. Cl. VAN CAUWENBERGHE : *Relatif à la gestion durable de l'azote en agriculture.* Gouvernement wallon, Namur, octobre 2002.

[6] MARIE LESENFANTS, 2011 : *Optimisation et étude de faisabilité de l'implantation de bio-digesteurs domestiques et agricoles dans deux sous-régions de la province d'Essaouira (Maroc).* Master Université de Liège, 2011.

[7] KEITA MAMBY, TRAORE DOUSSOU LANCINE, SAKOUVOGUI, 2013 : « Ansoumane, Étude des possibilités d'utilisation des micro-centrales hydroélectriques pour des usages agro-industriels en zones rurales guinéennes », décembre 2013.

[8] M. WAUTHLET, A. AMAHROUCH, A. ACHAB, 1996: « Guide de construction et d'utilisation des installations biogaz », eptembre 1996.

[9] Turbines hydrauliques, 1995 – Programme PACER-Office fédéral des questions conjoncturelles – diffusion : EPF-LESO, Case postale 12 – 1015, Lausanne, Suisse.

ÉTUDE, RÉALISATION ET EXPÉRIMENTATION D'UN SÉCHOIR SOLAIRE DE TYPE PÉRUVIEN MODIFIÉ

Par

OULARE[1] Faya, KEITA[2] Mamby, CONDE[1] Ibrahima Kalil & FADIGA[1] Mohamed Lamine

1. Département de physique, Faculté des Sciences de la Nature, Université Julius NYERERE de Kankan, B.P. : 209, Kankan, République de Guinée.
2. Département de physique, Faculté des Sciences, Laboratoire d'Étude et de Recherche en Énergie Appliquée (LEREA), Université Gamal Abdel Nasser de Conakry, B.P. : 1147, Conakry, République de Guinée.

Résumé : Il a été réalisé et expérimenté, en saison hivernale (septembre-octobre), le séchoir solaire de type péruvien modifié pour le séchage du gombo. Le séchage effectif des échantillons de gombo a été obtenu pour deux positions de claie. L'humidité des échantillons frais a été ramenée à 2 % dans les deux positions de la claie. Il a suffi d'une seule journée pour le séchage des échantillons. Les vitesses de séchage calculées pour les deux positions de la claie sont : 395 g/h et 564,28 g/h. Les plages de températures de séchage obtenues pour les deux positions de claie sont autour de 54 °C et 58 °C respectivement. Ces plages sont bien indiquées pour le séchage des produits agricoles.

I. Introduction

Les plus grandes quantités de : maïs, tomate, oignon, gombo, aubergine, haricot, piment, arachide, fonio, etc. sont produites en saison hivernale, avec des conditions de conservation rendues difficiles par la forte humidité, les pluies et aussi les charges excessives des producteurs à cette période. Cette situation engendre des pertes et des pénuries, corollaires de l'insuffisance alimentaire pour les populations rurales [1].

Une des solutions qu'elles envisagent est le séchage naturel. Cette méthode présente le double avantage d'être simple et bon marché. Malheureusement, la radiation solaire au moment des récoltes (hivernage) est perturbée par les conditions atmosphériques défavorables, aussi les produits exposés souffrent d'inconvénients majeurs, comme la pluie, les vents forts, la poussière, les contaminations bactériennes par des rongeurs et des oiseaux [2].

Afin d'améliorer cette situation, le recours aux techniques de séchage solaire s'avère une solution simple, sûre et adéquate pour un grand nombre de produits [3].

Les séchoirs solaires de type péruvien (expérimenté au Pérou) par Claudia Lorenz-Ladener se sont révélés comme des dispositifs solaires simples, moins coûteux, très efficaces [4]. Cependant, ce séchoir jugé très efficace dans sa constitution présente un certain nombre d'inconvénients pour son utilisation en zone rurale guinéenne.

Cette recherche porte sur les améliorations, à apporter au séchoir solaire de type péruvien pour le séchage de produits agricoles en hivernage à l'Université Julius Nyerere de Kankan.

II. Étude théorique

Le phénomène de séchage est considéré comme l'opération qui consiste à éliminer par évaporation l'eau d'un corps [5]. L'objectif de sécher un produit est d'abaisser sa teneur en eau, permettant sa conservation à une température ordinaire sur de longues durées [6].

Plusieurs types de séchoirs solaires sont développés selon le besoin local et la disponibilité des matériaux [7]. Suivant leur principe de fonctionnement, on les classe en séchoirs directs, séchoirs indirects, mixtes et hybrides [8].

2.1 Description et fonctionnement du séchoir solaire de type péruvien

Le séchoir solaire réalisé et expérimenté au Pérou dénommé « ***séchoir solaire de type péruvien*** » est du type direct à convection forcée. Il est constitué d'une table divisée en 2 parties : l'une est recouverte de plastique noir pour absorber le rayonnement solaire, l'autre sert à entreposer les produits à sécher sur une claie. La structure permet de recouvrir le tout d'une bâche plastique transparente qui laisse passer les rayons lumineux. Une partie de la bâche peut être repliée afin de charger et décharger les produits.

À l'avant, un ventilateur est fixé dans la paroi et connecté à un panneau photovoltaïque de 5W. Une passoire permet d'éviter que les insectes ne pénètrent à l'intérieur du séchoir.

À l'arrière, le séchoir est terminé par une petite ouverture pour évacuer l'air, une moustiquaire recouvre cette ouverture, empêchant les insectes de rentrer.

Ainsi, l'air actionné par le ventilateur, chauffé par la radiation solaire passe par la claie, se charge de l'humidité du produit et s'échappe par cette ouverture [4]. Le séchoir solaire de type péruvien est représenté sur la figure 1. (a).

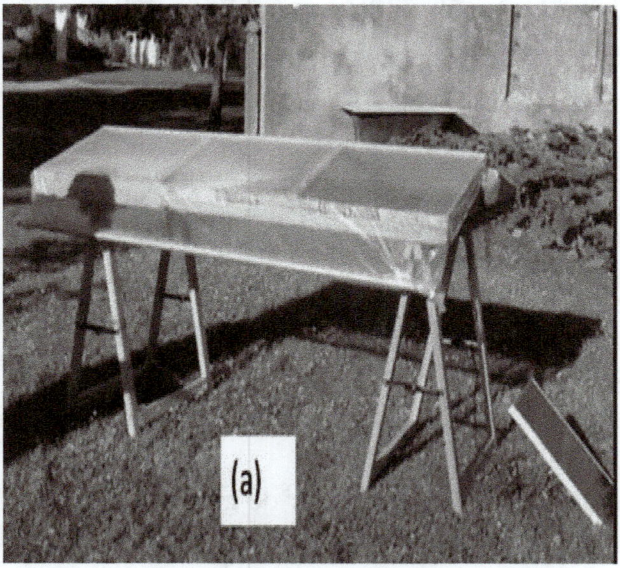

Figure 1 : (a) Séchoir solaire de type péruvien

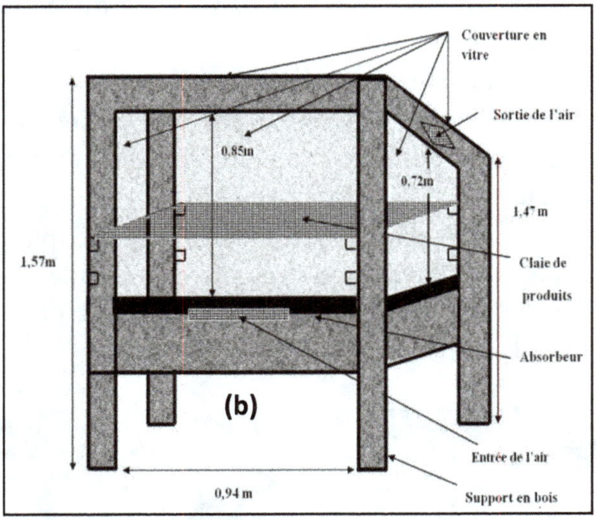

(b) Séchoir solaire type éruvien modifié

Le séchoir solaire de type péruvien présente l'avantage d'être très simple dans sa construction, avec un coût réduit et une bonne efficacité pour le séchage, mais aussi, présente des inconvénients dans un contexte de production dans nos régions, qui sont :

- la présence d'un ventilateur électrique ;
- l'étroitesse de la zone de captation de la radiation solaire, surtout en saison hivernale ;
- le besoin de réalisation de séchoir de grande capacité exigerait une surface de captation plus grande, par conséquent, un coût plus élevé.

2.2 Description et fonctionnement du séchoir solaire de type péruvien modifié

Dans le souci de procéder à une vulgarisation, nous proposons un nouveau modèle bâti sur le type péruvien auquel on a apporté les modifications suivantes :

- le système de ventilation a été remplacé par les ouvertures d'entrée et de sortie de
- l'air pour avoir une convection naturelle ;
- la bâche plastique transparente remplacée par le système de vitrage ;
- un système à deux positions de claies a été introduit ;
- la passoire a été remplacée par des grillages métalliques très fins ;

- la création d'une porte sur la face arrière.

a) Description du séchoir solaire modifié

Il mesure 1,57 m de haut sur 0,94 m de large sur sa face arrière et 1,47 m de haut sur 0,94 m sur sa face avant. Il comprend :

- une charpente en bois rouge recouverte de vitre ;
- des ouvertures d'entrée et de sortie d'air. Ces ouvertures sont fermées à l'aide de grillage métallique très fin pour empêcher les mouches d'y pénétrer et sont orientées suivant la direction du vent (nord-sud) à Kankan ;
- une cabine de séchage. De forme parallélépipédique, de longueur 0,87 m en face arrière, et 0,72 m sur la face avant ;
- une fenêtre d'accès aux claies, pratiquée sur la face arrière pour charger et décharger les produits à sécher ;
- un absorbeur en tôle noircie, de 1,20 m de long et 0,87 m de large, peinte en noir mat, fixée sur un cadre en bois ;
- un vitrage, de 4 mm d'épaisseur, et de surface totale de 3,1 m^2 de captation ;
- une claie grillagée, de position variable, à 20 cm et à 40 cm de l'absorbeur, d'une surface de séchage de 0,89 m^2 ;
- la caisse est un ensemble de deux caisses emboîtées l'une dans l'autre, séparées par un espace, comblé par la sciure de bois comme isolant ;
- les supports de la claie, en bois au nombre de huit.

L'assemblage des composants est fait avec des pointes et de la colle. La figure 1 (b) représente le schéma de notre prototype.

b) Principes de fonctionnement

La radiation solaire qui arrive sur le vitrage traverse celui-ci pour atteindre l'absorbeur. Elle pénètre dans la boîte de séchage à travers toutes les faces latérales vitrées. Une partie est absorbée directement par les produits, une autre est absorbée par la tôle noire, cette dernière s'échauffe et transmet la chaleur, et une troisième partie sert à réchauffer directement l'air à l'intérieur.

L'air ambiant admis dans l'enceinte de séchage passe par la claie, se charge d'humidité des produits et s'échappe du séchoir à travers des ouvertures de sortie d'air.

Le schéma général des transferts de chaleur (figure 2), ainsi que la légende 1 sont donnés ci-dessous.

Figure 2 : Représentation schématique de l'ensemble des échanges radiatifs

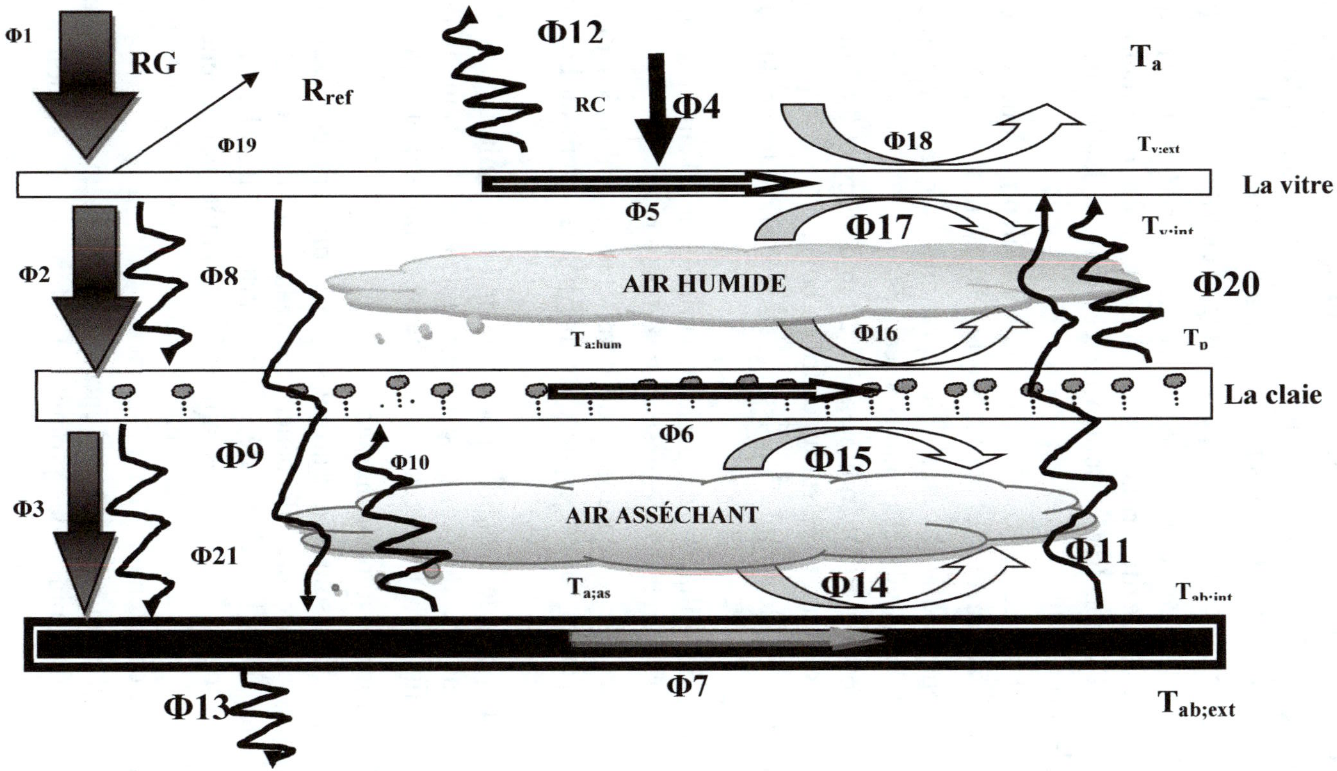

Tableau 1 : Légende des grandeurs physiques

Légende	
f_{ab} : flux absorbé	
RG : Rayonnement solaire global incident	Le rayonnement incident 
RC : Rayonnement du ciel	
R_{ref} : Rayonnement solaire réfléchi	
Φ_1, Φ_2, Φ_3, Φ_4, Φ_8, Φ_9, Φ_{10}, Φ_{11}, $\Phi_{1\,2}$, Φ_{13}, Φ_{20}, Φ_{21} : Flux rayonnés	 Flux Rayonné
T_a : Température ambiante	La conduction 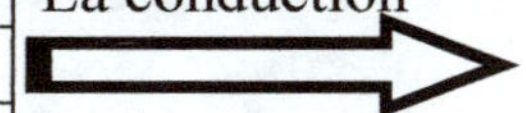
$T_{v\,;\,ext}$: Température de la vitre extérieure	
Φ_5, Φ_6 et Φ_7 : Flux conductifs	
Φ_{18}, Φ_{17}, Φ_{16}, Φ_{15}, Φ_{14} : Flux convectifs	 La Convection
$T_{v\,;\,int}$: Température de la vitre intérieure	
T_p : Température des produits	
$T_{ab\,;\,int}$: Température intérieure de l'absorbeur	
$T_{ab\,;\,ext}$: Température extérieure de l'absorbeur	
$T_{a\,;\,as}$: Température de l'air asséchant	
$T_{a\,;\,hum}$: Température de l'air humide	

c) Bilan des échanges thermiques

Les différentes parties au niveau desquelles s'effectuent les transferts dans le séchoir solaire modifié sont : la couverture vitrée, l'air humide, la claie de produit, l'air asséchant, l'absorbeur.

Les expressions des échanges thermiques pour chacune des composantes sont :

Au niveau de la couverture vitrée :

$$M_v C_v \frac{dT}{dt} = \Phi_1+\Phi_4+\Phi_{11}+\Phi_{20}-(\Phi_2+\Phi_8+\Phi_9+\Phi_{12}+\Phi_{19}+\Phi_{18}) \quad \mathbf{(1)}$$

Au niveau de l'air humide :

$$M_v C_v \frac{dT}{dt} = hC_{VAHum}(T_{V\text{int}}-T_{AHum})+hC_{P_R AHum}(T_{p_r}-T_{AHum}) \quad \mathbf{(2)}$$

Au niveau de la claie de produit :

$$M_{pr}C_{pr}\frac{dT}{dt} = \Phi_2+\Phi_8+\Phi_{10}-(\Phi_{16}+\Phi_3+\Phi_{15}+\Phi_{20}+\Phi_{21}) \quad (3)$$

Au niveau de l'air asséchant :

$$M_{p_r}C_{p_r}\frac{dT}{dt} = hC_{p_r AAss}(T_{p_r}-T_{AAss})+hC_{AbsAAss}(T_{ab}-T_{AAss}) \quad (4)$$

Au niveau de l'absorbeur :

$$M_{ab}C_{ab}\frac{dT}{dt} = \Phi_3+\Phi_9+\Phi_{21}-(\Phi_{13}+\Phi_{14}+\Phi_{11}+\Phi_{10}) \quad (5)$$

III Résultats expérimentaux

1. Principaux résultats

Le séchoir solaire modifié a été réalisé et expérimenté à l'Université Julius Nyerere de Kankan. Les principaux résultats obtenus lors du séchage des échantillons de gombo sont donnés dans le tableau 2 pour les deux positions de la claie.

2. Analyse des résultats

Position	Paramètres						
	Forme Échantillon	Masse du produit frais (g)	Masse du produit séché (g)	Humidité produit frais (%)	Humidité produit séché (%)	Durée séchage (h)	Tmax (°C)
Claie 1	rondelle	4 000	84	79	2	8	54
Claie 2	rondelle	5 000	1 050	79	2	7	61

Les variations de la température, l'humidité et la masse de l'échantillon dans le séchoir sont représentées sur les figures 3 et 4 pour les deux positions de claie (claie 1 et claie 2).

2.1 Variation de température

Tableau 2 : Principaux résultats de séchage du gombo sur les claies 1 et 2

Position	Paramètres						
	Forme Echantillon	Masse du produit frais(g)	Masse du produit séché (g)	Humidité produit frais (%)	Humidité produit séché (%)	Durée séchage (h)	Tmax (°C)
Claie 1	rondelle	4000	84	79	2	8	54
Claie 2	rondelle	5000	1050	79	2	7	61

a) Température ambiante (Ta)

Lors des expériences sur la première claie (claie 1), la température ambiante a varié de 28 °C à 30 °C (figures 5) et pour la deuxième claie (claie 2), elle est passée de 27 °C à 33 °C (figures 6).

Les températures ambiantes maximales sont de 35 °C pour la première claie et 36 °C pour la seconde. Dans les deux cas, la variation de la Ta peut être estimée la même durant la période de mesure.

b) Variation de la température dans le séchoir (Ts)

Les températures à 8 h pour les deux claies sont les mêmes (35 °C). À 18h, elles sont de 38 °C pour la claie 1 et 40 °C pour la claie 2. Les températures maximales sont 54 °C et 61 °C pour les deux claies respectivement (figures 3 et 4 courbe Ts).

Dans les deux cas, de 11 h à 16 h, on observe une stabilité de la température dans le séchoir. Cette plage correspond à la durée optimale de séchage (6 h). Aussi, on remarque la baisse de la température du séchoir à partir de 16 h, cela est en relation avec la baisse de la température ambiante.

2.2 Variations d'humidité

a) Variation d'humidité ambiante (Ha)

Elle est presque la même durant les jours de mesure pour les claies 1 et 2 (figures 5 et 6 courbes Ha). À 8 h, on relève 70 % (claie 1) et 72 % (claie 2) et le soir, 66 % environ pour les deux cas. Cependant, on peut noter qu'elle reste constante de midi à 17 h dans les deux cas.

b) Variation d'humidité de l'air asséchant (Hs)

Concernant l'humidité dans le séchoir, on constate à partir de 9 h dans les deux cas, une baisse notable de 50 % à 30 % pour la claie 1 et de 52 % à 14 % pour la claie 2 (figures 3 et 4 courbe Hs). Ceci signifie qu'à partir de 9 h au plus tard 10 h, le processus de séchage rentre déjà dans une phase optimale. On constate qu'à partir de 11 h dans les deux cas (claie 1 et claie 2), une stabilité du processus de séchage dans le séchoir, et cela jusqu'à 16 h.

2.3 Variation de la masse

De 8 h à 12 h (figure 3 courbe M), on constate une forte baisse de la masse dans les deux cas : de 4 000 g à 1 500 g pour la première claie et de 5 000 g à 2 200 g pour la deuxième (figure 4 courbe M).

À partir de 14 h, on constate une stabilité de la masse dans les deux cas (figures 3 et 4), 840 g pour la claie 1 et 1 050 g pour la claie 2.

Il faut remarquer que les gombos ont été entièrement séchés en une seule journée (son humidité a été réduite à 2 %). En comparant nos résultats à ceux d'autres chercheurs, 4 % [9], et 5 % [10], on conclut d'un bon fonctionnement du séchoir réalisé.

3. Comparaison du fonctionnement du séchoir en fonction des positions de la claie

On remarque que la température asséchante la plus élevée est observée au niveau de la claie 2 (61 °C). Dans les deux cas à partir de 14 h, la stabilité du phénomène de séchage observée.

En ce qui concerne les vitesses de séchage, le calcul donne pour la première claie 395 g/h et pour la deuxième 564,28 g/h.

En raison de ces résultats (température maximale et vitesse de séchage plus élevées) dans le cas de la deuxième claie, on peut estimer que la deuxième position de la claie (40 cm de l'absorbeur) correspond mieux à la position de fonctionnement optimale du séchoir. Cependant, une étude approfondie de cette position pourrait être entreprise dans le cadre d'autres recherches.

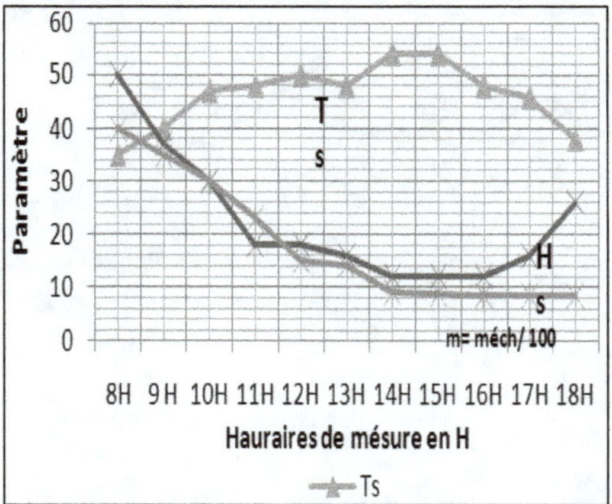

Figure3: *Variation des paramètres pour le gombo*

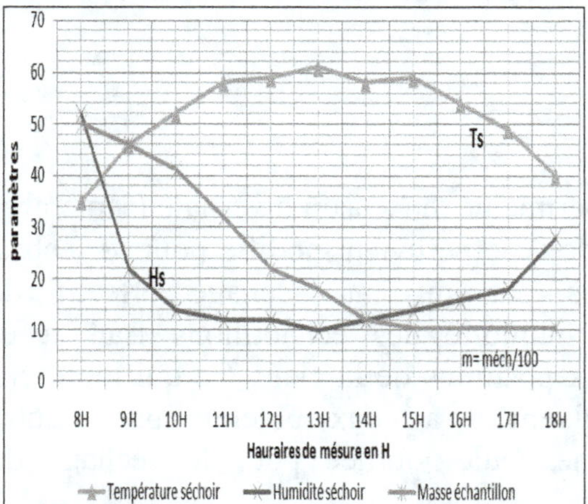

Figure 4 : *Variation des paramètres pour le gombo*

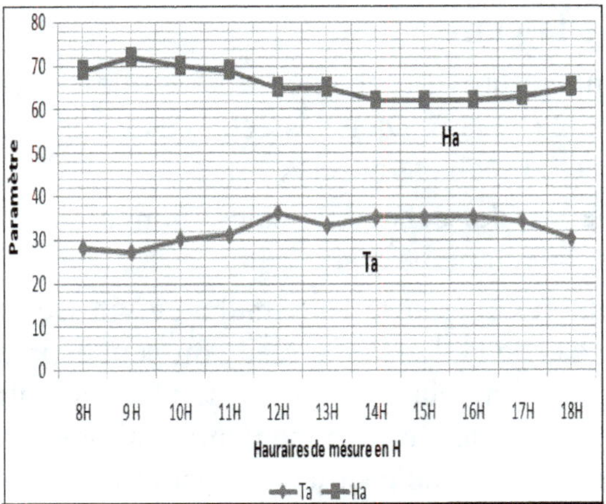

Figure 5 : Variation des paramètres pour le gombo

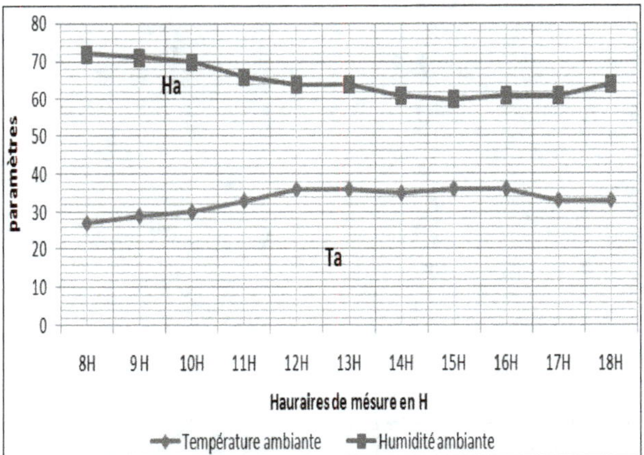

Figure 6 : Variation des paramètres pour le gombo claie 2

Conclusion

Nous avons réalisé et expérimenté, en saison hivernale (septembre-octobre), le séchoir solaire de type péruvien modifié pour le séchage du gombo. Nous sommes parvenus au séchage effectif des échantillons de gombo. L'humidité des échantillons frais a été ramenée à 2 % dans les deux positions de la claie. Ce qui représente un bon résultat, comparativement à ceux obtenus par d'autres chercheurs. Il a suffi d'une seule journée pour le séchage des échantillons.

Le calcul des vitesses de séchage pour les deux cas, a donné pour la première position de la claie 395 g/h et pour la seconde 564,28 g/h.

Les plages de températures de séchage obtenues pour les deux positions de claie sont autour de 54 °C et 58 °C respectivement. Il faut noter que les températures supérieures à 60 °C nuisent à la qualité alimentaire des produits agricoles. À ce titre, le séchoir solaire réalisé est bien adapté pour le séchage.

Bibliographie

[1] André THEMELIN, Max REYNESET, Philippe DUDEZ, 1996 : *Le séchage solaire à petite échelle des fruits et légumes*. Expériences et procédés, les éditions du Gret, Paris, 1996.

[2] BARRY OUSMANE, 2000 : « *Étude théorique et expérimentale d'un séchoir tente solaire en confection naturelle* », DEA,

[3] BOUMEDIENE TOUATI, 2008 : « *Étude théorique et expérimentale du séchage solaire des feuilles de la menthe verte*, Thèse de doctorat, Lyon 2008.

[4] Claudia LORENZ-LADENER, 2011 : « *Séchoirs solaires : construction et utilisation* », solaire Brücke édition : Amazon, Pérou.

[5] IBRAHIMA LO, 1999 : « *Technologies combinées de conservation des fruits et légumes en région chaudes*, F.A.O, Département de l'agriculture,

[6] M. DUMINIL, 2000 : « Air humide », Mémoire de magistère, Université d'Ouargla, 2000.

[7] M.V. RAMANA MURTHY A., 2008: *Review of new technologies, models and experimental investigations of solar driers Renewable and sustainable energy reviews* RSER-548; 2008.

[8] A. OUAOUICH, A. OSAKWE, et H. CHIMI, 2005 : « Guide du constructeur du séchoir hybride. Cas de Bouadel-Taounate », Projet de développement, Maroc, 2005.

[9] E. MAZARINE, 2005 : « Agence des fruits et légumes frais, fiches nutritionnelles par produit », avril 2013.

[10] ABDOUL GOUDOUSSI DIALLO, 2010 : *Géographie de Guinée*, Édition l'Harmattan, décembre 2010.

[11] S.YOUCEF, ALI N. MOUMMI, 2008 : *Étude expérimentale des séchoirs solaires à plusieurs claies, Revue des Énergies Renouvelables*, Alger, 2008.

[12] Jean Marie POLESE, AEDIS, 2007 : *Les légumes et leurs bienfaits*, édition Azaquar,

[13]TASSETI, Séchage à ventilation forcée pour aliment, séchage des produits par ICARO, Niamey 2000.
[14] IBRAHIMA LO, 1982 : *Amélioration du séchage solaire des légumes, séchoirs mixtes, tente, case*, FAO, Sénégal.
[15] GRET-GERES, 1986 : *Séchage solaire et développement rural*, édition Lafayette, Paris.
[16] ROZIS J.-F., 1995 : *Sécher des produits alimentaires, guide pédagogique*, édition Dumas, Saint-Étienne, 1995.

ÉTUDES PHYTOCHIMIQUES DES ÉCORCES DU *PSOROSPERMUM CORYMBIFERUM* L. UTILISÉES EN MÉDECINE TRADITIONNELLE CONTRE LA GALE CHEZ L'HOMME ET LA GALE FOLLICULAIRE CHEZ LE BŒUF

Par

DIALLO [1] Abdoulaye, BARRY[1] Mamadou Samba, OULARE[1] Kabinè & MAGASSOUBA[2] Demba

1. Département de biologie, Faculté des Sciences de la Nature, Université Julius NYERERE de Kankan, B.P. : 209, Kankan, République de Guinée.
2. Département de biologie, Faculté des Sciences, Université Gamal Abdel Nasser de Conakry, République de Guinée.

Résumé : Nous voulons, avec l'analyse phytochimique des écorces et chromatographique des résines aqueuses obtenues, déterminer leur composition chimique, faire la séparation, la cristallisation de leurs substances et enfin, procéder aux tests biologiques d'activité physiologique et aux tests chimiques d'identification. Le biomatériel est constitué des écorces récoltées le 27/04/2012 à Labé ; l'extraction des résines aqueuses fut faite dans un canari par chauffage suivi de refroidissement le 05/06/2012. L'étude phytochimique des écorces a donné les résultats suivants : 23,45 g % de résines ; 21,10 % de coumarine et 2,04 % de tanin ; le test sur CCM des résines aqueuses a donné : 5 taches et les deux dernières 5e et 4e taches ont manifesté une activité physiologique sur un fond fluorescent de couleur vert clair à 365 nm, changeant avec l'ammoniac en vert brunâtre. C'est ce qui laisse espérer la présence des composés phénoliques dans les écorces, composés qui peuvent être responsables de l'effet thérapeutique. C'est ce qui nous a encouragés à la cristallisation des substances des résines S1 moins polaires correspondant à la 5e tache et S2 plus polaire correspondant à la 4e tache de la chromatographie sur couche mince des résines. Les tests bactériologiques effectués sont positifs pour la première substance S1 sur le germe bactérien, elle serait une des causes de l'effet thérapeutique des écorces sur la gale chez l'homme et le bœuf. Les tests biologiques et chimiques réalisés permettent d'affirmer que les substances cristallines obtenues sont actives et de nature phénolique. Cependant, il est nécessaire de confirmer ces résultats par des études spectrochimiques nous donnant la structure chimique des substances obtenues pour confirmer nos estimations à partir de nos tests d'identifications.

Introduction

Psorospermum corymbiferum appartient au sous-règne des eucaryotes, à l'embranchement des spermaphytes, au sous-embranchement des angiospermes, à la classe des dicotylédones, à la sous-classe des dialypétales, à l'ordre des theales, à la famille des *Hypericacae*, au genre *Psorospermum* et à l'espèce *corymbiferum* (Letouzey, 1982).

Les différentes appellations de la plante dans nos langues nationales :

Poular : Keti, ou Ketidiankouma

Maninka : Karidyankouma

Soso : Koberafikhè

Les *Psorospermum* renferment plusieurs espèces dont trois sont identifiées en Guinée :

P. corymbiferum, P. glaberimum P. febrifugum (Berhaut, 1975).

Usages médicaux traditionnels

Psorospermum corymbiferum est une plante médicinale qui trouve son utilisation surtout dans le traitement de toutes sortes de dermatoses.

En Guinée, particulièrement au Fouta, son emploi est généralement dans le traitement des gales humaines et bovines. Ailleurs au Sénégal, son utilisation va des dermatoses à la lèpre en passant par l'eczéma et la gale.

Les racines réduites en poudre sont utilisées contre les coliques, le décocté des racines contre la blennorragie. Le décocté des tiges et des feuilles, des écorces et des racines est utilisé par voie orale contre les accès palustres, les maladies dermiques comme diurétique et fébrifuge (Kerharo, 1984).

Les racines sont utilisées contre les furoncles, les écorces contre les dermatoses, la gale, la lèpre.

L'eczéma, les éruptions cutanées, les piqûres d'insectes, les aménorrhées, la dysenterie et la constipation.

La gomme est laxative par voie orale (Varner. 1968).

Il est établi que le *Psorospermum febrifugum* a une activité antitumorale et antiseptique (Pousset, 2004).

Une pommade indiquée pour l'eczéma faite à partir des extraits aqueux des écorces de *Psorospermum* est actuellement préparée et utilisée au Mali sous le nom **Psorospermine** contre la gale. (Pousset, 2004).

Matériels et méthodes de travail

L'étude phytochimique a consisté à l'analyse qualitative et quantitative des composés généraux, des composés primaires et des composés physiologiquement actifs de la plante.

Échantillonnage

Le biomatériel se compose des écorces de tige du *Psorospermum corymbiferum* ; les écorces sont pulvérisées, la poudre obtenue est soumise à l'analyse phytochimique.

Méthode d'extraction traditionnelle des résines

Après la récolte, les écorces sont bouillies, après refroidissement, il se dépose au fond du récipient une couche de substance amorphe de couleur rouge brun, utilisée contre la gale chez l'homme.

Les réactions d'identifications prouvent que cette substance est la résine.

Pour pouvoir utiliser cette résine pendant longtemps, on la mélange avec du beurre qui la maintient toujours molle.

Méthode de travail

Les méthodes d'analyse phytochimique de la poudre des écorces de *Psorospermum corymbiferum* sont réparties en deux groupes :

Le premier groupe : Il concerne le dosage des principes généraux et des métabolites primaires de la poudre des écorces.

Le deuxième groupe est celui de l'identification et du dosage des principales classes de composés actifs dans la poudre des écorces ainsi que la séparation, la purification et la cristallisation des substances des résines.

Les résultats d'analyse et leurs interprétations

Tableau 1 : Principes généraux des métabolites primaires (g %)

Essais / Principe	**Premier essai**	**Deuxième essai**	**Troisième essai**	**Moyenne X ± σ n**
Humidité	7,62	7,69	7,48	7,59 ± 0,09
Cendre totale	1,28	1,48	1,22	1,32 ± 0,08
Glucide	21,93	21,96	21,65	21,85 ± 0,18
Lipides	12,35	13,75	12,45	12,85 ± 0,58
Cellulose	13,03	13,57	13,00	13,20

La faible teneur en cendre totale laisse penser à une teneur très faible en bioélément actif.

Teneur élevée en glucides et lipides, fait très rare chez les écorces des plantes médicinales.

Tableau 2
Identification des principales classes des composés actifs

Classe des composés	Extrait au filtrat	Réactifs	Réaction attendue	Réaction observée	Conclusions
Saponosides	5 ml	agiter	Mousse persistante plus de 3 min	Mousse non persistante	-
	1 ml	2 ml H_2SO_4 + 1ml d'alcool + 2 gouttes de fe$(SO_4)_2$ - chauffer	Coloration bleu-vert	Coloration brune	-
Flavonoïdes	3 ml	5 gouttes Hcl + 5 gouttes de Zn chauffe	Précipite de coloration rouge	Pas de précipite	-
Alcaloïdes	5 ml	2 ml de réactif de Mayer	Précipite blanc	Pas de précipite	-
	5 ml	4 ml réactif de Dragendorf	Précipite rouge brun	Pas de précipite	-
	3 ml	3 ml de réactif de Marmer	Précipite jaune	Pas de précipite	-
	1 ml	1 ml Hcl + 1 ml éthanol+Zn	Coloration rose	Coloration noire	-
Tanins	5 ml	Gouttes de $FeCl_3$ + 3 % d'éthanol	Précipite vert-noirâtre	Précipite vert-noirâtre	-

Résines	10 g de filtrat	5 ml de H2O	Précipite blanc insoluble dans H_2SO_4 chloroforme	Précipite blanc insoluble dans H_2SO_4 chloroforme	-
Coumarines	3 ml	1 ml de H_2SO_4 à 10 % cristaux Na_2NO_3+1ml de NaOH	Coloration brune	Coloration brune	-

L'identification révèle trois classes de composés actifs dont les résines, objet de notre étude.

Tableau 3 : Dosage des classes des composés actifs (%)

Essais / Paramètre	**Premier essai**	**Deuxième essai**	**Troisième essai**	**Moyenne X ± σ n**
Tanin	2,11	2,09	1,92	2,04±0,07
Résines	23,73	23,64	22,98	23,45±0,31
Coumarines	20,56	21,10	21,64	21,10±0,41

Le codage montre une teneur très appréciable en résines.

Résultats des comparaisons sur couche mince des résines alcooliques et aqueuses de *Psorospermum corymbiferum.*

Éluants : Hexane, acétate d'éthyle, acide acétique 40 : 10 : 1.

Révélation : Vapeur d'iode, aldéhyde anysique + acide sulfurique.

Du nombre de substances que ces deux types de résines contiennent et des RF de migration, nous constatons qu'elles sont identiques.

Résultat de séparation sur colonne des substances des résines aqueuses

Les résultats de séparation des substances des résines du *Psorospermum corymbiferum.* L par la chromatographie sur colonne avec les solvants cyclohexanes ; acétate d'éthyle ; rapport 10 : 1 ; contrôle :

Chromatographie sur couche mince ; éluant : hexane : acétate d'éthyle : acide acétique ; rapport 40 : 10 : 1 a permis d'obtenir finalement deux substances S1 et S2.

S1 = première substance cristalline pure obtenue des résines moins polaire.

S2 = deuxième substance cristalline pure obtenue des résines plus polaire par rapport à la première substance cristalline.

S1 et S2 ont été dissoutes dans l'éther de pétrole et chauffées légèrement et recristallisées dans le congélateur pendant 3 jours séchées au dessiccateur et pesses. Les teneurs obtenues S1 = 0,55 g en cristaux jaunes ; S2 = 0,75 g poudre de fine jaune verdâtre.

Réaction d'identification des substances obtenue des résines

Après dissolution complète des deux substances, refaire la CCM, pulvériser la plaque avec les différentes révélations, observer le comportement de coloration des taches en fonction de la température.

1- $FeCl_3$ = Détermination des phénols.

À froid :

Les deux substances n'ont pas changé de couleur S1 = rose ; S2 = gris-vert.

À chaud :

S1 = acquiert une coloration brune : présence de OH = présence possible de phénol.

S2 = donne une coloration grise avec la lampe de fluorescence à 365 nm = présence de substance phénolique.

2- Aldéhyde anysique

S1 = coloration vert clair : présence de OH dans une chaîne polycyclique

S2 = coloration vert-gris : présence de corps polycycliques acide phosphomolibdique pour révélation des réducteurs.

Après pulvérisation, la plaque a donné une coloration bleue pour S2 = présence possible des substances phénoliques.

Résultats du test bactériologique

La substance S1 = une activité positive.

La substance S2 = une activité négative.

Conclusion

Suite à l'activité des résultats consignés dans les tableaux, les conclusions suivantes ont été tirées.

Les résultats du dosage des principes généraux ont été donnés : 7,59 g % d'humidité et 1,32 g % de cendres totales.

Le dosage des métabolites primaires a donné les résultats suivants : 21,85 g % de glucide, 12,85 g % de lipide, 13, 20 g % de cellulose.

Le dosage de métabolite secondaire a fourni 23,45 g de résines, 2,04 g % de tanins et 21,10 g % de coumarine.

La chromatographie sur couche mince et sur colonne ont donné en fin de compte deux substances pures, S1 et S2. Les résultats des tests bactériologiques permettent d'affirmer que la substance S1 est active sur le germe par voie de séquence, elle fait partie de la cause de l'effet thérapeutique du *Psorospermum corymbiferum* sur la gale chez l'homme et la gale folliculaire du bœuf.

Les tests réalisés permettent d'affirmer avec une certitude suffisante que les substances cristallines testées ont la nature des composés phénoliques.

Bibliographie

1- **LETOUZEY. R., 1982** : *Manuel de biochimie forestière*. Av. de la Belle Garielle.

2- **BERHAUT J., 1975 :** *Flore illustrée du Sénégal,* tome IV. Dakar.

1- **KERHARO, 1974 :** *Pharmacopée sénégalaise traditionnelle*. Vigot & Frères. Rue de l'École de Médecine. 75006 Paris.

2- **POUSSET J.L., 2004**. *Plantes médicinales d'Afrique*. Éd. Sudla colade 3120, route Avignon. Paris, France.

5- **VARNER D., BONNER L., 1960**. *Biochimie des plantes*. Éd. Mir.

6- **ZAPROMETOV M. C., 1974**. *Les bases de biochimie des composes phénoliques*. Éd. Mir.

7- **ASCHMARINE. 1975**. *Expresse méthode d'appréciation des résultats*. Léningrad.

.

DOSAGE DE L'ACTIVITÉ PRO OU ANTIOXYDANTE DE CERTAINES PRÉPARATIONS PHARMACOLOGIQUES EN RAPPORT AVEC LEUR TOXICITÉ CELLULAIRE

Par

DIALLO[1] Abdoulaye, BARRY[1] Mamadou Samba, OULARE[1] Kabinè, TRAORE[1] Ansoumane & MAGASSOUBA[2] Demba

1. Département de biologie, Faculté des Sciences de la Nature, Université Julius NYERERE de Kankan, B.P. : 209, Kankan, République de Guinée.
2. Département de Biologie, Faculté des Sciences, Université Gamal Abdel Nasser de Conakry, République de Guinée.

Résume : Les radicaux libres sont des atomes ou des molécules dont une orbitale contient un électron non apparié, ce sont des sous-produits des réactions d'oxydoréduction. La peroxydation des lipides des membranes biologiques est à la base de nombreuses maladies réunies sous le nom de pathologie des radicaux libres. Elle est considérée comme l'une des manifestations les plus importantes du stress cellulaire. Les études des antioxydants naturels en tant que facteurs probables d'une défense de l'organisme face aux influences nuisibles de l'environnement deviennent indispensables pour bloquer la peroxydation des lipides des membranes (5,6). Il est établi que l'action toxique de plusieurs xenobiotiques sur les cellules humaines en culture se manifeste par l'augmentation de peroxydation des lipides membranaires et que certains antioxydants et des substances anti hypo toxiques peuvent prévenir cet effet nuisible. Il devient alors intéressant d'établir si les effets pro ou antioxydants des composés étranges sur les cellules en culture se produisent par l'intermédiaire des systèmes enzymatiques cellulaires ou si ces composés étrangers peuvent avoir un effet direct pro ou antioxydant en dehors des cellules.

Mots-clés : Radicaux libres, peroxydation, pathologie, antioxydant, anti hypo toxiques.

Introduction

A – Propriétés biochimiques et aspects thérapeutiques des préparations pharmacologiques ayant fait l'objet de nos expériences.

1- le poly hexane guanidine (poly sept).

Le poly sept a un spectre large d'activité bactéricide.

Bactéricide, virucide, fongicide, pesticide et insecticide. Les composes guanidines sont plus efficaces et moins toxiques pour l'homme par rapport aux autres composés bactéricides. Ils sont très répandus dans la nature et utilisés en qualité des substances biologiquement actives.

2- le katapol. Il est employé comme moyenne en antiseptique (4).

3- le dodesyl sulfate de sodium (DSS : $C_{12}H_{25}O_4SNa$) est un détergent anionique, il se fixe sur les résidus chargés négativement de la protéine par l'intermédiaire de sa charge négative, cela entraîne une modification de la substance de la protéine avec démasquage des régions hydrophobes initialement localisées à l'intérieur de la protéine.

Le DS se fixe et dénature aussi les protéines membranaires que les protéines solubles (3).

B – Les vésicules lipidiques (liposomes) sont des compartiments aqueux entourés d'une double couche lipidique. Les liposomes trouvent des applications en tant que transporteurs de médicament dans l'organisme.

C – La peroxydation. Elle est l'action par laquelle se forment les peroxydes suivant la réaction générale.

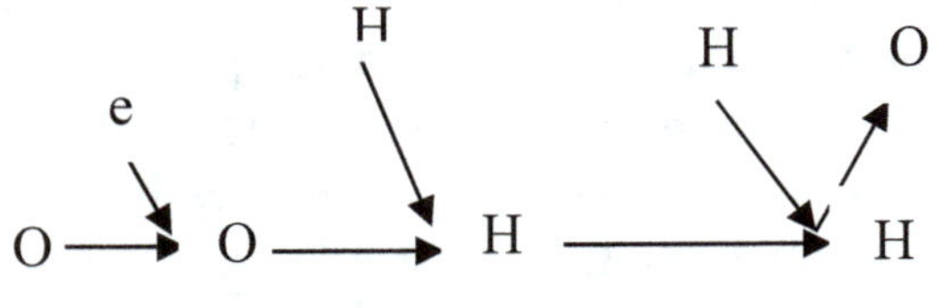

Anion peroxyde radical hydroperoxyde peroxyde d'hydrogène

La peroxydation des acides gras insaturés produits dans les phospholipides engendre des phénomènes toxiques.

Les radicaux libres agissent sur les chaînes latérales de certains résidus d'acides aminés. Il en résulte l'inactivation des thiols-enzymes entraînant des changements de conformation des protéines, nuisibles à leur activité biologique.

Matériel et méthodes de travail

1- Échantillonnage des composés

– le poly sept producteur « Farma » ;

– le « katapol » Asta Medica RFA ;

– le SDS « serva » RFA.

Ces produits sont conservés selon leurs prescriptions et utilisés dans l'intervalle du temps prévu par les producteurs.

2- Méthodes de travail

La méthode de l'évaluation de l'activité antioxydante générale à l'aide de liposomes multicouches d'un jaune d'œuf de poule est utilisée dans ce travail.

L'activité antioxydante (AAO) se manifeste sous forme d'une inhibition des réactions de peroxydation des lipides induites dans la suspension de liposome par Fe++. Les produits de la réaction de peroxydation sont enregistrés par l'acide thiobarbiturique.

Mode opératoire

Le volume de l'échantillon du composé à étudier est compris en 0,1 à 0,5 ml et on ajoute successivement.

Le tampon Na, phosphate n°, 1 M, PH 7,4 jusqu'au volume final 1,7 ml ; 0,1 ml de la suspension du jaune d'œuf (préparé par la dilution 1 : 25 avec le tampon et 20 microlitres de $FeSO_2$) (1 m M).

Les échantillons sont incubés 15 minutes à 37 °C et la réaction est arrêtée par l'addition de 0,2 ml de l'acide trichloracétique refroidi 50 %.

Les échantillons sont centrifugés 15 minutes à 2 000 g et le surnageant est traité par 1 ml de l'acide thiobarbiturique 0,8 %, les échantillons sont ensuite incubés dans le bain-marie bouillant pendant 20 minutes, refroidis et la densité optique à 532 nm est mesuré sur un spectrophotomètre contre le blanc correspondant. Les résultats sont exprimés en pourcentage de la densité optique des échantillons témoins. La dose d'un échantillon, capable d'inhiber la peroxydation des lipides dans 0,1 ml de la suspension de liposome de 50 % (DL 50) est calculée à la base du titrage par les dilutions successives de l'échantillon.

Traitement statistique des résultats

Calcul de la moyenne arithmétique, de l'erreur type.

La différence statistique entre les échantillons calculés par le test « T » de student.

Les calculs statistiques ont été effectués sur ordinateur Pentium I logiciel appliqué « statistique graphic systems ».

Résultats et discussion

Tableau 1 : Échelle de concentration du poly sept

Solution	Dilution	Concentration
1	Non diluée	500 mg/l
2	5 fois	100 mg/l
3	5 fois	20 mg/l
4	4 fois	5 mg/l
5	5 fois	1 mg/l

La concentration de 500 mg à 50 mg/l est toxique pour la cellule.

Tableau 2 : Résultat du dosage de l'activité pro ou antioxydant du poly sept

Échantillon	Concentration du poly sept	DO 532 nm	Moyenne	% t
1 1	500 mg/l	0,253 0,252	0,2525	80,81
2 2	100 mg/l	0,468 0,421	0,4445	141,56
3 3	20 mg/l	0,416 0,404	0,41	130,57
4 4	5 mg/l	0,83 2,88	02855	90,92
5 5	1 mg/l	0,351 0,44	0,3475	110,66
6 6	500 mg/l	0,334 0,294	0,314	100
T° témoin	-	-	-	-

Calculé à l'aide du test de student ça montre qu'il n'y a aucune différence statistiquement significative entre les échantillons. Le poly sept ne provoque pas la peroxydation des lipides dans Le système acellulaire. Cependant, dans les cellules en culture et dans les mêmes concentrations ça provoque la peroxydation des lipides. On peut conclure que cette peroxydation se réalise par l'intermédiaire des enzymes.

Tableau 3 : Résultat du dosage de l'activité pro ou antioxydante

Échantillon	Concentration du katapol	DO 532	Moyenne	% t
100 100 100	100 mg/l	0,301 0,294 0,283	0,292	50,34
200 200 200	20 mg/l	0,420 0,456 0,429	0,435	75,00
5 5 5	5 mg/l	0,425 0,413 0,595	0,477	82,24
1 1 1	1 mg/l	0,547 0,561 0,624	0,577	99,48
T T t	0 mg/l	0,594 0,535 0,613	0,580	100
T^0	-	-	-	-

La mesure de la densité optique ne montre que sa dimension, mais cela ne signifie pas que le katapol provoque une activité pro ou antioxydante au contraire, il précipite les lipoprotéines, il provoque leur dénaturation.

Tableau 4 : Résultat du dosage du SDS dans le système d'induction de peroxydation des lipides in vitro.

Échantillon	Concentration de SDS	DO352	Moyenne	%t ±σ
100 100 100	100 mg/l	0,747 0,747 0,666	0,720	119,20±4,5
200 200 200	20 mg/l	0,595 0,583 0,701	0,626	103,6±6,2
5 5 5	5 mg/l	0,616 0,586 0,699	0,633	104,80±5,6

1 1 1	1 mg/l	0,617 0,561 0,667	0,615	101,8±5,1
T T t	0 mg/l	0,592 0,631 0,591	0,604	100±
T^0	-	-	-	-

Le dodesyl sulfate de sodium augmente la peroxydation des lipides en milieu acellulaire.

Conclusion

L'activité pro ou antioxydante des préparations pharmacologiques en rapport avec leur toxicité cellulaire a révélé :

1- le poly sept ne provoque pas la peroxydation des lipides in vitro, mais en milieu de culture cellulaire, et la provoque par l'intermédiaire des systèmes enzymatiques.

2- le katapol précipite les lipoprotéines, il ne peut pas être testé dans le système de liposome.

3- le dodecyl sulfate de sodium augmente la peroxydation des lipides en milieu acellulaire à 100 mg/l.

Références bibliographiques

1- **BARABOI V.A, GLOTINE V. G., BREKHMAN I.I., 1999** : *Peroxydation et stress-Saint-Pétersbourg.* (Russie).

2- **BEHL. C., 1999** : *Vitamin E and other antioxidant in neuro protection J. Vitamin Res.*

3- **BAUMANIS E. A., BIRSKA I. A. 1999 :** *Cytological an Immunological aspect of the anti tumor action of poly hexamethylène granidene in balb.* EKSP on Kol.

4- **BOREL. J.P., RANDOUX A., 1997** : Biochimie dynamique de Boeck Université.

5- **CHOW. C.K. 1991**: *Vitamin E and oxidatine stress.* Free radical biol and med.

6- **EROP KINE M.Y ; DIALLO A. ; MAGASSOUBA A., 2006** : *Dosage de l'activité antioxydante dans certaines plantes utiles guinéennes.* Université Gamal Abdel Nasser de Conakry. Guinée.

7- **EROPKINE M.Y., EROPKINE. E. M., 1994** : *Intensité de la peroxydation des lipides en cultures cellulaires de fibroblastes* *humains comme indice possible de la toxicité cellulaire in vitro*. Saint-Pétersbourg. Russe.

8- **KLEBANOV G.I, BABENKOVA I., 1998** : *Évaluation de l'activité antioxydante du plasma sanguin*. Laboratcire Debo. (Russie).

9- **LEHNINGER Albert, 1989** : *Principe de biochimie*. Flammaron, Cie éditeur, n° 9812.

10- **RAWN J., DAVID, 1990 :** *Traité de biochimie*. Towson State Universty.

11- **STRYER Z., 1998:** *La biochimie,* 4e éd. Médecine – Sciences, éd. Flammarion.

POUVOIR RÉDUCTEUR DE QUELQUES PLANTES MÉDICINALES ET ALIMENTAIRES DE GUINÉE

Par

DIALLO[1] Abdoulaye, BARRY[1] Mamadou Samba, BERETE[2] Namory & MAGASSOUBA[3] Demba

1. Département de biologie, Faculté des Sciences de la Nature, Université Julius NYERERE de Kankan, B.P. : 209, Kankan, République de Guinée.
2. Département de biologie, Faculté des Sciences et Technique, Centre universitaire de N'Zérékoré, République de Guinée.
3. Département de biologie, Faculté des Sciences, Université Gamal Abdel Nasser de Conakry, République de Guinée.

Résumé : Les antioxydants sont des inhibiteurs des processus d'oxydation qui sont à la base du vieillissement des polymères, la détérioration des corps gras. Les antioxydants liposolubles protègent les acides gras des réactions oxydatives tels que les caroténoïdes, les polyphénols. Les polyphénols neutralisent la plupart des espèces oxygénées réactives, inhibent le processus de peroxydation lipidique, diminuent la cytotoxicité des lipoprotéines. Les polyphénols contrebalancent l'hyper production des radicaux libres qui sont à la base des explications physiopathologiques des graves maladies dites neurodégénérative : sclérose latérale amyotrophique (SLA), maladie de Parkinson (MP), maladie d'Alzheimer (MA), le vieillissement cérébral. Les déséquilibres de la balance oxydants-antioxydants s'accompagnent d'altération cellulaire susceptible d'engendrer et ou d'amplifier des lésions tissulaires, de favoriser des phénomènes de mutagène ou de cancérogène, ainsi que l'augmentation de certains virus. Certaines plantes (alimentaires, médicinales ou alicaments) sont très riches en antioxydants (tocophérols, polyphénols) pouvant être utilisées comme sources exogènes pour neutraliser les peroxydants, cet article s'inscrit dans l'étude de la capacité réductrice des extraits de quelques plantes utilisées régulièrement.

Mots-clés : Alicament, réducteur, inhibition, cancérogenèse polyphénols amyotrophe, neurodégénérative

Introduction

Les radicaux libres oxygène (RLO) sont un ensemble de molécules comportant un ou plusieurs atomes d'oxygène se trouvant soit sous la forme de radical libre (anion super oxyde) ou sous la forme de peroxyde ; la biotransformation de l'oxygène s'effectue par une suite de réduction mono-électrique donnant naissance à des radicaux de réactivité et de durée de vie variable ainsi qu'à des espèces réactives de l'oxygène.

Dans certaines cellules (monocyte-macro-phage, cellules endothéliales), le métabolisme de l'arginine par le biais des NO synthétases conduit à la formation du monoxyde d'azote NO qui se comporte comme une espèce radicalaire.

Les cibles primaires des RLO sont des lipides des membranes cellulaires, la double chaîne de l'ADN, des glucides et des protéines.

À cette perturbation du métabolisme de la cellule se rajoute l'effet toxique de RLO et des produits dérivés de la peroxydation des lipides sur des protéines transformateuses du fer. Les stress oxydatifs induisent également une modification de l'expression des gènes. Ils seraient alors impliqués dans les phénomènes de cancérogenèses et de mutagenèse.

Les cellules, en état d'oxydoréduction normale, ont une concentration basale en radicaux libres de l'oxygène.

Le contrôle rigoureux, de la formation et de l'élimination de ces derniers, préserve les cellules des effets nuisibles.

Mode opératoire

Au volume de 100 ml (0,1 ml) de l'échantillon sont ajoutés successivement 1,9 ml de tampon phosphate 0,1 M (PH 7,8) et 1 ml de ferrocyanure de potassium.

Le tout formant un mélange homogène, pour le blanc photométrique servant à calibrer le spectrophotomètre. On utilise de l'eau distillée quant au témoin (Ou << le zéro >>). Sa composition est la suivante : 2 ml de tampon phosphate et 1 ml de ferrocyanure de potassium. Après avoir calibré l'appareil, on introduit le témoin puis le mélange et on lit la densité optique (λ = 420 nm) affichée, sur l'écran du spectrophotomètre à des intervalles réguliers de temps de 15 s pendant 5 min. Pour chaque échantillon ainsi composé. On répète 3 fois l'expérience décrite ci-dessus.

Préparation du tampon phosphate

Pour la préparation du tampon phosphate 0,1 M (PH 7,8), on a mélangé 91,5 ml de Na $_2HPO_4$ (0,2 M) et de 8,5 ml de NaH_2 PO_4 (0,2 M) à partir de la solution de base déjà préparée puis, on ajoute à ce mélange 100 ml d'eau distillée pour l'obtention de la solution finale : tampon phosphate 0,1 M (PH 7, 8) puis, on a agité énergiquement pour faciliter le mélange.

Appréciation statistique des résultats

Pour apprécier les résultats de nos analyses et estimer les erreurs inhérentes dues à la manipulation, nous avons utilisé la moyenne arithmétique. La variance, l'écart-type, l'erreur standard et le t de solution.

Matériels et méthode de travail

Échantillonnage : Les échantillons sont constitués de : feuilles de *kinkeliba*, tubercules de gingembre, fleurs d'*Hibiscus sabdariffa* ; largement utilisé, le thé vert chinois « jasmin » est la référence à notre étude.

Méthodes d'analyse

Principe de dosage du pouvoir réducteur :

Méthode de l'hexocyanoferrate de K (3)

Il est basé sur la réduction de l'hexocyaferrate de potassium des extraits aqueux des plantes en rapport avec leurs propriétés antioxydantes.

Résultats et discussion

Les résultats sont présentés dans les tableaux suivants :

Tableau 1 : Densité optique moyenne des extraits aqueux du thé chinois « jasmin » de référence

Temps en seconde	Densité optique λ = 420 nm			Moyenne ± ð
	1	2	3	286 ± 9,4
0	561	570	592	
15	406	415	427	
30	383	390	400	
300	229	340	3 480	
Variation D O	332	230	244	

Tableau 2 : Densité optique moyenne des extraits aqueux des feuilles de *Kinkeliba*

Temps en seconde	Densité optique λ = 420 nm			Moyenne ± ð
	1	2	3	92 ± 10,5
0	724	730	724	
15	651	691	657	
30	642	683	648	
300	622	659	621	
Variation D O	102	71	103	

Tableau 3 : Densité optique moyenne des extraits aqueux des rhizomes de gingembre

Temps en seconde	**Densité optique λ = 420 nm**			**Moyenne ± ð**
	1	2	3	48,66 ± 2,5
0	585	585	585	
15	600	590	587	

30	588	578	585	
300	555	540	540	
Variation D O	45	50	51	

Tableau 4 : Densité optique moyenne des extraits aqueux des calices d'*Hibiscus sabdariffa*

Temps en seconde	**Densité optique λ = 420 nm**			**Moyenne ± ð**
	1	2	3	
0	598	600	605	
15	663	658	678	
30	654	643	663	
300	607	602	621	
Variation D O	56	56	57	

Tableau 5 : Récapitulation des densités optiques des extraits aqueux

Échantillon	densité optique moyenne ± ð
Thé chinois « jasmin »	268 ± 9,4 référence
Feuille de *kenkeliba*	92 ± 10,5
Calices des fleurs d'*hibiscus*	48,66 ± 2,5
Rhizome de gingembre	56,3 ± 0,3

Discussion

Les valeurs de la densité optique trouvées pour le thé chinois « jasmin » nous ont servi de référence pour l'appréciation de l'activité réductrice de nos échantillons.

La densité optique du thé « jasmin » égale 268 ± 9,4 est directement proportionnelle à l'activité réductrice. De cette référence, il ressort que :

– les feuilles de *kinkeliba* présentent une activité réductrice appréciable 92 ± 10,5. Il faut signaler l'utilisation des feuilles de *kinkeliba* dans le traitement des maladies du foie, les ictères et la fièvre jaune (1) ;

– les calices d'*Hibiscus sabdariffa* ont une activité réductrice faible par rapport aux feuilles de *kinkeliba* cependant, avec une densité optique de 56,3 ± 0,3 ; sa consommation doit être encouragée surtout dans les affections hépatiques ;

– les rhizomes de gingembre ont une densité optique égale à 48,66 ± 2,5, faible par rapport aux résultats précédents, ils constituent cependant une source antioxydante.

Conclusion

L'étude du pouvoir réducteur des extraits aqueux de trois de nos plantes nous conduit aux conclusions suivantes :

1- Les feuilles de *kenkeliba*, les calices *d'Hibiscus sabdariffa* et les rhizomes de gingembre sont des sources d'antioxydants.

2- Les extraits de ces plantes pourraient servir comme un moyen de lutte contre certaines maladies causées par la présence des radicaux libres.

3- L'étude de l'activité réductrice des feuilles de *kenkeliba* très élevée signifie donc un taux d'antioxydant plus grand.

Bibliographie

1- **ALICKHINE A.A. ; BONDAR V.V., DZUBAV V.N., 1999** : *Propriétés antioxydantes des extraits des parties différentes de 37 espèces de la famille des archidacées.* Saint-Pétersbourg (Russie).

2- **BARABOI V.A., BREKMAN I.I., GLOTINEV, 1999**: *Peroxydation et stress* – Saint-Pétersbourg (Russie).

3- **BASILEVSKAYA, 1969**. *Plantes médicinales de Guinée* – Université Gamal Abdel Nasser. Conakry, Guinée.

4- **BAREL J.P., RANDOUX A., 1997**: *Biochimie dynamique* – Boeck, Université-Paris. France.

5- **CARRIÈRE M., 1994 :** *Plantes de Guinée à l'usage des éleveurs et des vétérinaires CIRAD EMUT.* Paris, France.

6- **BERHAUT J., 1991** : *Flore illustrée du Sénégal.* T.1. Dakar.
7- **SHECTER. E., 1997** : *Biochimie et biophysique des membranes*, 2e éd. Moscou, Russie
8- **TAGA M.S., MILLER, 1984**: *Seeds as a source of natural lipid antioxidants* – J. Am. Oil Chem. SOG.
9- **VOSKRESENSKY O.N., BOBIREY V.N., 1992**: *Bioantioxydantes. Facteurs obligatoires de l'alimentation.* Voprosymedisinskoi Khimii, Russie.

GESTION TRADITIONNELLE DE LA BIODIVERSITÉ ET CHANGEMENT CLIMATIQUE DANS LA RÉGION MONTAGNEUSE DU FOUTA-DJALON : CAS DE LA COMMUNE RURALE DE BANTIGNEL, PRÉFECTURE DE PITA

Par
DIALLO[1] Amirou, DIALLO[2] Mamadou Saïdou, BARRY[1] Abdoul Karim, BAH[1] Thierno Boubacar & DIALLO[1] Fatoumata Binta Sombily

1- Centre d'Étude et de Recherche en Environnement (CERE), Université Gamal Abdel Nasser de Conakry.
2- Faculté des Sciences de la Nature, Département de biologie, Université Julius NYERERE de Kankan, B.P. : 209, Kankan, République de Guinée.

Résumé

La région du Fouta-Djalon présente deux visages différents quant à la stratégie de mise en œuvre des activités agropastorales. Il s'agit des champs extérieurs et des tapades autour des maisons. Dans les champs extérieurs, il se pratique un système agricole à caractère extensif (agriculture sur brûlis) longtemps considéré à tort ou à raison comme responsable de la dégradation des terres. Le fonio, principale céréale cultivée, peu exigeante en fertilisant, témoigne de l'état dégradé des sols. Cependant, aux alentours de l'habitat fortement stabilisé et sécurisé par des enclos familiaux, il est pratiqué un modèle intensif de valorisation des terres, faisant du paysan foutanien un adepte de la durabilité dans un contexte de changement climatique perceptible. Ce système connu sous le nom de tapade est caractérisé par une limitation des surfaces cultivées grâce à un apport judicieux d'engrais organiques en vue de compenser les pertes causées par les cultures. Le présent article tente de montrer comment cet enclos familial a évolué dans un contexte de changement climatique et la place de la tapade dans la vie des populations rurales. Dans cet article, il est aussi question de montrer d'une part, la place d'un modèle ancestral et culturel d'aménagement de l'habitat qui superpose à la fois lieu de résidence et unité de production agricole à caractère intensif, et, d'autre part, des effets des changements climatiques qui ont été ressentis par les populations autochtones.

Mots-clés : Gestion traditionnelle, biodiversité, Fouta-Djalon, commune rurale, changement climatique

Summary

The highlands area of Fouta-Djalon, presents two faces sharply conflicting regarding the strategy of implementation of agro-activities. In the fields exterior he practiced a system extensive agricultural character (slash and burn) has long considered right or wrong as responsible for land degradation. Fonio cereal cultivated primary demanding little fertilizer attests the state of degraded soils. However around the habitat strongly stabilized and secured by family compounds it is a model practice intensive land development making foutanien peasant a follower of sustainability in the context of climate change perceptible. This system known as the tapade is characterized by a limitation of cultivated surfaces thanks to a judicious contribution of organic fertilizers to compensate for losses caused by crops. The present paper attempts to show how this family enclosure has evolved in the context of climate change and the role of tapade in the lives of rural populations. In this article, it is also about showing the one hand, the establishment of a model ancestral and cultural development of habitat that overlaps both residence and agricultural production unit for intensive character, and, secondly, the effects of climate changes that have been experienced by indigenous peoples.

Key words : Traditional management, biodiversity, Fouta-Djalon, rural, climate change.

Introduction

La région du Fouta-Djalon est située entre les 10° 10' et 12° 30' de latitude nord et les 11° 30' et 13° 30" de longitude ouest. Pour une population de 1,6 million d'habitants, elle couvre une superficie d'environ 65 000 km². Le plateau central considéré comme le cœur du Fouta-Djalon est fortement peuplé avec des densités variant entre 44 à 120 habitants au km² (IRAG, 1998). Du point de vue physique, le Fouta possède un réseau hydrographique parmi les plus denses de la sous-région ouest-africaine. Ce qui lui vaut le nom de château d'eau de l'Afrique de l'Ouest.

De nombreux auteurs se sont penchés sur ce massif, notamment Detraux, 1991, impressionnés par son relief, son climat, ses innovations agropastorales et surtout son rôle de château d'eau de l'Afrique de l'Ouest. Le massif du Fouta-Djalon, généralement assimilé à la région de la Moyenne-Guinée, constitue la partie septentrionale de la dorsale guinéenne, que l'on peut subdiviser en deux grandes sous-entités : les hauts plateaux centraux gréseux et doléritiques et les contreforts ou bas plateaux de bordure à l'est et à l'ouest (SURET-CANALE, 1970).

Guidés surtout par la recherche de sites propices à l'élevage, les Peuls nomades ont choisi pour domicile les hauts plateaux du Fouta-Djalon où les mouches tsé-tsé. Les agents vecteurs de la trypanosomiase était quasi inexistants. Ces Peuls nomades se fixèrent sur les hauts plateaux et pratiquèrent une agriculture de type intensif dans les *tapades* dont la mise en œuvre relève exclusivement aux femmes et un type semi extensif dans les champs extérieurs, dont les activités sont réservées aux hommes.

La particularité du Fouta-Djalon tient d'une part, à sa spécificité dans la mise en valeur des *tapades* qui nécessite une clôture qui protège les cultures contre les animaux domestiques, et, d'autre part, l'usage d'un amendement à base de compost pour accroître le rendement des cultures. La polyculture qu'on développe à l'intérieur de ces enclos répond en partie aux besoins alimentaires des paysans en toute saison.

Un autre trait caractéristique du Fouta concerne les sols appauvris, dominés en majorité par les *bowés* (surface presque plane ou en pente douce et régulière, armée par une cuirasse latéritique ferrugineuse ou bauxitique). Sur de tels sols, la recherche des moyens utiles de production agricole nécessite de l'innovation.

I. Méthodologie

La caractérisation des modèles de haies mises en œuvre dans le plateau central du Fouta-Djalon a été faite sur la base des enquêtes avec la technique d'entrevue semi-dirigée à travers un guide d'entretien. Des leaders d'opinion au nombre de cinq et ayant un âge compris entre 50 et 70 ans ont été consultés en vue de retracer les étapes franchies jusqu'à l'aboutissement d'une forme stabilisée et durable. Ces informations ont été complétées par des visites de terrain dans plusieurs localités du plateau central du Fouta-Djalon.

L'étude de la configuration des *tapades* est basée sur l'inventaire et la caractérisation des types rencontrés dans le village de Missidé Héire et de Dar es-Salam où notre projet était basé.

Pour établir la composition floristique des *tapades*, 10 parcelles d'étude de 5 m x 5 m ont été choisies au niveau d'un certain nombre d'enclos familiaux. Les espèces ont été identifiées à l'aide des clefs de détermination botanique de Berhaut (1967) et de Hutchinson (1968). L'usage de chaque espèce a été défini avec la collaboration des populations locales.

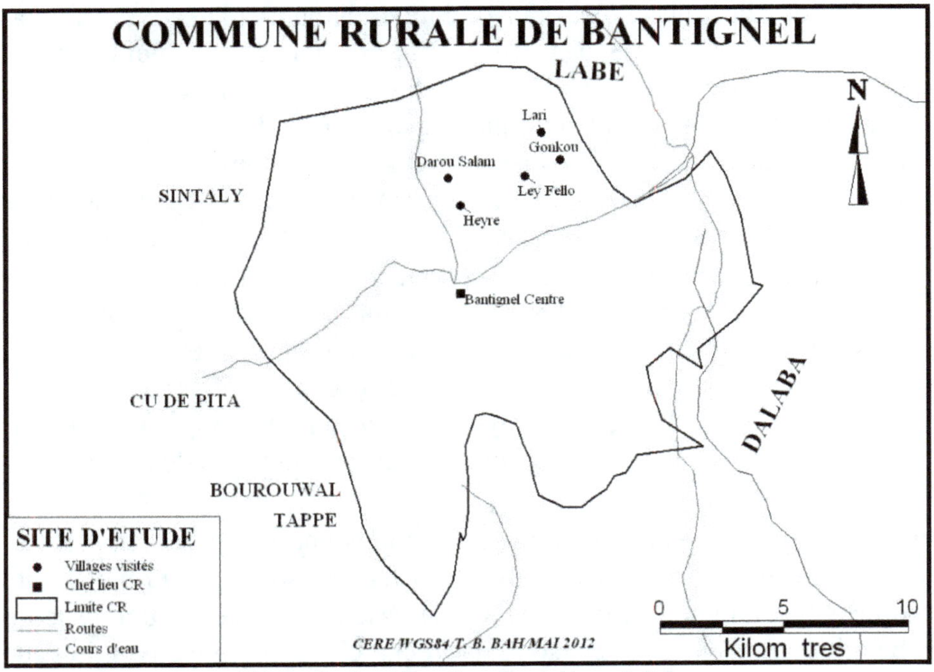

Carte de localisation des sites visités

Les informations relatives au changement climatique sont obtenues sur la base des enquêtes réalisées avec les premiers occupants du territoire qui y vivent pendant plus de 50 ans. Ces enquêtes ont permis de noter quelques indices frappants qui se sont produits de façon sporadique dans la région..

II Résultats

2.1. Description des types rencontrés

Dans le but de sécuriser les cultures pratiquées sur *tapades*, les paysans construisent des clôtures en opérant une coupe sélective du bois destiné à cette activité. À l'origine, la clôture nécessitait moins de soins étant donné que le bois était disponible et les animaux domestiques bien gardés dans le parc à bétail. Au fur et à mesure que le bois se raréfie, le paysan a imaginé plusieurs manières de façonner sa clôture en tenant compte non seulement des changements qui se déroulent dans son environnant immédiat, mais aussi dans le but de gagner en temps pour s'occuper des grands travaux. Les formes évolutives suivantes sont rencontrées dans la région :

2.1.1. Forme primitive

Au début de l'ère d'occupation du plateau central par les Peuls, les clôtures étaient faites d'un assemblage de branches et de buissons pour barrer le passage des animaux domestiques contre les cultures. Cette forme n'était pas durable et astreignait le paysan à refaire sa haie chaque année. À partir du moment où la densité du cheptel bovin et des petits ruminants augmente, la pression sur la *tapade* s'intensifie ; le paysan se trouve dans l'obligation de renforcer sa clôture pour assurer une productivité élevée au sein de la *tapade*.

2.1.2. Forme améliorée

Au fur et à mesure que l'obtention du bois nécessite de parcourir de longs trajets, le paysan teste un nouveau modèle qui rend la clôture plus résistante aux intempéries et pouvant résister pendant plusieurs années. C'est ainsi qu'apparut la haie morte à base de *Hymenocardia acida* avec une ligature solide à hauteur de poitrine qui assure la cohésion du système pendant plus d'une année. Toutefois, ce modèle consomme énormément de bois.

2.1.3. Forme mixte

Sous l'effet des termites qui rongent le bois, le paysan s'est trouvé confronté à une difficulté. Il lui a fallu créer un autre modèle pour que la résistance soit encore plus importante. La haie mixte associant bois morts et bois vivants a été créée. Ce modèle résiste mieux aux vents violents et les espèces ligneuses qui assurent la cohésion du système sont soit fourragères, alimentaires, industrielles ou médicinales. De là apparaît une autre valorisation de l'espace résidentiel et agricole à travers la culture d'autres plantes utiles.

2.1.4. Forme vive

La haie vive est un modèle qui limite de façon substantielle la coupe du bois. Le paysan utilise des espèces pérennantes comme *Jatropha curcas, Leucena leucacepha*, divers *Ficus* lui permettant d'aménager une haie tout à fait naturelle sans pression perceptible sur les ressources du terroir. C'est l'une des formes qui assurent non seulement la durabilité du système, mais réduisent en plus la pression sur les ressources en bois et permettent au paysan de mieux gérer les champs extérieurs.

2.1.5. Forme endiguée surmontée de sisal

L'aménagement des digues de protection autour de la *tapade* surmontée d'une haie à base de plantes pérennantes et épineuses se développe progressivement. Ce modèle limite l'accès aux cultures et dispense le paysan de la réfection annuelle de la haie. Toutefois, les risques d'accidents des animaux domestiques existent.

Il est intéressant de constater que la clôture traditionnelle a subi des mutations durables qui ont permis aux paysans de stabiliser l'agriculture moyennant finalement peu d'effort dans la mise en œuvre des activités.

En définitive, la clôture est un système spécifique à la région du Fouta-Djalon, qui traduit une culture dont les habitants expriment avec une grande fierté. Des proverbes relatifs à la valeur socioculturelle de la clôture ont été développés à cet effet (Sallenave, 1996) et démontrent la paternité de ce modèle à la société traditionnelle peule, bien que certains l'attribuaient aux Djalonké, qui, une fois expulsés du plateau central ne l'ont pas développé à la périphérie de leurs lieux de résidence.

2.2. Configuration des *tapades* du Fouta-Djalon

Les *tapades* du Fouta-Djalon comprennent généralement, deux types de modèles dont le premier, très ancien, répond aux critères de polyculture et de restitution à base de *mulch*, bouse de vache et crottin de chèvre. Le second modèle n'est qu'une extension préparatoire caractérisée par une monoculture où domine, dans la majorité des cas, l'arachide ou le manioc. La culture de l'arachide n'est pas un fait du hasard, les paysans savent bien que les légumineuses ont la propriété d'accroître la fertilité des sols, d'où leur culture dans les nouvelles concessions, raccourcissant ainsi la période de transition vers la vraie *tapade*. Il faut souligner cependant, que des modèles apparaissent d'un village à l'autre traduisant toute la diversité des systèmes au sein même des *tapades*.

L'organisation spatiale des cultures dans les *tapades* anciennes obéit à une certaine logique. Aux alentours immédiats des cases et maisons d'habitation où plus de soins sont apportés (fumage, binage et désherbage), le maïs est associé au niébé dans des poquets distants de 0,7 à 0,8 m et ce, à l'intérieur des soles carrées ou rectangulaires de 15 à 20 m^2. De chaque côté des soles, il est élevé des billons sur lesquels le manioc est planté avec des écartements d'environ 0,5 à 0,7 m. Ce système de bouturage est une innovation des fermiers de la sous-préfecture de Bantignel qui savent bien que le manioc gêne le maïs et de ce fait, il doit être planté avec beaucoup de précaution.

Par contre, les parcelles éloignées ou proches des clôtures, bénéficiant moins de soins ainsi que les tapades en extension dans les mêmes modèles de soles, reçoivent l'arachide ou le manioc.

Enfin, l'utilisation du système tapade au Fouta-Djalon, illustre la manière d'imposer une certaine conception de la protection de l'environnement. Certes, depuis des millénaires, la mise en place des tapades n'a que quelque peu évolué. Toutefois, l'idéologie qui présida à la création des premières tapades au Fouta est parfaitement claire : préserver la nature. De fait, à travers ce système, une révolution épistémologique s'est accomplie en matière de conservation de la nature. L'inscription d'un tel système dans le cadre de démarches locales, constitue un facteur de développement durable.

Dans le système d'agriculture sur tapade, la clé a été de définir et de valoriser au plan économique une grande variété de biens et de services écologiques, impliquant de nombreuses espèces, pour œuvrer à leur conservation à travers un développement durable respectueux de l'environnement. En fait, l'aménagement de ces territoires s'appuie sur une approche systémique de l'interaction entre Homme/biodiversité intégrant des variables écologiques, économiques et sociales. Ceci a permis de minimiser les principales pressions environnementales locales pesant sur la biodiversité. Il est important de développer cette bio économie dans l'aménagement des autres territoires villageois du pays.

Parlant des tapades, Sudres (1947) souligne que le Foulah a réussi à créer, par une culture appropriée et des apports fertilisants considérables des îlots d'une fertilité exceptionnelle à l'intérieur de ses enclos familiaux (tapades). Il est incontestable qu'il a ouvert la voie au procédé de culture le plus rationnel et le plus propre à revaloriser la généralité des terrains encore intéressants : la limitation des surfaces cultivées.

2.3. Diversité floristique d'une tapade

Un inventaire de la flore des tapades a été réalisé à Missidé Héïre dans la sous-préfecture de Bantignel/préfecture de Pita, afin d'en apprécier la diversité floristique aussi bien des espèces cultivées que celles spontanées (A. Diallo *et al.*, 2003). Ce dernier a permis de recenser 37 espèces végétales réparties en 33 genres et 23 familles (Tableau 1).

Tableau 1 : Liste des espèces inventoriées et leurs usages

N°	Nom scientifique	Famille	Usages			
			Alimentaire	**Médicinale**	**Fourrag**	**Fertilisants.**
1	*Acanthospermum hispidum* DC.	Asteraceae		+		
2	*Ageratum conyzoides* L.	Asteraceae		+		
3	*Amaranthus hybridus* L.	Amaranthaceae				+
4	*Arachis hypogea* L.	Fabaceae	+			
5	*Bidens pilosa* L.	Asteraceae				
6	*Capsicum frutescens* L.	Solanaceae	+			
7	*Carapa procera* DC.	Meliaceae		+		(++)
8	*Carica papaya* L.	Caricaceae	+	+		
9	*Citrus sinensis*	Rutaceae	+	+		

	Osbeck.					
10	*Coffea Arabica* L.	Rubiaceae	+			
11	*Colocasia esculenta* Schott.	Araceae	+			
12	*Commelina forskalay* Vahl.	Commelinaceae				
13	*Corchorus olitorius* L	Tiliaceae	+			
14	*Cucurbita pepo* L.	Cucurbitaceae	+			
15	*Digitaria exilis* Stapf.	Poaceae	+			
16	*Dioscorea alata* L.	Dioscoreaceae	+			
17	*Ficus thonningii* Blume	Moraceae				(++)
18	*Hibiscus esculentus* L.	Malvaceae	+			
19	*Ipomae batatas* (L.) Lam.	Convolvulaceae	+			
20	*Jatropha curcas* L.	Euphorbiaceae		+		
21	*Lycopersicum esculentum* L.	Solanaceae	+			
22	*Manihot esculenta* Crantz.	Euphorbiaceae	+			
23	*Parinari excelsa* Sabine	Rosaceae	(+)	+		(++)

24	*Parkia biglobosa* Jacq.	Mimosaceae	(+)			(++)
25	*Pennisetum purpureum* Schum.	Asteraceae			+	+
26	*Pennisetum* sp	Asteraceae			+	+
27	*Persea Americana* Mill.	Lauraceae	+			
28	*Phaseolus* sp	Fabaceae	+			+
29	*Phaseolus vulgaris* L.	Fabaceae	+			+
30	*Sida rhombifolia* L.	Malvaceae			+	+
31	*Solanum torvum* Sw.	Solanaceae		+		
32	*Sweinckia americana*	Solanaceae		+		+
33	*Synedrellano diflora* Gaertn.	Myrtaceae			+	+
34	*Urena lobata* L.	Malvaceae				+
35	*Urena* sp	Malvaceae			+	+
36	*Xanthosoma sagittifolia* Schott.	Araceae	+			
37	*Zea mays* L.	Poaceae	+			

NB : (+) Plantes alimentaires non cultivées ; (++) Espèces arborescentes du système agro-forestier.

Parmi les 37 espèces inventoriées, 19 sont cultivées et interviennent dans l'alimentation. Neuf espèces ont un usage thérapeutique en médecine traditionnelle. Cinq espèces sont couramment utilisées dans l'alimentation du bétail. Quatre espèces jouent le rôle de couvert arborescent du système agro-forestier. Les espèces restantes contribuent à la fertilisation du sol.

2.4. Quelques indices de changement climatique observés dans la région

Il existe des indicateurs naturels qui servent de repères aux paysans leur présageant les types d'activités à entreprendre conformément au climat qui s'annonce. Lorsque le milieu était en équilibre, le paysan se fondait toujours sur les connaissances léguées par les ancêtres pour interpréter les évènements qui se produisent avec un faible risque de se tromper. D'après la tradition, la date de la première pluie était prévisible dans un intervalle de temps bien cadré au cours duquel ce phénomène se produisait, de même pour la dernière pluie. En observant le mouvement qui tourne autour de ce calendrier, le paysan choisissait les variétés qui se prêtent mieux aux impératifs de l'heure.

En outre, étant familiarisé avec le milieu, toute modification qui se produit sur les ressources naturelles (plantes, animaux, eau, sol, air) est source de réflexion et de décision pour lui. Durant notre bref séjour dans un village montagnard, les paysans ont souligné quelques changements climatiques qu'ils ont observés depuis près de 25 ans, à savoir :

- la disparition d'une variété tardive de fonio à cycle long connue sous le nom de fonio sauvage, très résistante aux maladies ;
- le tarissement des sources d'eau qui faisaient de la montagne un abreuvoir pour le bétail et une source d'eau potable pour l'Homme (au total, 5 sources n'existent plus) ;
- l'apparition de phénomènes inhabituels comme les vents violents, la sursaturation de l'atmosphère par la poussière et le brouillard, rendant les déplacements parfois impossibles ;
- la modification du calendrier agricole, augmentant la vulnérabilité des cultivateurs qui s'exposent aux risques de semer sans la certitude de récolter ;
- le recul de la pratique d'élevage à cause de la rareté de l'eau en saison sèche ;
- l'érosion des sols sur forte pente entraînant l'envasement des cours d'eau qui sont entrecoupés par endroits, limitant de façon significative l'écoulement.

Ces quelques observations que les paysans de Ley Fello (Préfecture Pita) ont exposées attestent sans doute un changement dans l'environnement local. Il concerne pratiquement toutes les ressources du terroir qui subissent une altération brutale ayant un impact négatif sur les activités agropastorales.

De nos jours, les paysans n'arrivent pas à expliquer avec exactitude les causes de ce phénomène, mais se contentent d'exprimer simplement leurs préoccupations face aux nouvelles calamités qu'ils doivent affronter avec des moyens primaires souvent inadaptés.

Un cas alarmant observé dans les hauts plateaux du Fouta-Djalon concerne la faune sauvage. Jadis dotée d'une grande diversité des habitats et des espèces, cette région connaît de nos jours une chute drastique de son patrimoine faunistique sauvage. La forêt, autrefois giboyeuse représentait un réservoir de protéine d'où chasseurs et braconniers ramenaient du gibier, libérant ainsi leurs campagnes de l'attente interminable pour entreprendre les activités culinaires. Une enquête réalisée dans la sous-préfecture de Bantignel montre une diminution importante de la faune sauvage. Le tableau 1 présente le statut de certaines espèces sauvages.

Tableau 2 : Animaux menacés d'extinctio

Nom scientifique	**Nom commun**	**Année d'observation.**	**Statuts**
1. Tragelaphus scriptus	Biche	1997	Très rare
2. Cephalophus rufilatus	Céphalophe à flancs roux	1997	Très rare
3. Canis adustus	Chacal	1998	Très rare
4. Lepus crawshayi	Lapin	1998	Rare
5. Viviera civetta	Civette	1997	Très rare
6. Papio – papio	Cynocéphales	1997	Non implanté
7. Hystrix cristata	Porc - épic	1998	Très rare
8. Hyaena hyaena	Hyène	1954	Disparu

Ainsi, avec l'accroissement démographique et la pression qui s'ensuit, les ressources faunistiques et floristiques connaissent une réduction drastique. Des niches écologiques sont détruites chaque année lors de la préparation des champs, livrant les animaux qui échappent aux chasseurs à la migration pour la recherche de sites plus favorables.

2.5. Adaptation des paysans aux changements climatiques

Avec le bouleversement observé durant plusieurs années, les fermiers cherchent les moyens pour réaliser leurs activités agropastorales en accord avec les changements qui interviennent. Ils sont ainsi amenés à superposer les activités réalisées dans les tapades et celles effectuées dans les champs extérieurs. Ceci nécessite une main-d'œuvre supplémentaire pour en arriver à temps. À défaut d'effectuer parallèlement les activités (dans la tapade et dans les champs extérieurs), le fermier sera exposé aux perturbations du régime pluviométrique entraînant une perte due à un retard dans la maturation des cultures. Le choix des variétés hâtives est devenu obligatoire puisque chaque saison apporte de nouvelles contraintes imprévisibles et auxquelles on est tenu de s'y adapter.

Avec le tarissement des cours d'eau, les fermiers renforcent comme d'habitude la protection des têtes de sources et les galeries le long des cours d'eau. En outre, la durée des jachères est augmentée, passant de 8 à 13 ans.

La culture extensive s'effectue en concertation avec les agents des eaux et forêts qui délimitent les superficies à mettre en valeur et participent à la mise à feu. Une ceinture de protection est établie pour empêcher la progression des feux. Le système Taungya est connu et pratiqué avant même l'apparition de l'agro-foresterie en tant que science.

Concernant l'élevage, l'activité est en nette régression à cause du manque d'eau dans la région jadis considérée comme le château d'eau de l'Afrique de l'Ouest. Quelques éleveurs tentent de stabiliser l'activité en faisant recours aux étables fumières. Le manque de plante fourragère de haute qualité bromatologique représente un handicap sérieux à l'épanouissement de cette activité.

Avec l'érosion des sols, les agriculteurs utilisent des cordons pierreux pour limiter l'action des eaux de ruissellement. Le défrichement des parcelles agricoles en alternance avec des bandes de végétation concourt à réduire le processus d'érosion, qui du reste est moins prononcé.

Conclusion

Le système de culture développé dans les tapades foutaniennes ainsi que les modes de gestion de la biodiversité et de préservation de l'environnement sont des modèles innovateurs qui suscitent d'être soutenus. Les différentes étapes qui ont permis d'aboutir au modèle durable tiennent compte des changements qui se sont opérés dans l'environnement biophysique.

La mise en culture sur tapade est un système durable qui a fait ses preuves bien que le paysan foutanien se comporte autrement dans les champs extérieurs. En dépit des moyens d'adaptation qui restent encore rudimentaires et individuels, les changements climatiques sont encore perceptibles.

Références bibliographiques

1. Detraux M., 1991. *Approche intégrée des systèmes de production et de leur dynamisme, un outil pour une politique adaptée aux besoins des régions : application au Fouta-Djalon.* Faculté des Sciences agronomiques de Gembloux, Belgique (p. 264-265).

2. Diallo A., Barry A.K., Baldé A. Boiro I., 2002. *Place de la tapade dans la vie familiale en zone rurale.* Bull. Env. N° 002.

3. Diallo A., Thiam A. et Keita A., S.O. 2003. *Biodiversité et développement durable : cas d'une tapadefoutanienne.* Bull. Env. N°3.

4. Dubé H., 1994. *Étude de la protection et de l'aménagement des bassins versants du FoutaDjallon en Guinée.* Rapport.

5. Durand O., 1932. *Les industries locales au Fouta-Djalon.* Bulletin du Comité d'études historiques et scientifiques de l'Afrique-Occidentale française (fra). Vol. 14. Num : 1.

6. Giec. 2001. Bilan 2001 des changements climatiques : conséquences, adaptations et vulnérabilité. Contribution au groupe de travail II au 3e rapport d'évaluation du GIEC. Cambridge (Royaunme-Uni) ; New York : Cambridge University Press, www.ipcc.ch/pub/un/giecgt2.pdf

7. PRAI-MFD.1998. Programme régional d'aménagement intégré du massif du Fouta-Djalon. Rapport de Capitalisation des résultats et

acquis des projets expérimentaux d'aménagement des bassins représentatifs pilotes et des parcs. Volume 2.
8. Sodjadan K., 1993. *Mise en valeur des zones montagneuses en « pays kabyle » au nord du Togo.* United Nations University. N° 29.
9. Sudres A., 1947. *La dégradation des sols au Fouta-Djalon. Agronomie tropicale,* vol. II, N° 5-6.
10. USAID. 2002. Investir dans la forêt de demain : Vers un programme d'action pour la revitalisation de la foresterie en Afrique de l'Ouest.
11. Vieillard G., 1939. *Notes sur les coutumes des Peuls au Fouta-Djalon.* Publication du Comité d'études historiques et scientifiques de l'Afrique-Occidentale française. Librairie Larose. Paris.
12. Vogel J., 1993. *Les clôtures du Fouta-Djalon. Des paysans qui connaissent leurs affaires.* La lettre du réseau Recherche et Développement GRET, 213, rue La-Fayette, 75010 Paris.

VALORISATION DES REFUS DES FOURRAGES VERTS D'AULACODE D'ÉLEVAGE DANS L'ALIMENTATION DES PETITS RUMINANTS DOMESTIQUES : CAS DES OVINS ET CAPRINS

Par

DIAKITÉ[1] Mohamed, SOUMAH[2] Lansana[2], DRAMOU[1] Foromo, BARRY[1] Mamadou, DIALLO[1] Boubacar Aly, BALDE[3] Mamadou Alimou & BANGOURA[4] Aboubacar Sidiki

1. Centre de Recherche et de Vulgarisation de l'Aulacodiculture de Kankan (CERVAK), République de Guinée
2. Direction nationale de l'enseignement supérieur, Conakry, République de Guinée.
3. Institut de Technologie Alimentaire de Guinée (ITAG).
4. Laboratoire des Composés naturels (LACONA).

Résumé

Les aspects zootechniques et économiques de l'engraissement d'ovins à partir des refus des fourrages verts d'aulacode d'élevage et des fourrages verts en complément des épluchures du manioc (Manihot esculenta) ont été étudiés dans l'élevage des ruminants de M. Amadou Condé sis à Missira (Kankan). Neuf (9) ovins (entier) de poids vif corporel moyen **9,1 ± 0,2 kg** ont été repartis en neuf lots soit un (1) animal par lot. Six (6) lots expérimentaux (L_1, L_2, L_3, L_4, L_5 et L_6) et trois (3) témoins (T_1, T_2 et T_3). Tous les neuf (9) lots sont élevés en stabulation dans les cages de digestibilité dont chacune est munie d'une mangeoire et d'un abreuvoir. Les lots expérimentaux ont reçu une ration de base composée de refus de fourrages verts d'aulacode d'élevage formés de Panicum maximum C_1 de Paspalum vaginatum, de Pennisetum purpureum et de nervures de palme d'Elaeis guineensis, et complémentée par les épluchures de manioc. Les lots témoins ont reçu les fourrages frais. Au bout de 56 jours d'expérimentation, la production de viande a été de 1,78 kg pour les agneaux nourris aux refus de fourrages verts d'aulacode d'élevage et de 1,13 kg pour ceux ayant reçu les fourrages frais (lots témoins). L'analyse économique de l'essai a fait ressortir un bénéfice complémentaire pour l'aulacodiculteur égal à 48 060 francs guinéens (GNF) par an et par ovin.

Mots-clés : Aulacode ; ovin ; valorisation, fourrage, refus fourrages verts d'aulacode d'élevage.

Introduction

La connaissance et la maîtrise des sources d'ingrédients alimentaires nécessaires à l'alimentation des animaux constituent un goulot d'étranglement en élevage. Ces sources d'ingrédients alimentaires sont rares et leurs potentiels s'épuisent très rapidement quand elles sont disponibles. En aulacodiculture, les refus des fourrages verts d'élevages représentent 60 à 70 % de la quantité totale d'aliments donnés à l'aulacode. **(Mensah, 1998 et 1999).** L'aulacode se nourrit, surtout de la moelle contenue dans l'entre-nœud des tiges des graminées, laisse les parties dures et ne mange que quelques feuilles et écorces **(Adjanohoun, 1989)**, ce qui fait de lui un gaspilleur d'aliments (**Mensah et Ekué 2003**). Face à cette situation, un système d'élevage d'aulacode et des petits ruminants peut être envisagé afin d'alimenter les petits ruminants avec les refus des fourrages verts d'aulacode d'élevage qui autrefois étaient jetés. L'objectif principal de cette étude est d'utiliser le refus des fourrages verts de l'aulacode d'élevage comme aliment de base des petits ruminants domestiqués qui, par observation au **CERVAK**, viennent régulièrement se jeter sur ces refus.

Les objectifs spécifiques qui soutiennent l'objectif principal sont :

– la détermination du nombre de têtes d'aulacode d'élevage dont le refus de fourrages verts sera suffisant pour nourrir une tête d'ovin ;

– l'application de l'acceptabilité de fourrages verts de l'aulacode d'élevage pour les petits ruminants domestiques ;

– l'évaluation des performances zootechniques des ovins nourris avec les refus de fourrages verts de l'aulacode d'élevage.

I. Matériel et méthodes

1.1. Matériel

Il est constitué de neuf (9) ovins, tous des agneaux mâles entiers, âgés de trois (3) mois environ et pesant au début de l'expérimentation **9,1 ± 0,2 kg** par tête.

Ces agneaux sont élevés dans la bergerie de M. Condé Amadou et groupement dont le financement a été obtenu auprès de l'ambassade des **États-Unis (USAID).** Le suivi sanitaire et alimentaire étant meilleur, le poids de ces agneaux expérimentaux a doublé celui des ovins de même âge élevés en milieu paysan.

Les aliments utilisés pour nourrir les ovins sont constitués par les refus de fourrages verts d'aulacodes d'élevage composés de *Panicum maximum* C_1, de *Paspalum vaginatum*, de *Pennisetum purpureum,* de nervures de palme et complémentés par les épluchures de manioc séchées au soleil pendant deux ou trois jours tandis que les fourrages frais sont toujours les mêmes que ceux servis aux aulacodes d'élevage avant de chercher à valoriser leur refus alimentaire chez les ovins. Ces trois fourrages ont été cueillis par les aulacodiers dans les environs de Bordo à l'exception du *Pennisetum purpureum* récolté à Farabana par un aulacodier recruté à cet effet dans cette zone.

1.2 Méthodes

L'expérimentation a duré 56 jours. Les animaux ont été constitués en 9 lots à savoir :

- 3 témoins (T_1, T_2, T_3)
- 6 lots expérimentaux (L_1, L_2, L_3, L_4, L_5, L_6).

Chaque lot est constitué d'un agneau installé dans une bergerie.

Les lots témoins (T_1, T_2, T_3) sont alimentés aux fourrages verts de *Panicum maximum*, de *Paspalum vaginatum*, de *Pennisetum purpureum* et de nervures de palme *Elaeis guineensis.*

Les lots expérimentaux ont reçu les refus des fourrages verts d'aulacodes ; de fourrages susmentionnés. Tous les 9 agneaux ont reçu des épluchures séchées de manioc comme complément alimentaire aux fourrages.

L'expérimentation a été précédée d'une phase pré-expérimentale ou d'adaptation qui a duré 10 jours. Au cours de cette phase, chaque animal était isolé des autres. L'alimentation était constituée des fourrages sus-cités.

Pendant cette phase, une transition alimentaire a été faite en vue de faire habituer les agneaux à la consommation du refus de fourrages verts d'aulacode et d'épluchures de manioc. Elle a servi aussi à estimer la quantité optimum de refus de fourrages verts d'aulacode d'élevage à servir pendant la phase expérimentale.

L'objectif est de déterminer le nombre d'aulacode d'élevage dont le refus de fourrages verts d'aulacodes pourrait suffire pour alimenter un ovin pendant une journée. Au terme de cette phase qui a duré 10 jours, il ressort clairement que pour nourrir un ovin de poids corporel vif moyen de 15 kg, il faut disposer de 20 aulacodes de poids moyen 2,5 kg et consommant 200 g de fourrages verts par jour et gaspillant en moyenne 140 g/j.

Chaque matin et durant toute l'expérimentation, les refus de fourrages verts d'aulacode d'élevage ont été ramassés, débarrassés des crottes, pesés et servis à chaque agneau. Le lendemain, le refus d'agneaux a été pesé. La différence de la matière sèche, entre la quantité servie la veille et celle restante, a permis d'obtenir la quantité consommée en matière sèche alimentaire.

L'eau potable est renouvelée chaque matin et servie dans un abreuvoir en plastique.

La pesée des animaux a été faite de façon individuelle toutes les deux (2) semaines et ceci le matin avant la distribution de la nouvelle ration. Au total, cinq pesées ont été faites au cours de l'expérimentation.

Il a été quotidiennement procédé au nettoyage des bergeries. Les mangeoires et abreuvoir sont lavés à l'eau savonneuse et rincés avec l'eau courante.

1.2.1 Modes de calcul et analyse statistique des données

Les taux de matières sèches (**Ms**) dans la quantité d'aliments donnés (**Ks**) et ceux de la quantité d'aliments refusés (**Kr**) ont été déterminés.

La formule suivante permet de déterminer la consommation de matières alimentaires sèches journalières :

C = Qs x Ks – Qr x Kr

Où **C** = aliment consommé en gramme de matières sèches (Ms) ;

Qs = quantité d'aliment servi ;

Qr = quantité d'aliment restante ;

Ks = taux de matière sèche d'aliments servis ;

Kr = taux de matière sèche d'aliments refusés.

Le gain pondéral (GP) a été calculé par la soustraction du poids vif corporel initial (Pi) au poids vif corporel final(Pf), à savoir :

GP = Pf – Pi

Le gain quotidien moyen **(GQM)** est déterminé par le gain pondéral (GP) sur la durée de l'expérimentation ; cette durée étant de 56 jours, le gain quotidien moyen exprimé en g/j est donné par la formule suivante :

$$GQM = \frac{GP}{56}$$

1.2.2 Indice de consommation alimentaire

L'indice de consommation est calculé par la consommation de matière sèche alimentaire durant toute la période d'expérimentation (56 jours) sur le gain pondéral durant cette période :

$$Ic = \frac{\sum_{i=1}^{56} Cji}{GP}$$

Ic : indice de consommation (gMs/gPV)
Cji = consommation journalière (gMs)
GP = gain pondéral (gpv).

Analyse statistique des résultats

Les données primaires ont été rapportées à la matière sèche. Le test de comparaison de Fisher (PPDS) **(Saville, 1990)** a été utilisé afin de faire les comparaisons statistiques des différentes moyennes.

II. Résultats

2.1 Consommation alimentaire

La consommation de matière sèche de fourrages frais des lots témoins est de **243,2 gMs/j** et elle est la moitié de celle des lots nourris au refus des fourrages verts d'aulacode d'élevage qui est de **449,1 gMs/**j. La différence entre les consommations alimentaires est hautement significative **(P < 0,0001, test de Fisher).** La consommation d'épluchures de manioc ne diffère pas significativement d'un lot à l'autre **(P > 0,05)**. Cependant la quantité moyenne d'épluchures sèches de manioc consommées quotidiennement par les ovins nourris au refus de fourrages verts d'aulacode d'élevage est **1,14 fois** supérieure à celle des animaux témoins **(176,4 gMs/j).**

La consommation de matière sèche alimentaire moyenne et journalière des agneaux nourris au refus des fourrages verts d'aulacode d'élevage est de **1,54** fois supérieure à celle des ovins des lots témoins affourragés avec les fourrages frais directement **(419 gMs/j).** La différence de **299,9 gMs/j** enregistrée entre les deux lots est statistiquement significative **(P < 0,05).**

2.2 Évolution du poids moyen vif

Le poids vif corporel moyen des lots ayant reçu des refus des fourrages verts d'aulacode d'élevage a connu une augmentation progressive **de 9,1 kg à 10,9 kg.** L'évolution pondérale moyenne des lots nourris aux fourrages frais (témoins) est aussi ascendante.

Cependant, le poids vif corporel des lots témoins reste toujours en dessous du poids vif corporel moyen (**9,1 kg à 10,2 kg**) des lots alimentés aux refus de fourrages verts d'aulacode d'élevage. On note aussi un ralentissement de la croissance pondérale des lots nourris aux fourrages frais entre **le J 14 et J 28** de plus, le PPDS de **Fisher** n'a montré aucune différence entre l'évolution des poids moyens vifs enregistrés avec les fourrages frais et les refus de fourrages verts d'aulacode d'élevage (**P > 0,05).**

2.3 Gain de poids

Le **GQM** est de **20 ± 5** g pour les lots nourris aux fourrages frais et de **32 ± 10 g** pour les alimentés au refus de fourrages verts d'aulacodes d'élevages. La différence de 12 g observée n'est pas statistiquement significative **(P = 0,1080).** Néanmoins, il est bon de souligner que les agneaux nourris aux refus de fourrages verts d'aulacode d'élevage ont une croissance pondérale supérieure à celle des animaux nourris aux mêmes fourrages mais frais.

2.4 Indice de consommation (IC)

L'indice de consommation alimentaire enregistré chez les agneaux nourris aux refus de fourrages verts d'aulacode de l'ordre de **15,1 ± 1,8 : 1** est inférieur à celui : **27,3 ± 12,1 : 1** des animaux alimentés avec les fourrages frais. Ces valeurs moyennes comparées entre elles à l'aide du **PPDS** de Fisher n'ont montré aucune différence significative statistiquement **(P = 0,1387).**

2.5 Gaspillage alimentaire

Les valeurs moyennes du taux de gaspillage alimentaire par rapport à la quantité d'aliments donnés enregistrée chez les ovins ayant reçu le refus de fourrages verts (22,54 %) et chez ceux nourris avec les fourrages frais (9,43 %). On constate que le taux de gaspillage chez les ovins ayant reçu le refus de fourrages verts d'aulacode est de 2,4 fois significativement supérieur (P< 0,05 avec le test de Fisher) à celui des fourrages frais.

2.6 Discussion

Durant toute l'expérimentation, une attention particulière a été portée sur la consommation de matière sèche alimentaire des ovins nourris aux refus de fourrages verts d'aulacode d'élevage. La consommation du refus de fourrages verts d'aulacode d'élevage a toujours été supérieure à celle des lots témoins nourris aux fourrages frais. En ce qui concerne la consommation des épluchures séchées de manioc servies comme complément alimentaire, les lots témoins recevant les fourrages frais ont consommé quotidiennement moins de **66,2 gMs** d'épluchures séchées de manioc que de fourrages frais **(243,2 gMs/jour),** tandis que les lots recevant les refus de fourrages verts d'aulacode en ont consommé par jour moins de **248,7 gMs** de l'équivalent de leur consommation en refus de fourrages d'aulacode **(449,1 gMs/jour).**

Les consommations moyennes de matières sèches alimentaires ingérées par tête d'animaux sont significativement différentes, au seuil de 5 % pour les deux lots. On note une baisse de consommation alimentaire des lots nourris aux fourrages frais entre **J 14** et **J 28**. Ceci serait dû aux facteurs tels que l'adaptation au nouveau régime, le stress dû à l'état mobile de l'animal, du lot **T_1.** Les consommations de matières sèches les plus faibles **(419,6 gMs/jour)** au niveau des lots recevant les refus de fourrages verts d'aulacode d'élevage. Cela montre l'importance des refus de fourrages d'aulacode d'élevage dans l'alimentation des petits ruminants. Ces valeurs obtenues sont supérieures à celle obtenue par **Adjagnissodé (1990)** sur les antenais Djallonké nourris avec des graines de coton et des épluchures de manioc (**soit 377 gMs/jour).**

Il est bon de souligner que le taux de fourrages verts ingérés par les animaux est **69,14 %** chez les antenais nourris aux fourrages verts frais directement servis. Ainsi, ces derniers consomment plus de concentrés alimentaires que les ovins nourris aux refus de fourrages verts d'aulacode d'élevage.

L'analyse de l'évolution pondérale des ovins nourris aux refus de fourrages verts d'aulacode d'élevage et ceux alimentés aux fourrages frais indique que les animaux nourris aux refus de fourrages verts d'aulacode d'élevage ont un poids vif corporel moyen final (**10,9 ± 0,7 g)** qui est supérieur de 700 g à celui des ovins des lots témoins. L'évolution pondérale en fonction du temps montre un ralentissement de la croissance (9,47 g à 9,53 g) entre 14e et 28e jours chez les animaux nourris aux fourrages frais et ceci s'explique par la réduction de la consommation alimentaire durant cette période. La reprise de la croissance après le 28e jour serait liée au traitement médical subi par l'animal malade.

Malgré les conditions stressantes d'expérimentations liées aux cages de digestibilité, les animaux nourris aux refus de fourrages verts d'aulacodes d'élevage ont eu de légers gains de poids qui témoignent de l'effet bénéfique du refus de fourrages verts d'aulacodes d'élevage.

Ces résultats obtenus sont cependant faibles par rapport aux 6 kg obtenus par **Dahouda (1995)** chez des ovins. Le gain de poids obtenu au terme de l'expérimentation comparé aux valeurs obtenues par **Dahouda (1995)** chez des ovins est relativement faible, mais est plus élevé chez les animaux nourris aux refus de fourrages verts d'aulacode d'élevage **(1,78 ± 0,37 kg)** que ceux des lots témoins alimentés aux fourrages frais (**1,13 ± 0,30 kg**).

Cependant, des gains de poids sont meilleurs à celui obtenu (1,12 kg) par **Amadou Moumini (1999)** chez les ovins maintenus sur pâturage naturel mais recevant en compléments avec des épluchures d'igname, des fanes d'arachide, du son de maïs et de niébé.

Les gains quotidiens moyens (**GQM**) varient d'un traitement à l'autre, mais ne sont pas significativement différents. Toutefois, des écarts de croissance d'environ 12 g par jour ont été observés entre des ovins nourris aux refus de fourrages verts d'aulacode d'élevage et ceux recevant directement les fourrages frais. Ces résultats sont meilleurs à ceux obtenus (16,28 g/j) par **Dahouda (1995)** chez les ovins nourris aux sous-produits agro-industriels (graines de coton, drêches) et recevant un complément de *Cajanus cajan, de Panicum* *maximum et de Pennisetum purpureum.* Ils sont cependant inférieurs aux 78 g/j obtenus par **Adjagnissodé (1990)** avec des antenais Djallonké maintenus sur pâturage naturel et ayant reçu un complément composé de graines de coton et d'épluchures de manioc. Si les gains quotidiens moyens et les gains de poids obtenus durant toute l'expérimentation sont relativement faibles, cela serait dû au stress car les ovins sont maintenus durant toute la période d'expérimentation dans les cages de digestibilité. Il a été aussi noté des cas de diarrhée chez deux sujets (L_1 et L_5) qui ont ainsi influencé les résultats, même si les deux ovins ont retrouvé par la suite leur santé, voire leur embonpoint.

Les taux de conversation alimentaire ou indices de consommation obtenus pendant cette phase d'expérimentation sont assez élevés. Néanmoins, l'analyse des résultats nous montre que les agneaux nourris aux refus de fourrages verts d'aulacodes d'élevage ont un indice de consommation 1,8 fois inférieur à celui obtenu chez les lots ovins alimentés aux fourrages frais. Par conséquent, ils convertissent mieux le refus de fourrages verts d'aulacodes d'élevage.

En effet, les fourrages frais étant plus riches en eau, les animaux après consommation ne bénéficient que d'une faible quantité de matières sèches qu'ils compensent en consommant une grande quantité d'épluchures séchées de manioc peu riche en nutriments. C'est ce qui explique assurément le faible gain pondéral (1,13 ± 0,30 kg) obtenu chez ces animaux et par conséquent, le plus fort indice de consommation (27,3 ± 1,8) enregistré.

L'analyse économique de notre étude montre qu'en utilisant les refus de fourrages verts d'aulacodes d'élevage (qui autrefois étaient jetés) pour nourrir les ovins, il est possible d'obtenir un gain de poids équivalent à 10,68 kg/an/tête d'ovin.

Le prix du kilogramme de poids vif de viande d'ovin étant de **27 000** francs guinéens (GNF), l'éleveur d'aulacode pourrait réaliser un bénéfice complémentaire équivalent à **288 360** GNF/tête d'ovin/an.

Conclusions et recommandations

Cet essai a montré l'importance et la possibilité de valoriser les refus des fourrages verts d'aulacode d'élevage dans l'alimentation des petits ruminants.

Il a été constaté que :

- Le refus de fourrages verts de 20 aulacodes d'élevage (2,5 kg poids frais/tête) suffirait pour nourrir un ovin de 15 kg par jour.
- Le refus de fourrages verts est mieux apprécié que les fourrages frais par les ovins. En effet, lors de leur alimentation, les aulacodes délaissent les parties feuillues des brins des fourrages verts au détriment des tiges qu'ils consomment préférentiellement. Ce comportement alimentaire qui fait partie intégrante de leur stratégie alimentaire est une aide précieuse pour l'auto usure de leurs incisives qui a une croissance hypsodonte (**Adjanohoun, 1988 ; Mensah et Ekué, 2003**) fait de lui un champion du gaspillage alimentaire mais qui peut être bien valorisé dans l'alimentation d'autres animaux herbivores polygastriques.
- La production de viande engendrée à partir de l'affouragement des petits ruminants avec le refus de fourrages verts d'aulacode d'élevage est 1,6 fois supérieure à celle obtenue avec les fourrages frais.
- L'analyse économique de la production indique que l'éleveur pratiquant l'intégration de l'élevage d'aulacodes et de petits ruminants peut avoir un bénéfice complémentaire de **288 360 GNF**/ animal/an.

Cette étude préliminaire servirait de base pour des recherches ultérieures plus complètes sur la valorisation des refus des fourrages verts d'aulacodes d'élevage dans l'alimentation de divers animaux monogastriques (lapin, cobaye, etc.) et polygastriques herbivores. Les expérimentations à poursuivre permettront alors d'infirmer, de confirmer ou de compléter les résultats ainsi obtenus, voire établir le ratio en nombre de tête(s) d'aulacode d'élevage qu'il faut pour une autre espèce animale d'élevage pouvant être nourrie avec le refus de fourrages verts d'aulacode d'élevage.

À l'issue de l'expérimentation, les recommandations suivantes sont formulées :

- Refaire l'essai en milieu paysan pour pallier au stress dû au confinement dans la cage de digestibilité ;

Utiliser les refus de fourrages provenant d'aulacodes élevés dans des cages grillagées afin de réduire la souillure des refus par les crottes et les urines ;

Utiliser d'autres compléments alimentaires autres que les épluchures de manioc afin d'améliorer les qualités nutritionnelles des rations.

Étudier la valorisation des refus de fourrages verts d'aulacode d'élevage non seulement chez les caprins afin de généraliser leur importance chez les petits ruminants mais aussi et surtout chez d'autres espèces animales herbivores d'élevage ;

Utiliser les refus de fourrages verts d'aulacodes délaissés par les petits ruminants pour le vermicompostage.

Références bibliographiques

Adjagnissodé S.G., 1990. « Embouche semi-intensive à la ferme de Foun-Foun (Savé) : comparaison des performances obtenues grâce à six compléments formulés à partir de la mélasse, des épluchures de manioc, des graines de coton et d'urée. » Thèse d'ingénieur agronome UNB/FSA, 1990. 127 pages.

Adjanohoun E., 1989. « Contribution au développement de l'élevage de l'aulacode *(Tryonomis swinderianus*, Temminck, 1827) et à l'étude de sa reproduction. » Thèse de doctorat vétérinaire d'État ENV d'ALFORT (France), 198 pages.

Amadou Moumouni M., 1999. « Possibilité d'embouche ovine à partir des fourrages cultivés à Tchaourou. » Mémoire de fin de cycle pour l'obtention du diplôme d'ingénieur des travaux (DIT), CPU/UNB. 44 pages.

Dahouda M., 1995. « Utilisation de quelques sous-produits agro-industriels (graines de coton, drêches), un complément de *Cajanus cajan, Pennisetum purpureum, Panicum maximum* dans l'alimentation des ovins à l'engrais : aspects zootechniques et économiques. » Mémoire de fin de cycle présenté pour l'obtention du diplôme d'ingénieur des travaux en production animale, CPU/UNB. 62 pages.

Mensah G.A et Ekué M. R. M., 2003. *L'essentiel en aulacodiculture*, 160 pages, ISBN : 99919.902.4.0.

Mensah G.A, 1998. *Manuel du programme de formation en aulacodiculture* (élevage d'aulacode *Thryonomys swinderianus* Temminck ; 1827). Cotonou, Benin, 185 pages. Mensah G. A., 1999. Écothologie de l'aulacode. Bulletin de la recherche agronomique, N° 17, p. 19-31.

LE DÉBOISEMENT DANS LES DISTRICTS PÉRIPHÉRIQUES DE LA COMMUNE URBAINE DE MALI, DE 1980 À 2004

Par

DIALLO[1] Mamadou Daï, DAILLO[1] Mamadou Dian Gongorè, DIALLO[2] Mamadou Saïdou, BARRY[2] Mamadou Samba, TOURE[3] Ibrahima Chérif & SY[3] Mamadou Dian

1. Enseignants-chercheurs au Centre universitaire de Labé, République de Guinée.
2. Département de biologie, Faculté des Sciences de la Nature, Université Julius Nyerere de Kankan, B.P. : 209, Kankan, République de Guinée.
3. Enseignants au Lycée de Mali.

Résumé : Cet article identifie et évalue les problèmes liés aux impacts environnementaux de la déforestation des zones périurbaines de la commune de Mali. L'évaluation a porté sur la recherche documentaire, des entretiens individuels et de groupes ainsi que des observations sur le terrain. La méthode utilisée a été l'évaluation environnementale stratégique, pour déterminer les causes et les conséquences de la déforestation dans les districts périphériques de la commune urbaine de Mali, de la période 1980 à 2004. L'évaluation a porté sur la recherche documentaire, des entretiens individuels et de groupes ainsi que des observations de terrain. Les résultats dénotent que les activités anthropiques (coupe abusive, feux de brousse, chasse et exploitation de carrières) ont favorisé la dégradation de l'environnement à travers la perturbation du régime pluviométrique, la réduction des potentialités du milieu naturel. Sur une superficie de 574 km^2, il ressort que 228 km^2 dénudés par la déforestation, 70 km^2 par les carrières de sable ou d'argile et 90 km^2 sont réduits en « *bowés* », soit une superficie totale de 388 km^2, dégradée et impropre aux cultures.

Mots-clés : Évaluation environnementale stratégique, écosystème, déforestation, superficie, carrières.

Summary

This article identifies and assesses the problems related to the environmental impacts of deforestation of periurban areas of the municipality of Mali. The evaluation focuses on a literature review interviews and focus groups as well as field observations. The method used was the strategic environmental assessment to determine the causes and consequences of deforestation in the peripheral districts of the urban commune of Mali in the period 1980 to 2004. The evaluation focused on documentary research individual and group interviews and field observations. The results suggest that anthropogenic activities (excessive cutting fires hunting and exploitation of quarries) have promotes environmental degradation through the disruption of rainfall pattern the reduction potentials of the natural environment. An area of 574 km^2 it appears that 228 km^2 denudes by deforestation 70 km^2 by quarries sand or clay and 90 km^2 are reduced to quot, bowe sa total area of 388 km^2 degraded and unsuitable for crops.

Key words: Strategic environmental assessment, ecosystem, deforestation, area, careers.

I. Introduction

L'Homme, à travers l'exploitation forestière, a provoqué un épineux problème sur l'environnement (disparition de certaines espèces animale et végétale, pollution des eaux, du sol et de l'air). L'objectif principal de cette recherche est d'identifier et évaluer les problèmes liés aux impacts environnementaux de la déforestation des zones périurbaines de la commune de Mali en vue d'une gestion concertée.

La foresterie dans les zones périurbaines de Mali est confrontée à des problèmes de gestion dus en partie à la rapidité de son développement. Parmi les principales contraintes identifiées figurent le manque de compétences techniques adéquates, la disponibilité limitée d'essences adaptées, le manque d'eau suite au changement climatique.

Le taux accéléré de croissance démographique, l'urbanisation et le défrichement des terres au profit de l'agriculture ont entraîné le déboisement et la dégradation des écosystèmes. Les besoins en bois de construction ont entraîné la dégradation des écosystèmes à travers leur surexploitation et leur transformation en vergers et en terres agricoles.

De la sorte, leur taux de reboisement est plusieurs fois inférieur à celui du défrichement. En conséquence, depuis 1982, les écosystèmes des zones périurbaines de la commune ont été fortement réduits.

II. Méthodologie

La méthodologie utilisée a consisté essentiellement en une recherche documentaire, des travaux de terrain et de l'évaluation environnementale stratégique. À ce titre, nous avons réalisé des enquêtes et des observations dans les différents districts situés autour du centre-ville de Mali, selon la méthode d'APEIR (Agent moteur Personne Responsable de Pression sur l'Environnement) qui a été utilisée. Il s'agit des pressions (rythme de dégradation de l'environnement), de l'état du milieu (modification du milieu due aux pressions), de l'impact (origine des réactions sociales, prise de conscience, tensions, plaintes), et des réactions en réponse aux impacts.

III. Résultats

Les enquêtes de terrain ont révélé l'existence de quatre sources principales de déforestation dans les districts périphériques de Mali.

3.1. Le séchage du maïs et la coupe du bois d'œuvre

Cette pratique a toujours été utilisée comme moyen sûr pour une conservation durable du maïs dont la maturité coïncide avec les grandes pluies. Elle demande une quantité importante de bois pour un séchage effectif. La coupe de bois d'œuvre qui s'effectuait avec la hache est maintenant remplacée par les tronçonneuses. Les grands arbres sont abattus pour en faire des madriers. Ces arbres détruisent tout sur leur passage en tombant.

3.2. L'introduction de la culture de la pomme de terre

C'est en juin 1922 que les premières semences de pomme de terre ont été importées par MUTERERE en vue d'une expérimentation sur le plateau, compte tenu de son climat spécial. La production fut importante, mais la population hésita à la pratique de cette culture importée de la France qu'elle considère comme « porte-malheur ».

Alors, discrètement, les populations se contentèrent des tubercules locaux (taro, patate douce, manioc et igname). C'est en 1965, après une large sensibilisation par l'ancien chef de canton et le département en charge de l'agriculture que la démystification a eu lieu et la culture de la pomme de terre a démarré dans les tapades du centre pour se développer par la suite dans les villages de Dheppal, Koumba, Bhoundou Hollandé, Djimmé, Sopari, Dandja, Kouligaya, et autres. Après quelques années de rupture, cette culture fut réellement reprise. Malheureusement, la population a considéré à tort que les places des forêts détruites étaient les seules terres propices à cette culture. *Il fallait alors détruire une grande superficie de forêt avec un rendement plus ou moins considérable et cela pour une seule année de culture,* rapporte M. Ousmane Dieng, 58 ans, maire de la commune urbaine de Mali. M. Ibrahima Sory Souaré, 65 ans, instituteur en retraite à Mali, Missidé, président de la Chambre d'agriculture, confirme cette déclaration en soulignant que *pour avoir un bon rendement, il faut détruire la forêt la plus dense*. C'est ainsi que dans la commune de Mali, 70 à 80 % des galeries forestières ont été détruites à des fins de cultures de pomme de terre.

Tableau 1 : Quelques forêts détruites dans les districts périphériques de la commune urbaine de Mali

N°	Noms des forêts	Superficie exploitable	Superficie exploitée	Année de destruction	État actuel	Observ
1	Laggordé	25 km^2	25 km^2	1974	disparue	
2	Goubha	15 km^2	13 km^2	1969	dégradée	
3	Woumbawol	10 km^2	8 km^2	1981	dégradée	
4	Yombhi	18 km^2	18 km^2	1986	disparue	
5	Gobiré	16 km^2	16 km^2	1979	disparue	
6	Djoolol Gobi	15 km^2	15 km^2	1975	disparue	
7	Gaydhé Guié	20 km^2	18 km^2	1968	dégradée	
8	N'guidou	10 km^2	8 km^2	1980	dégradée	
9	Silikiri	10 km^2	10 km^2	1974	dégradée	
10	Kayanndé	10 km^2	7 km^2	1972	dégradée	
11	Gonkou	20 km^2	14 km^2	1970	dégradée	
12	Loura	16 km^2	6 km^2	1996	dégradée	
13	Nyangui	20 km^2	20 km^2	1978	disparue	
14	Djankilati	10 km^2	7 km^2	1968	dégradée	
15	Bhöölöl	12 km^2	8 km^2	1968	dégradée	
16	Kénéguiligui	12 km^2	9 km^2	1970	dégradée	
10	Kayanndé	10 km^2	7 km^2	1972	dégradée	
	Total	239	202			37 km^2 d'écart

3.3. Extension des champs sur brûlis

Aux alentours du centre-ville de Mali, la technique de culture sur brûlis, largement utilisée dégrade les sols à grande échelle. À l'approche des pluies, les paysans effectuent des défrichements et brûlages incontrôlés de la végétation sur des grandes superficies pour une à deux années de culture notamment de fonio.

Cette technique est pratiquée conjointement avec le système de jachère dont la période devient de moins en moins longue, car si avant, il fallait abandonner la parcelle pendant 12 à 15 ans, maintenant, on est obligé de revenir sur la même parcelle par manque de terre cultivable après 5 à 7 ans au plus.

3.4. Exploitation des carrières

Les populations locales se sont investies dans cette activité afin de se procurer plus facilement de l'argent pour subvenir à leurs besoins. Toutefois, cette activité est l'une des causes les plus importantes de la dégradation des sols dans les districts périphériques de la commune de Mali, suite à la coupe abusive du bois vert, des excavations, l'usage irrationnel de l'eau et de la terre.

3.4.1. Les carrières de briques de Mali-Missédé et Koumba

L'investigation dans les villages de Mali-Missédé et Koumba a permis de répertorier 82 fours à briques. L'évaluation estime que 435,89 m^3 d'eau et 380 m^3 de terre sont utilisés. La quantité de bois coupé de novembre 2006 à avril 2007 est estimée à 108 tonnes. Dans ces deux sites, travaillent 60 personnes répartis en 5 groupes, soit 3 à 26 personnes par équipes.

3.4.2. Carrières de sable de N'dologalwel, Yombhi et Marsenté

On a dénombré 222 ouvriers dans ces différentes carrières de sable pour 55 chargements transportés par des camions de 4 à 12 tonnes de capacité pour un prix variable à la carrière de 800 000 francs guinéens à 1 500 000 francs guinéens. Comparativement au volume du travail et au coût de la vie, le revenu est faible.

Tableau 2 : Liste des carrières identifiées

N°	Nom des carrières	Superficie exploitable	Superficie exploitée	Année d'ouverture	Nature	État actuel
1	Mali Missidé	25 km^2	17 km^2	1980	Briques	En exploitation
2	Koumba	15 km^2	8 km^2	1982	Briques	En exploitation
3	Koumba	18 km^2	8 km^2	1978	Briques	Fermé
4	Koumba	2 km^2	2 km^2	1976	Kaolin	En exploitation
5	N'dologawel	20 km^2	20 km^2	1920	Sable	En exploitation
6	Marsenté	4 km^2	4 km^2	1962	Sable	En exploitation
7	Yombhi	3 km^2	3 km^2	2000	Sable	En exploitation
8	Karé	4 km^2	4 km^2	1973	Kaolin	En exploitation

Toutes ces carrières sont à ciel ouvert. Les excavations suite à l'exploitation sont abandonnées, constituant ainsi un véritable danger et difficiles à restaurer. En outre, pour le transport du matériau, des arbres sont abattus pour faciliter l'accès aux carrières.

3.5. Impacts environnementaux

Toutes ces activités modifient plus ou moins profondément le fonctionnement des écosystèmes ou l'état de certains éléments de l'environnement. La déforestation et l'exploitation des carrières, ont entraîné dans les districts périphériques de la commune urbaine de Mali de sérieuses perturbations hydriques, thermiques et écologiques.

3.5.1. Impact sur la flore

Jadis, les communautés percevaient les forêts comme un don providentiel à respecter. À ce titre, certaines d'entre elles étaient considérées comme hantées : *Fitaare* en poular avait une signification comme : fi = « *fiimeen* » (pour nous) ; taa = « *taarodhen* » (contournons) ; re = « *reenodhen* » (évitons) ou plus exactement « méfions-nous-en ». *Fitaare* était considéré comme « l'habitat des diables », des fauves ou des gros serpents, bref un milieu qui imprimait un climat spécial et une frayeur spécifique.

Actuellement, de par les activités anthropiques, ce mystère a disparu. La surpopulation a entraîné la croissance géométrique des besoins, tels que les besoins en terres de culture et l'expansion des agglomérations. Ainsi, les collines autrefois vertes sont maintenant nues ; il n'y reste que des roches et des ravins. Les sources d'eau qui étaient intarissables ont pratiquement disparu. Aussi avec la rareté des plantes fourragères, les troupeaux n'ayant d'autre choix font recours au fruit du « Koura » (*Parinari excelsa Sabine)* comme aliment de base. Ce type de fruit entraîne leur amaigrissement vers la fin de la saison sèche. Aussi l'arbre même est menacé de disparition. Après la raréfaction des îlots forestiers, les paysans ont estimé que les sols sous les *Parinari excelsa Sabine* étaient plus propices à la culture de la pomme de terre. Ainsi, ils ont presque fini d'abattre cette essence dont les fruits et l'amande sont pourtant comestibles, l'écorce et les feuilles utilisées à des fins thérapeutiques. La déforestation a provoqué une perturbation du régime des cours d'eau de N'guidouwol, Koumbawol, Tantouwol, Lakatawol, Morondowol, Mangol, Tatiwol et leurs affluents.

Par ailleurs la déforestation entraîne actuellement une extermination progressive de l'espèce de plante (« kourawongolo »), qui est très importante à cause de ses vertus en médecine traditionnelle Elle est exportée anarchiquement vers le Sénégal où existent des représentants des sociétés européennes qui la collectent.

3.5.2. Impact sur la faune

Dans les districts périphériques du centre-ville de Mali, l'Homme a considérablement influencé la diversité faunique par les dégâts causés à son habitat à travers la déforestation. Les espèces fauniques (singes, chimpanzés, cynocéphales, lapins, céphalophes, etc.) sont exposées aux incidences potentielles. Il en est de même de la faune aviaire (perdrix, éperviers, perroquets). Les espèces ayant échappé à ces incidences ont migré par manque d'eau et de nourritures. De nos jours, *trouver un gibier à l'orée du village, appartient à l'histoire pour les générations montantes,* souligne un ex-chasseur.

3.5.3. Impact sur le sol

La disparition du couvert végétal a exposé le sol aux intempéries naturelles. L'érosion a drainé la terre riche vers les bassins, ayant pour conséquence la disparition de certains points d'eau. Ainsi, toute la couche arable de cette région est lessivée pour laisser en place des effleurements rocheux. Selon M. Ousmane Dieng, 54 ans : « *Je me rappelle, il y a de cela 40 ans, on ne connaissait pas de puits à Mali car les rivières coulaient et les sources étaient abondantes ».* Aujourd'hui, les sources d'approvisionnement en eau potable dans la commune sont principalement les puits.

Graphique de l'évolution des données pluviométriques dans la préfecture de Mali de 1998 à 2004

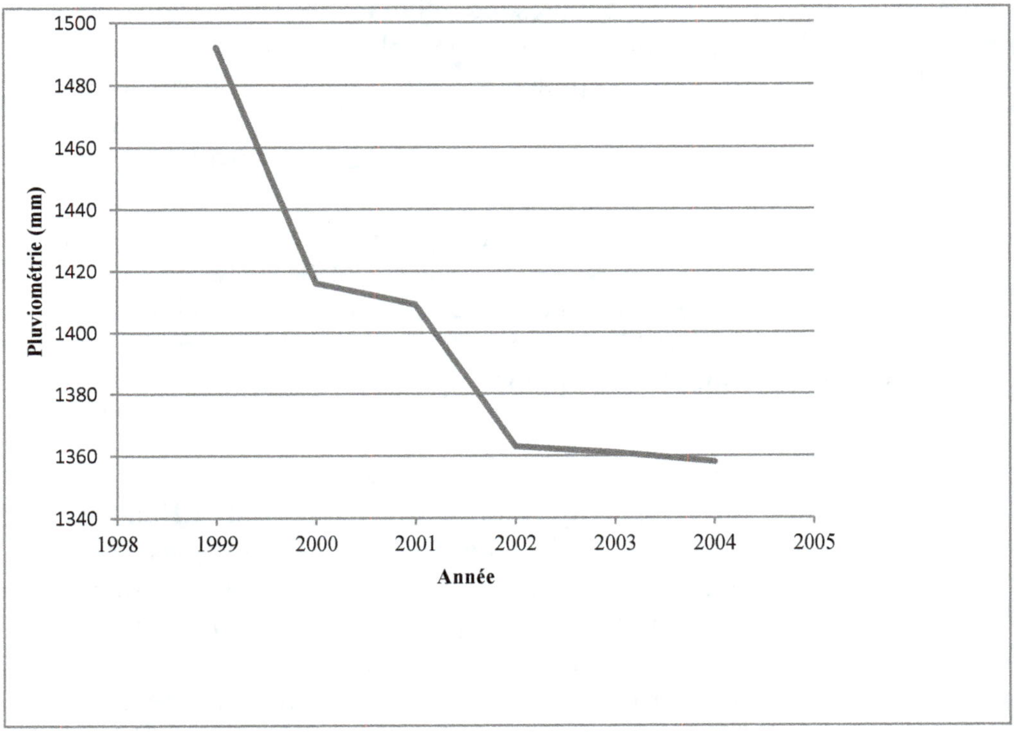

Dans la préfecture de Mali:

- de 1980 à 1987, on observe une légère décroissance de la quantité de pluies de 2061 mm. Cependant, si nous considérons les « écarts » entre le minimum et le maximum pour la même période, on a les valeurs suivantes : 206,1 mm ;
- de 1988 à 1992, une chute pluviométrique a été aussi enregistrée. de pluies. Les écarts entre le minimum et le maximum sont de 200 mm ;

- de 1993 à 2004, la décroissance devient plus importante avec des écarts de 463 mm de pluie ;
- de 1980 à 1984, des importantes quantités de pluies ont été enregistrées, soit : 2 486 à 2 402 mm.
- Selon El Hadj Ciré Dieng, 89 ans, notable à Mali : *Jadis, la pluviométrie était régulière, abondante jusqu'à sept mois de pluies. Elle favorisait surtout une production culturale très abondante.* M. Lamarana Diallo, 57 ans, affirme que *vers les années 60, la pluie pouvait tomber une semaine de suite sans interruption à Mali et les femmes pilaient dans les cases. À l'époque, une foire préfectorale était célébrée tous les premiers mai qui coïncidaient aux premières pluies à Mali. En ce temps, les agneaux, les cabris et les veaux cohabitaient avec les personnes dans les cases qu'on chauffait par le feu de ménages.*

El Hadj Ibrahima Barry, 85 ans, notable à Mali déclare : Quand nous étions enfants, il y avait des points d'eau aux alentours de toutes les collines qui étaient couvertes par des forêts verdoyantes et denses. Avec le déboisement, ces points d'eau d'une fraîcheur agréable ont disparu et été remplacés par la pénurie d'eau. Selon Hadj Ibrahima Barry : Plusieurs races d'espèces animales et plusieurs variétés d'espèces végétales (sauvages ou domestiques) servaient d'alicaments et près de 90 % des maladies étaient traitées par la médecine traditionnelle.

Pendant 25 ans, une diminution pluviométrique moyenne de 1 128 mm a été observée. C'est une menace qui pèse sur l'environnement biophysique des districts périphériques de la commune de Mali.

De 1980 à 2004, un écart moyen de température de l'ordre de 6,37 °C a été observé à Mali. La commune urbaine de Mali a perdu son microclimat d'antan. Ousmane Dieng, enseignant, 59 ans, souligne : À l'époque, les élèves réchauffaient leurs mains avec des cailloux passés au feu pour pouvoir écrire en classe. Mais présentement, en plus de l'élévation de la température surtout à l'approche des premières pluies, les moustiques envahissent la zone.

Dans le cadre de la protection de la biodiversité, les multiples activités menées par les communautés sont généralement vouées à l'échec. On y note une insuffisance de l'implication de l'État et la violation de l'article 9 de la Convention sur la biodiversité. Plusieurs activités menées par la population ne tiennent pas compte de la gestion des espèces animales et végétales (violation des articles 49 et 56 du Code guinéen de la protection de la faune et du Code forestier). Les paysans détruisent la faune et la flore par le feu (Code guinéen de la protection de la faune et de la réglementation de la chasse). Les charbonniers et les menuisiers éliminent tous les grands arbres servant de paravent. Des sociétés nationales et étrangères, des groupements, des scieurs ou des coopératives, opèrent dans les différentes galeries forestières de la commune. Les forêts rizicoles sont déboisées, en violation de l'article 15 du Code forestier guinéen.

Concernant les activités agricoles, bien que la liste des polluants organiques persistants soit établie, par le ministère en charge du développement rural, ni la qualité, ni l'origine, ni la quantité d'engrais utilisés ne sont contrôlées. De nos jours, chaque paysan a le libre choix d'utiliser le type de produit chimique qu'il désire dans n'importe quelle activité culturale.

3.6. Quelques actions de protection

Parmi les structures impliquées dans la protection de l'environnement, on peut noter néanmoins, les ONG ARSAMA, PRADEL et INDIGOT qui organisent des campagnes de reboisements, des activités d'aménagement des plaines pour la culture de la pomme de terre et la participation à la clôture grillagée de certaines tapades. Aussi, le PACV, en plus des aménagements des plaines pour l'exploitant des carrières, a interdit l'utilisation des briques cuites dans la construction des infrastructures communautaires (écoles, centre de santé). À propos, l'on pourrait ajouter des stratégies orientées sur deux axes :

3.6.1. La participation communautaire

La gestion durable des ressources naturelles, nécessite une implication efficace des utilisateurs de ces ressources. Une sensibilisation de la population pour les amener à une prise de conscience sur la fragilité de leur environnement, sur les causes de la dégradation, les alternatives et l'importance de restaurer les zones dénudées, les motiverait davantage à la mobilisation et à la prise des décisions concertées sur la gestion du patrimoine commun. Pour ce faire, il convient de développer des activités incitatives telles que l'affectation des fonds pour soutenir d'autres activités rémunératrices. Cette stratégie vise à :

- susciter une prise de conscience de toutes les communautés villageoises sur les déséquilibres actuels ;
- susciter leurs engagements et leurs innovations pour la conception et la mise en œuvre des actions d'aménagement et de gestion durable des ressources de leur terroir ;
- mettre en place une cellule de formation et d'encadrement technique chargé de coordonner les actions et faire assumer pleinement les responsabilités et l'engagement des communautés ;
- identifier les contraintes et les potentialités du milieu ;
- promouvoir et développer avec les populations locales des mesures favorisant la combinaison de réglementations souples axées sur les normes et les incitations économiques pour une exploitation rationnelle de ressources naturelles ;
- impliquer les femmes aux différentes étapes de conception, de décision, et de réalisation des programmes villageoises ;
- considérer les groupements d'intérêts économiques (saponification, teinture, jardinage, élevages…) comme des points d'appui efficaces aux services des plans d'action en faveur de la protection de l'environnement ;
- soutenir le PACV dans sa démarche.

3.6.2. La préservation de la biodiversité

Il s'agit de :

- restaurer et protéger les têtes des sources, les forêts rizicoles et les anciennes carrières ;
- utiliser le séchage solaire du maïs ou les arbres secs ;
- instaurer la technique de fabrication des briques à terre stabilisée (BTS) ;
- initier et promouvoir le reboisement des *bowés* par des essences locales (*Parkia biglobosa, Khaya senegalensis*, etc.) ;
- respecter les textes de lois qui régissent le Code de l'environnement ;
- éditer, traduire en langue locale pour la diffusion des textes.

3.7. Analyse globale du système de gestion

L'une des conséquences de l'explosion démographique dans les districts périphériques de la commune urbaine de Mali est la perte de ressources naturelles. L'ensemble des effets des pressions anthropiques s'est soldé par la réduction des différentes potentialités. À ce stade de gestion des ressources naturelles dans la commune et les districts périphériques de Mali, l'élaboration d'un cadre de développement participatif durable et intégré du terroir est indispensable. Cette démarche consiste en :

- la mise en valeur des ressources des différents écosystèmes ;
- l'organisation et la création d'un cadre socio-économique ;
- la mise en place des modes de gestion adaptés au milieu.

Pour répondre efficacement aux besoins des collectivités locales, cette sorte de Plan de Développement Local (PDL) doit satisfaire les principes de la participation communautaire, les perspectives, la planification, la souplesse et l'amélioration des capacités.

Conclusion

Les districts périurbains de la commune de Mali présentent des écosystèmes riches et variés. Cependant, la végétation, jadis diversifiée, reste de nos jours largement menacée par les activités anthropiques (feux de brousse, déboisement abusif, exploitation des carrières, etc.). Ces activités affectent également la faune. La menace des forêts, des plantes fourragères a compromis fortement la fertilité des sols fragiles et le régime hydrographique de la zone.

À cet égard, pour la préservation de la biodiversité de la commune, nous recommandons :

- une meilleure gestion des ressources disponibles ;
- une définition de mesures d'atténuations des impacts qui portent préjudice à l'environnement ;
- la conservation des écosystèmes aquatiques, les galeries forestières, eu égard à leur biodiversité et leur importance socioculturelle ;
- la lutte contre la paupérisation des paysans ;
- la création d'activités génératrices de revenus hors secteurs agricoles.

Références bibliographiques

Amarlic et M., P. 1996. *Techniques traditionnelles de conservation de l'eau et des sols en Afrique.*

Aubertin et Vivier. 1993. Rapport de la Banque mondiale sur l'extinction de masse.

Camara A.S. *et al*. 2007. *Évaluation des impacts environnementaux des carrières dans la commune urbaine de Kankan.*

Cenneth-Peddington. 1999. *Manuel d'évaluation environnementale.*

Code de la protection et de mise en valeur de l'environnement en Guinée. 1989.

DIALLO M. D., 2005. Cours de chimie de l'environnement, Université Julius NYERERE de Kankan.

Gautier S.P.Y et Sachis I., 1976. *L'Homme et son environnement.* Encyclopédie Savoir moderne CEPL. 538 pages.

Identification, hiérarchisation des pressions humaines et analyse de la durabilité des systèmes d'exploitation des ressources de la biodiversité en Haute-Guinée (2002).

Mouloukou A. *et al.*, 2005. *Nécessité de la cogestion des ressources naturelles du district de Damouyah, CRD de Bangouyah, préfecture de Kindia.*

Orlando B., 2008. Rapport sur le développement du monde.

PCGES : Plan Cadre de Gestion Environnementale et Sociale en Guinée.

Pinter T.M. 1991. *Approche pour une meilleure utilisation des ressources naturelles et agricole en Afrique de l'Ouest.* CARE Rapport technique n° 3.

Ramade F., 1993. *Élément d'écologie.*

Renard J. F. B., 1991. *Relation communauté ressources naturelles – corrélation Homme et la Nature. Revue Biodiversité* n° 11.

RNOM. 2008. Rapport national sur les objectifs du millénaire.

Sablonnier B., 2003. « Technologie alimentaire » Résumé de cours.

SYLLA O., 2005. *Étude d'impact environnementale des travaux d'exploitation minière de Kinièro.*

UEMOA. 2005. É*tude environnementale de la Guinée.*

SURFACES BRÛLÉES PAR IMAGERIE MODIS : APPLICATION AUX SAVANES GUINÉENNES

Par
BARRY [1] Mamadou Baïllo, BALDE[2] Mamadou Lamarana, MILLIMONO[1] T. N., DIABY[2] Idrissa, DIALLO[1] D.

1. Institut supérieur des Sciences de l'Éducation de Guinée.
2. Faculté des Sciences, Département de physique, Université Gamal Abdel Nasser de Conakry.

Résumé : Les feux de brousse constituent une menace récurrente des écosystèmes guinéens. De nombreuses difficultés liées à leur gestion se justifient par l'utilisation de méthodes assez limitées pour leur suivi. Cet article présente les possibilités offertes par l'imagerie satellitaire pour la cartographie des traces de feux à grande échelle. Les données MODIS (Burned Area) des surfaces brûlées ont permis de cartographier et d'estimer les surfaces brûlées pour la période 2009-2010. Les résultats obtenus indiquent que 2,6 millions d'ha (avec 1,108 million d'ha seulement pour le mois de décembre 2009), soit environ 10,59 % de la superficie du pays, ont été brûlés. Ce qui montre l'ampleur de la dégradation de la végétation et des sols causés par les feux en Guinée.

Mots-clés : Détection, cartographie, estimation, surfaces brûlées, MODIS.

Absract: Bush fires are recurring threat guinean ecosystems. Many difficulties in their management are justified by the use of methods for fairly limited monitoring. This paper presents the possibilities of satellite imagery for mapping traces of large-scale fires.

MODIS (Burned Area) burned surfaces data were used to map and estimate the burned areas for the periods 2009-2010. According to statistics, 2,6 millions ha (1,108,000 ha with only for the month of December 2009) are approximately 10,59 % of the land area has been burned. These results thus show the extent of degradation of vegetation and soil caused by fires in Guinea.

Key words: Detection, mapping, estimation, surfaces burned, MODIS.

Introduction

La cartographie des surfaces brûlées ou traces de feux est un maillon essentiel dans la gestion des incendies de forêts. Son importance réside surtout dans l'inventaire des dégâts. Ce qui facilite la mise en place d'un programme de réhabilitation des zones touchées par les feux.

Les feux produisent différents types de signaux qui sont facilement observés dans l'espace (Robinson, 1991). L'observation montre que, selon les conditions météorologiques de l'année et du jour de brûlis et selon diverses conditions locales (topographie, état de développement de la végétation, etc.), la combustion peut être plus ou moins intense et complète.

Les incidences des feux sur la végétation font l'objet d'un débat contradictoire (MBOW 2000). En effet, si certains auteurs pensent que les feux sont utiles pour l'aménagement des savanes (Dupuy, 1968 et Jeffrey, 1969), d'autres comme Pilot (1969), Trabaud (1987), Whela (1995) montrent leur rôle dégradant sur la végétation et la biodiversité. Cette contradiction prouve réellement que nos connaissances sur les effets exacts des feux sont très limitées et que des recherches doivent être menées dans ce cadre pour une bonne gestion des feux.

La Guinée, à l'instar des autres pays de savanes, sous la menace récurrente des feux de brousse, a mis en place depuis 2009 une politique de gestion des feux en organisant des campagnes de sensibilisation des populations à travers les radios rurales sur leurs effets néfastes.

Malgré les efforts fournis par des chercheurs guinéens et étrangers sur les feux actifs, beaucoup de questions restent encore d'actualité sur leurs impacts réels. Néanmoins, ces études ont permis d'avoir des informations importantes sur les causes et les conséquences des feux (BCTT 1995, Racine KANE 1995, GEF/BFS novembre 2006). Les méthodes de discrimination des feux actifs, des traces de feux avec les outils de la télédétection et des SIG ont permis d'avoir une analyse d'approche de la gestion de ces feux. Une étude menée par Nicolas en 2009 a porté sur l'évolution spatio-temporelle des feux actifs en utilisant des données MODIS, et la détermination des surfaces brûlées a été l'une de ses perspectives.

Toutes ces études n'ont pas permis de faire une estimation de l'étendue des surfaces brûlées en Guinée bien qu'en 1995, Racine KANE l'avait tenté mais avec une zone d'étude peu représentative par rapport à l'étendue du territoire guinéen.

L'estimation des surfaces brûlées constitue l'un des facteurs qui témoignent le plus des méfaits des feux de brousse sur la végétation. Ce travail s'appuiera particulièrement sur cet aspect. Les techniques traditionnelles utilisées sont toutes confrontées à des insuffisances qui font que les statistiques qu'elles fournissent sont peu fiables pour les études scientifiques. Ces méthodes traditionnelles de suivi des feux sont limitées par un double problème de résolution :

– la résolution temporelle (caractère éphémère du feu et de ses traces) ;

– la résolution spatiale, du fait de la taille des superficies brûlées (Cheikh MBOW, 1997).

L'utilisation de données de télédétection s'avère donc incontournable pour des études de ce genre, vu les précisions qu'elles apportent surtout pour des zones difficiles d'accès.

1. Contexte de l'étude

La zone faisant l'objet de cette étude (République de Guinée) est située au sud-ouest de l'Afrique occidentale, elle est comprise entre 7° 05'' et 12° 51'' de latitude nord et de 7° 30'' et 15° 10'' de longitude ouest, à mi-chemin de l'équateur et du tropique du Cancer. Elle couvre une superficie de 245 857 km^2. C'est un pays côtier avec 300 km de littoral atlantique ouest et un relief varié allant des plaines du littoral à basse altitude aux zones montagneuses de l'intérieur du pays atteignant dans certains endroits une altitude de plus de 1 500 m. La Guinée est limitée par la Guinée-Bissau à l'ouest (386 km de frontières), le Sénégal au nord (330 km), du Mali au nord (858 km) et nord-est, par la Côte d'Ivoire à l'Est (610 km), le Liberia (563 km) et la Sierra Leone (652 km) au sud et par l'océan Atlantique à l'ouest. Sur le plan administratif, la Guinée est découpée en 7 régions en dehors de la ville de Conakry qui constitue une zone spéciale avec 5 communes.

2. Matériels et méthode

2.1. Images MODIS Burned Area

Pour accomplir ce travail, nous avons utilisé des données satellitaires MODIS téléchargées depuis l'adresse FTP de l'Université de Maryland et des cartes vectorielles de la Guinée.

- Les données MODIS sont des données mensuelles de surfaces brûlées déjà prétraitées par la NASA, disponibles en format tif.GZ qui est format tif compressé ; elles sont présentées à l'échelle régionale. Notre zone d'étude se trouve dans la fenêtre 9 qui couvre la majeure partie de l'Afrique de l'Ouest et quelques pays de l'Afrique du Nord.

2.2. Principe de sélection des pixels de feux

Les pixels ont été sélectionnés sur la base de l'algorithme de Boschetti *et al.*, (2013).

Les surfaces brûlées sont caractérisées par un dépôt de cendre et de charbon qui fait décroître brusquement la réflectance, facilement remarquable dans le moyen infrarouge. L'algorithme est basé sur un modèle BRDF (Bidirectional Reflectance Difusion Function) qui s'appuie sur ces brusques baisses de réflectance après le passage des feux dans les bandes 2 et 5 correspondant au moyen infrarouge par rapport à la bande 7 qui est moins sensible à ces changements.

Après la sélection des pixels candidats, l'algorithme utilise des contraintes plus sévères pour éviter de confondre les zones brûlées avec les zones très humides et les surfaces d'eau qui ont des réponses spectrales très similaires la journée vu que les heures de passage du satellite sur la zone d'étude correspondent à des heures de plein soleil.

2.3. Mise en œuvre de la méthode

2.3.1. Outils

Pour le prétraitement et le traitement des données, nous avons utilisé :

- un logiciel de tableur (Excel) pour faire les calculs et les représentations graphiques,
- et un logiciel de traitement des données décompressées (ARCGIS 9.3) ; le Arc-Gis est non seulement un logiciel très efficace pour le traitement de données satellites mais aussi un bon gestionnaire de base de données. Pour ce présent travail, des données MODIS surfaces

brûlées ont été traitées à l'aide de SIG Arc-GIS version 9.3 avec une résolution spatiale de 500 m.

2.3.2. Méthode de traitement des données

La mise en œuvre de la méthodologie décrite ci-haut s'est déroulée en plusieurs étapes :

– Une élimination de toutes les valeurs qui ne sont pas comprises entre 1 et 366 ;

– Un calcul des surfaces brûlées par mois à l'échelle nationale puis à l'échelle régionale ;

– Une vérification des résultats.

Donc, l'interprétation des résultats se fera par mois dans un premier temps pour la période couverte par l'étude pour tout le pays, puis elle se fera région par région.

3. Résultats et discussions

3.1. Résultats

Le traitement des 8 images de la saison sèche 2009-2010 nous a permis d'avoir des résultats sous forme de cartes pour chaque mois. La compilation de ces résultats a abouti à l'établissement de la carte des surfaces brûlées pour chaque année.

Carte 3.1. Surfaces brûlées pour la saison sèche 2009-2010

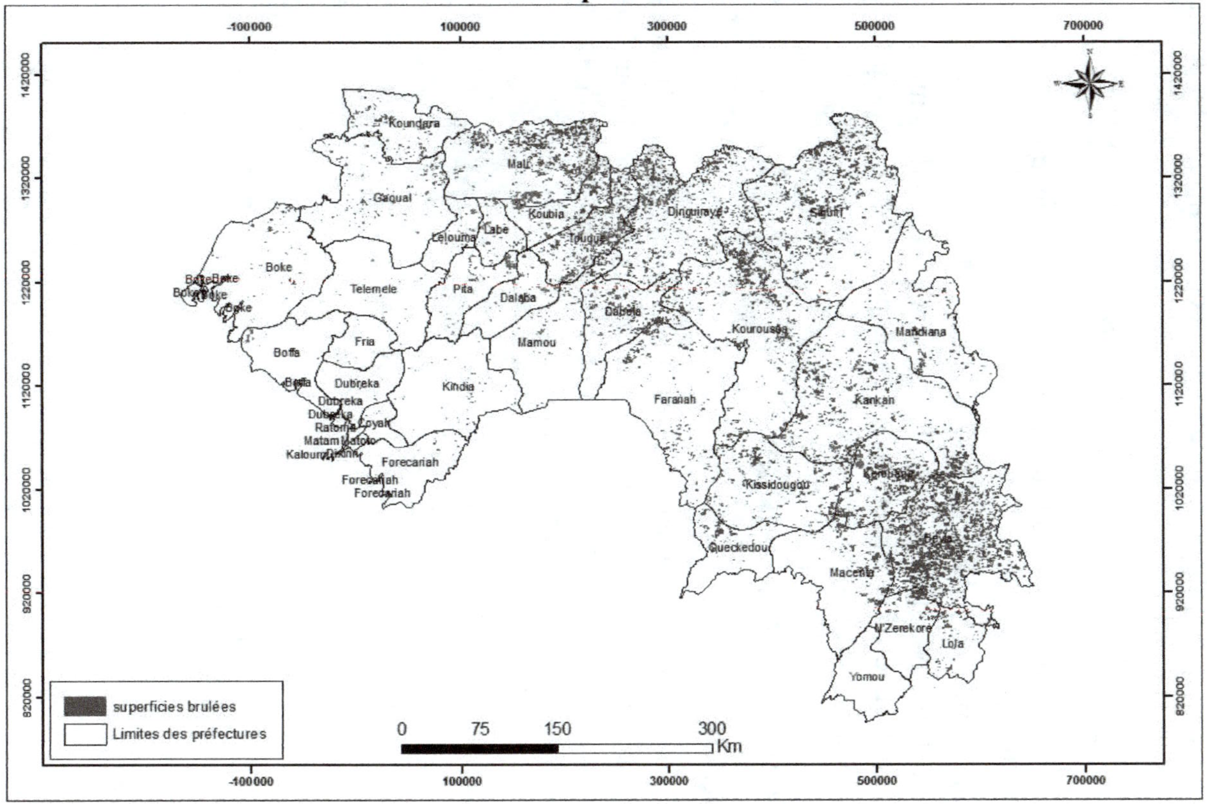

Tableau 3.1 – Répartition des surfaces brûlées en Guinée (2009-2010)

Mois	Surfaces brûlées (Km²)	Pourcentage
Oct._09	12,64	0,005 %
Nov._09	2 849,76	1,16 %
Déc._09	11 085,54	4,51 %
Janv._10	8 494,29	3,45 %
Fév._10	2 215,47	0,9 %
Mars_10	790,36	0,32 %
Avr._10	559,94	0,23 %
Mai_10	30,66	0,01 %
Total	**26 038,66**	**10,59** %

Le tableau 1 nous montre que durant la saison sèche 2009-2010, **26 038,66** km^2 ont été brûlées en Guinée soit 10,59 % de la superficie du pays. Nous remarquons également que durant cette année, le mois de décembre a enregistré les plus grandes étendues de surfaces brûlées 4,51 % et le mois d'octobre a enregistré la plus faible étendue, seulement 0,005 % (Figure 3.1).

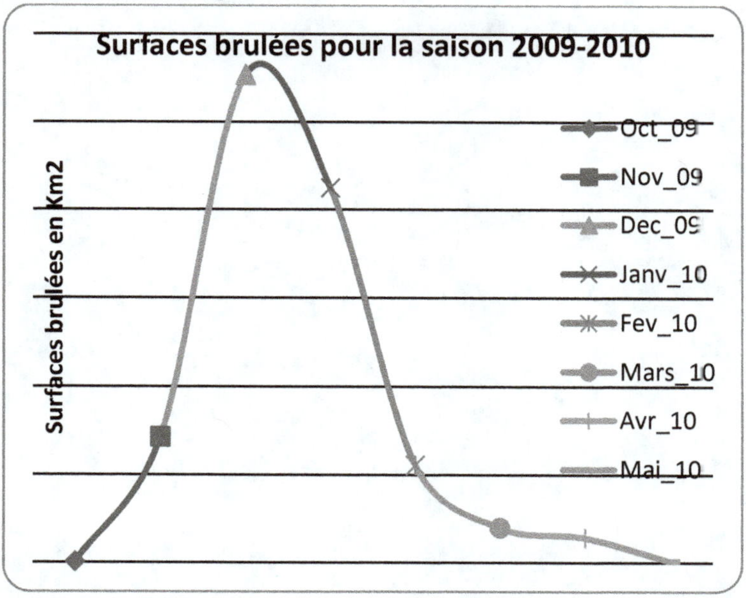

Source : données MODIS

Figure 3.1- Courbe de l'évolution de l'étendue des surfaces brûlées (2009-2010)

Estimation des surfaces brûlées par région

L'analyse de la répartition des surfaces brûlées par régions administratives montre de fortes occurrences des feux dans les régions de Kanank et Labé alors que celles de Kindia et Boké ont des occurrences faibles. En effet, la seule région de Kankan compte **3,75 %** sur les **10,59** qui ont été brûlées alors que la région de Kindia n'a enregistré que **0,10 %.**

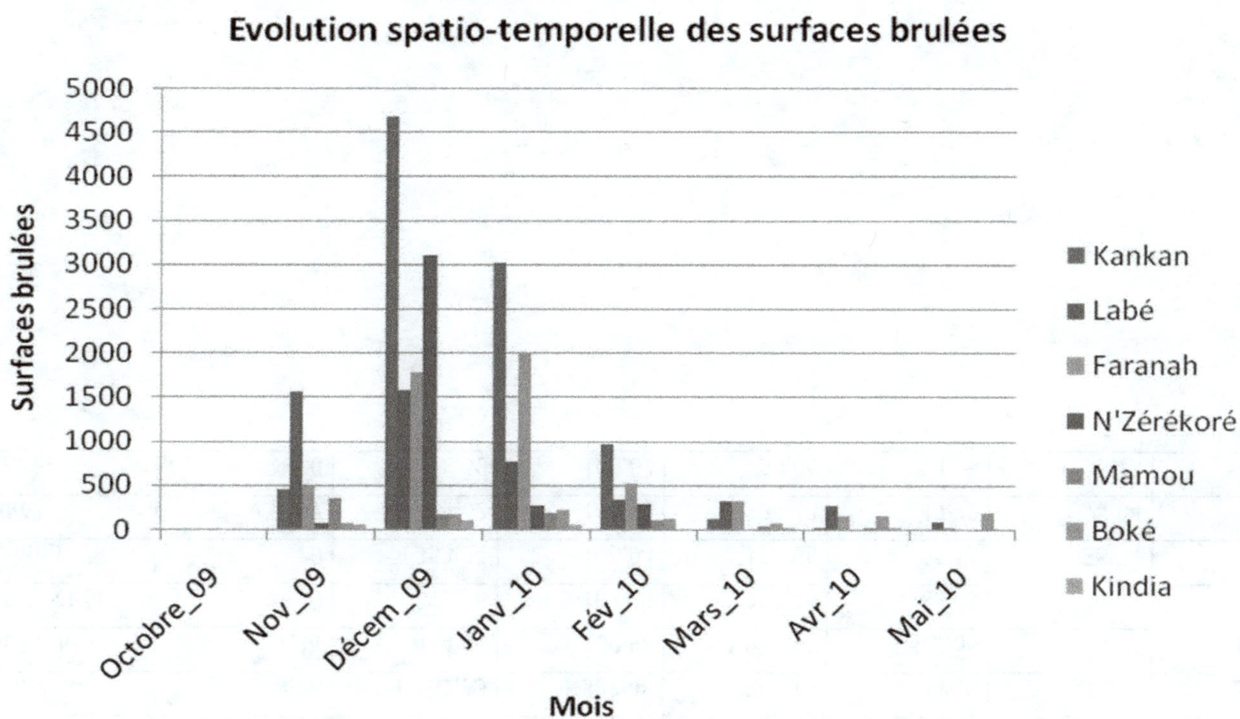

Figure 3.2-Évolution spatio-temporelle des surfaces brûlées pour la saison 2009-2010

Répartition des surfaces brûlées par région en Guinée (2009-2010)

Régions	Octobre_09	Nov._09	Décem._09	Janv._10	Fév._10	Mars_10	Avr._10	Mai_10
Kankan	1,35	448,52	**4 674,08**	**3 019,24**	**961,25**	109,08	12,1	2,88
Labé	**8,28**	**1 557,53**	1 582,48	767,15	341,8	**330,13**	**265,46**	96,99
Faranah	1,34	484,66	1 769,98	1 996,81	517,66	316,06	143,18	19,85
N'Nzérékoré	0	72,56	3 103,29	258,44	288,65	0	0	0
Mamou	0	353,24	166,94	174,68	95,15	35,71	9,95	0,32
Boké	1,97	64,62	174,39	224,43	117,39	74,04	152,1	**185,06**
Kindia	0	50	106,03	53,06	4,03	25,13	11,34	1,76

3.2. Discussions

Avant l'analyse des résultats, il paraît important de définir les significations des chiffres obtenus sur les répartitions des surfaces brûlées et des foyers de feux. En effet, ces chiffres obtenus sont issus des traitements d'images satellites MODIS. Donc leur signification est liée aux caractéristiques physiques de ce type d'imagerie, aux conditions de prises de vue et à la disponibilité des images.

L'avantage de l'utilisation des données MODIS réside dans leur haute résolution temporelle bien que leur résolution spatiale soit assujettie à des limites qui surestiment ou sous-estiment l'étendue des surfaces brûlées par endroits lorsqu'on ne s'intéresse pas à de grands espaces.

Les résultats de la présente étude montrent qu'il y a plus de feux précoces (Novembre, décembre, janvier) que de feux tardifs (Mars, avril, mai) en Guinée. Cela s'expliquerait par le fait que cette période correspond au début de la saison sèche et de l'harmattan qui favorisent la propagation des feux. Cette période est également choisie par les éleveurs pour brûler les savanes afin de favoriser la repousse des herbes avant la période de stress. Il ressort également que les régions les plus touchées par les feux sont celles de Kankan et Labé, cela est dû à l'abondance de la masse combustible dans ces régions mais aussi aux activités socio-économiques dont les acteurs ne maîtrisent pas à chaque fois les feux d'une part, et ces régions sont plus proches de la zone sahélienne d'autre part, du coup, sont plus vulnérables.

Dans le même ordre d'idée, on est parvenus à la conclusion que les régions de Boké et de Kindia ont été les moins touchées par les feux pour la période d'étude ; cela s'expliquerait par le fait que dans ces régions, les activités agricoles ne soient pas abondantes par rapport aux régions de Kankan et Labé d'une part, mais aussi leur éloignement de la zone sahélienne d'autre part. Il y a aussi que dans ces régions, les cultures se font surtout dans les bas-fonds.

En ce qui concerne les caractéristiques physiques des images, il faut noter que la taille d'un pixel (résolution spatiale) étant de 500 m, certaines surfaces brûlées dont la taille est nettement inférieure à celle du pixel sont invisibles pour le capteur.

Des images de plus bonne résolution spatiale (LANDSAT avec une résolution spatiale qui peut aller jusqu'à 15 m, par exemple) devraient permettre de faire des estimations beaucoup plus détaillées et avec plus de précision. Leur inconvénient est leur résolution temporelle (16 jours) mais permettrait de valider les résultats donnés par MODIS.

Quant aux conditions de prises de vue, elles tendent à minimiser les surfaces brûlées ; alors que pour la couverture de la zone d'étude, toutes les données que nous avons téléchargées étaient au complet, donc pas de problème de couverture de la zone d'étude par le satellite.

II faut cependant noter que malgré les limites liées à la résolution spatiale, les chiffres (surfaces brûlées) ne sont pas mis en cause car l'algorithme de traitement des données prend en compte toutes ces limites. Car même une utilisation d'images haute résolution telles que LANDSAT (15 m de résolution) serait toujours entravée de ces limites, bien qu'elles seraient moindres, mais pourrait nous donner des résultats plus détaillés et plus précis.

Conclusion

La détermination des surfaces brûlées par imagerie satellitaire serait un moyen efficace pour l'estimation du taux de dégradation du couvert végétal guinéen. Connaissant la superficie du territoire, de tels résultats nous permettraient de mieux redéfinir les superficies des forêts primaires et des forêts classées restantes, et expliquer les causes de la disparition de certaines espèces animales et végétales. De tels travaux aideraient des agronomes et agents forestiers à mieux redéfinir les stratégies de protection et de revalorisation des zones affectées.

Aussi, les résultats indiquent que le mois de décembre est le mois où il y a plus de surfaces brûlées suivi du mois de janvier alors que pendant le mois d'octobre, il y a moins de surfaces brûlées. Cette conclusion permettrait de bien orienter les campagnes de sensibilisation dans les zones rurales. En sélectionnant les polygones de plus grandes surfaces, pour une vérification des résultats, nous avons remarqué que les aires brûlées les plus vastes sont situées à Siguiri, Dinguiraye, Mali, Tougué, Koundara, Yomou et Beyla.

Références bibliographiques

Boschetti *et al.* *Collection 5 MODIS Burned Area product User Guide Version 2.0,* november 2009.

Boschetti *et al.* *Collection 5 MODIS Burned Area product User Guide Version 3.0.1*, may 2013.

Cheikh MBOW, *Rapport sur les feux de brousse au Sénégal, novembre 2003 et mars 2004.*
Check MBOW, *Étude des caractéristiques spatio-temporelles des feux de brousse et de leur relation avec la végétation dans le Parc National Niokolo Koba (Sud-est du Sénégal),* juillet 2000.
D.P. Roy, L. Boschetti, C.O. Justice, J. Jua ; *Remote Sensing of the Environment, 112 (2008), 3690-3707.*
DIEBRE ; *Cartographie des feux de brousse au Burkina Faso de l'année 2002 à l'aide d'images AVHRR de NOAA LAC,* mai 2006.
E.F. Vermote, N.Z. El Saleous and C.O. Justice, *Operational atmospheric correction of the MODIS data in the visible to middle infrared: "First results" Remote Sensing of Environment*, vol. *83*, p. *97-111*, 2002.
Eva H.D et al, 2003, *Suivi des feux de végétation dans les aires protégées d'Afrique subsaharienne : Apport des techniques spatiales et des données satellitales pour le suivi des feux en Afrique subsaharienne*, Commission européenne – Centre commun de recherche, EUR 20862 FR, 55 p.
Garcia *et al.*, 1997, *Detection of forest burning sites with NOAA-AVHHR. Trial of fozard method. In A Review of remote sensing methods form the study of large wildland fire. Megafires project* ENV-ct 96-0256. Chuvico, E (eds.), p. 32-42.
Grégoire *et al.*, 1993. *Dynamique de saturation du signal de la bande 3 du senseur AVHRR : Handicap majeur ou source d'information pour la surveillance de l'environnement en milieu soudano-guinéen d'Afrique de l'Ouest. In "International Journal of Remote Sensing",* 14(11) : 2079-2095.
Joachim et Collins, *Apport de trois méthodes de détection des surfaces brûlées par imagerie LANDSAT ETM+ : application au contact forêt-savane du Cameroun*, 20 octobre 2006.
Kennedy *et al.*, 1994, *An improved approach to fire monitoring in west Africa using AVRR data. In "International Journal of Remote Sensing".* (11), p. 2235-2255.
Lambin E., 1996. *Suivi par télédétection et modélisation des changements d'occupation du sol : exemples en Afrique. Groupes d'études interdisciplinaires sur les interactions population environnement – développement (GRIDEP)/ Département des sciences de la population et du développement/Université Catholique de Louvain (UCL)*. Document de travail n° 19.

Lucht W., & Lewis P. E. (2000). *Theoretical noise sensitivity of BRDF and albedo retrieval from the EOS-MODIS and MISR sensors with respect to angular sampling. International Journal of Remote Sensing,* 21, 81-98.

Louppe *et al.*, 1995. *Effet des feux de brousse sur la végétation. In* « Bois et forêts des tropiques », n° 245, p. 59-74.

Malingreau J.P. and Tucker C.J., 1987, *The contribution of AVHRR data for measuring and understanding global process.*

Momadou SOW, 2013. *Caractérisation du risque de feu de brousse dans les savanes du*
Sénégal par approche expérimentale et par télédétection.

Nicolas MILLIMONO, 2009, *Utilisation des données satellites MODIS pour la détection des feux de brousse en Guinée.*

Ozer A., 2005. *Introduction à la télédétection et spécialement à la photo interprétation.* Laboratoire de géomorphologie et de télédétection. Département de géographie/Université de Liège. 67 p.

Parnot, 1987. *Suivi diachronique des feux de brousse à l'aide des épreuves minutes LANDSAT. In Africa pixel, numéro* 1, p. 81-89.

P.J. Zarco-Tejada, C.A. Rueda and S.L. Ustin, *Water content estimation in vegetation with MODIS reflectance data and model inversion methods Remote Sensing of Environment*, vol. *85*, p. *109-124*, 2003.

Philippe Mayaux, P. Justice, C.O. and Lumbuenamo R.S., 2000, *Atelier de création du réseau GOFC-OSFAC en Afrique centrale.* Libreville, Gabon.

Racine KANE, 1995, *Suivi satellitaire des feux en Guinée et de l'impact des campagnes de sensibilisation de la radio rurale.*

Robinson J. M., (1991). *Fire from space: Global fire evaluation using infraredremote sensing. International Journal of Remote Sensing*, 12(1), 3-24.

Roy D.P., Boschetti L., 2009. *Southern Africa Validation of the MODIS, L3JRC, and*
GlobCarbon Burned-Area Products. IEEE Transactions on Geoscience an Remote Sensing
47, 1032-1044.

Roy D.P., Landmann T., 2005. *Characterizing the surface heterogeneity of fire effects using multi-temporl reflective wavelength data. International Journal of Remote Sensing* 26, 4197-4218.

Schaaf C. B., Gao F., Strahler A. H., Lucht W., Li, X., Tsang, T., *et al.* (2002). *First operational BRDF, Albedo and Nadir reflectance products from MODIS. Remote Sensing of Environment,* 83, 135-148.
Vermote E.F., El Saleous N.Z., & Justice, C.O. (2002). *Atmospheric correction of MODIS data in the visible to middle infrared: first results. (Special Issue of) Remote Sensing of Environment*, 83, 97-111.
W. Lucht and J.L. Roujean, *Consideration in parametric modeling of BRDF and albedo from multi-angular satellite sensor observations, Remote Sensing Reviews*, vol. *18*, p. *343-379*, 2000.

AGRO-BIODIVERSITÉ ET TYPOLOGIE DES SOLS DU TERROIR VILLAGEOIS DE TINTIOULENKÖRÖ, PRÉFECTURE DE KANKAN

Par
BALDE[1] Abdoulaye Kollet, YATTARA[2] Inamoud Ibny, BARRY[1] Mamadou Samba

1. Département de biologie, Université de Kankan-Guinée, Tél. : 00224622162697, email : kolletbalde50@gmail.com
2. Département de recherche de biologie, Faculté des Sciences des Techniques et des Technologies (FSTT) de Bamako.

RÉSUMÉ

L'objectif de cette recherche est de contribuer à produire des connaissances sur l'agro-biodiversité et sur la typologie des sols du terroir villageois de Tintioulenkörö, préfecture de Kankan, en République de Guinée. Ce village de 1 650 habitants dont 1 150 femmes est situé à 27 km au sud-est de la ville de Kankan, dans un triangle de production d'igname, formé par Tintioulen, Sabadou Baranama et Missamana. L'agriculture y est principalement centrée sur la production d'igname et de manioc.

La méthode utilisée est une approche qui s'inspire d'une perspective systémique. Elle s'appuie essentiellement sur la consultation documentaire suivie de diagnostic sur le terrain, à travers la lecture du paysage, les enquêtes sociologiques et la prospection pédologique. Ceci nous a permis d'aboutir aux résultats suivants :

D'après Barry et al (1999), sur le plan de l'agro-biodiversité, l'introduction de certaines variétés de cultures dans le village, a conduit à la disparition d'autres espèces locales de riz (Dannaka, Dosari, Gbilingbalan, Bafara, Balaoulen et Fosagbè), d'arachide (Sikassoka, Tiyagbènin, Gbaka), de maïs (Foula kabalengbè, Sagada). La pratique de la jachère dans le terroir se caractérise par le raccourcissement du temps de jachère (sa courte durée est de 8 à 15 ans).

Les nombreuses cultures pratiquées amènent les paysans à exploiter la diversité des situations édaphiques tant sur les plateaux que dans les bas-fonds. Les sols ferrallitiques de plateaux, avec 3 503,44 ha ou 93 % de la superficie totale, sont utilisés dans des systèmes de cultures itinérants basés sur la défriche-brûlis. Ces systèmes permettent de contrôler l'agressivité des adventices et contribuent à restaurer la fertilité des sols.

Les sols de bas-fonds, avec 28,25 ha ou 1 % de la superficie totale des domaines, sont aussi exploités pour les cultures maraîchères et la riziculture. Les *bowés*, couvrant 231,76 ha ou 6 % d'occupation, ne sont pas valorisés pour les cultures, mais constituent des espaces pastoraux où pousse de l'herbe pendant la saison des pluies. Sur les cuirasses de ces *bowés* s'accumule aussi de l'eau constituant des points d'abreuvement des animaux.

La connaissance de l'agro-biodiversité et la typologie des sols constituent des approches innovantes pour concevoir une stratégie d'utilisation rationnelle de la diversité biologique, comme mode d'adaptation et d'exploitation de la diversité des ressources locales (sols, plantes, cultures, microflore) et pour le développement d'une agriculture durable.

Mots-clefs : Agro-biodiversité, terroir villageois, environnement, typologie des sols.

ABSTRACT

This research is based in the agro biodiversity knowledge and the typology of the soils of the Tintioulenkörö village territory of the Kankan, prefecture, Republic of Guinea.

The objective of this study or research is to improve knowledge on the agro-biodiversity and the typology of the village of Tintioulenkörö.

To reach this aim, we have favoured an approach that inspires a systematic perspective or view. It bases essentially on documents consultations, followed by rapid diagnostic technics on in the field through visiting the landscape, the semi-structure interviews and the pedologic prospecting. This allowed us to reach these following results:

Concaming the agro-biodiversity, the traditional farming originated from Africa suchas: fonio, rice, yam, sorghum, Voandzou, niébé, have been maintained in the village with Tremendous ecotypes. The farming instead since the first contract with abroad likes cassava, maize or corn has been developed. And they became basic food and it's even difficult to dissociate them from the ancient African farming's.

The treme dous practiced faming bring the farmers or peasant to exploit or use the diversity of adapted situations are must used on plateaus than shallows. The plateaus fertilic soils, about 3 503,44 ha or 93 % of the total area surface is used in the systems of burn-off farming.

These system permits to control the agressivity of the adventices and contribute to restore the infertilize soils for its farming. The shallows, With 28, 25 ha or 1 % of the total area or surface of the domains are also used for market gardens or truck farming of the bowés that cover 231,76 ha or 6 % of the occupation isn't developed by these farming or cultures. They constitute the pastoral kinds where grow the grass during the raining seasons. Water also accumulate on the armour that constitute then drinking points for animals

This began study will bin the future made large to serve as durable exploit resources, exploitation base on the earth of Tintioulenkörö and then as reference of environnemental fallow-up.

Key Words: Agro-biodiversity, village territory, environnement, typology of the soils

Introduction

La majeure partie des populations d'Afrique vit dans les zones rurales. Néanmoins les systèmes agraires sont généralement faibles et peu productifs. Comme ils sont associés à des handicaps extérieurs, tels que l'incertitude climatique, les déformations de la politique économique et le changement des prix mondiaux, ces systèmes ont entravé la diminution des revenus dans les régions rurales, ce qui a conduit à la pauvreté.

La Guinée est un pays de l'Afrique de l'Ouest qui présente une diversité de milieux et de grandes potentialités agricoles. Elle est composée de quatre régions naturelles : la Basse-Guinée, la Moyenne-Guinée, la Haute-Guinée et la Guinée Forestière. Elle couvre 245 857 km² dont 60 % sont des terres cultivables. Chacune des régions a une originalité marquée dans le relief, le climat, les sols, les paysages et la manière dont l'homme s'y est inscrit et l'a modifiée (Jean Suret Canal, 1970).

La région administrative de Kankan, située en Haute-Guinée, couvre près de 97 000 km^2, où habitent environ 2,5 millions de personnes. Cette population est essentiellement constituée de différentes composantes ethnolinguistiques malinkés. Ces populations vivent sur des plateaux de faibles altitudes, sur les hautes terrasses alluviales aux bords du fleuve Niger et de ses principaux affluents. Il existe ainsi des modes variés d'utilisation de ces terres par les différentes communautés rurales.

La recherche s'inscrit dans une logique de réflexion sur l'évolution de l'environnement, suite aux menaces pesant sur l'agro-biodiversité, et la dynamique des sols de la savane soudano-guinéenne, consécutives à la pratique culturale basée essentiellement sur la défriche-brûlis et d'autres facteurs anthropiques.

Pour aborder notre réflexion, on peut alors se poser les questions suivantes : quelles sont les plantes cultivées qui constituent la diversité biologique des plateaux du terroir de Tintioulenkörö ? Les paysans sont-ils aptes à distinguer et à nommer les plantes et les sols de leur terroir, dans le langage vernaculaire ? Y a-t-il des rapports entre agro-biodiversité et typologie des sols ? Occupation actuelle des sols et unités géomorphologiques ?

Autant de questions auxquelles nous cherchons à répondre par cette étude, en s'intéressant à la diversité agro-biologique et à la typologie des sols du terroir villageois de la zone. La réalisation d'un tel diagnostic à l'échelle villageoise, devrait aboutir à la définition d'un plan de développement villageois pour une meilleure gestion des ressources naturelles (plantes, sols, etc.).

I. Objectifs

Les objectifs de cette recherche consistent à la connaissance de l'agro-biodiversité et la typologie des sols des plateaux du terroir villageois de Tintioulenkörö. De façon spécifique, il s'agira de :

- faire le diagnostic de l'agro-biodiversité,
- déterminer les caractéristiques morphologiques et physico-chimiques des principaux types de sols ;
- déterminer l'approche paysanne d'identification et de classification vernaculaire des sols.

II. Matériel et méthodes

L'approche méthodologique qui a été adoptée pour répondre aux objectifs de cette recherche, s'inspire d'une perspective systémique élaborée par JOUVE (1997). Elle s'appuie essentiellement sur des techniques de diagnostic sur le terrain. Elle est basée sur les étapes suivantes :

2.1. Analyse documentaire

Elle a consisté à réunir et analyser les différents documents de référence relatifs à la préfecture de Kankan et le terroir villageois de Tintioulenkörö, ainsi que toute la littérature en rapport avec le thème : rapports, archives, cartes topographiques, géologiques, végétales et pédologiques, etc.

En dépit de la diversité d'échelle de ces documents, leur analyse a permis de reconnaître les grands ensembles physiographiques représentatifs de la zone d'étude, de mieux comprendre le paysage du site et de mesurer l'ampleur du travail sur le terrain.

2.2. Identification de l'agro-biodiversité

L'identification de l'agro-biodiversité a été faite selon l'approche agro-écologique. Ce fut une lecture du paysage, des enquêtes sociologiques et des parcours sur différents transects, sur les champs en période de culture pour observer, l'agro-biodiversité, les changements du relief, l'occupation du sol, l'état de la surface, la couleur du sol, etc. (JOUVE 1997). Cette opération a permis en outre d'examiner la répartition probable des types de cultures et de sols et d'assurer un bon diagnostic morpho-pédologique de terrain.

2.3. Identification des sols

L'exploration des sols a été menée selon la méthode des diagonales en fonction de la Toposéquence du bassin de Banfran, du milieu géomorphologique et de la couverture végétale. Nous avons ouvert et observé six (6) profils par types d'occupation. Un (1) profil caractéristique a été décrit sur chacun des principaux types de sols (Bilin, Bèrè et Kignè) de plateaux exploités par les paysans du village. La caractérisation morphologique des sols a été faite selon la méthode FAO (1977). Nous avons utilisé le code Munsell pour déterminer la couleur des sols sur le terrain et différencier les unités. La description morphologique a porté sur les informations générales concernant le sol, la description du profil et la description des horizons. Quant à la classification des sols, elle a été faite selon la méthode de CISSE *et al.* (1982). Des échantillons ont été prélevés par type de sol. Pour cela, nous avons utilisé la méthode de zigzag pour faire 20 prises de terres à une profondeur de 20 cm. Au total, 18 échantillons ont été constitués : soit six (6) par type de sol. Un échantillon moyen a ensuite été constitué par type de sol pour les analyses physico-chimiques.

III. Résultats et discussions

3.1. Unités géomorphologiques :

Le village de Tintioulenkörö présente les mêmes unités du milieu physique que Balandou, sous-préfecture environnante, mais ici, les bas-fonds et les forêts – galeries qui longent les rivières sont plus nombreux et importants.

Tableau 1 : Unités géomorphologiques et caractéristiques du territoire de Tintioulenkörö.

Unités géomorphologiques	Caractéristiques
Bas-fonds	*Topographie* : Dépressions où stagnent les eaux des rivières et ayant une hydromorphie semi permanente à temporaire. *Sols* : Argilo-limoneux et compacts à hydromorphie semi permanente ou temporaire. *Végétation* : Présence d'un couvert herbacé et bordé par une galerie forestière. *Utilisation* : Les cultures pratiquées sont le riz semi-aquatique et le maraîchage en saison sèche. L'endroit sert également de pâturage en saison sèche. *Diagnostic* : Exploité chaque année par les paysans, fertilisé par les apports d'éléments minéraux des plateaux.
Plateau cuirassé	Topographie : Surface plus ou moins plane avec de petites ondulations et collines. Sols : Cuirassés. Végétation : Savane arborée avec un sous-bois herbacé. Utilisation : Utilisé pour les cultures vivrières, fruitières et le pâturage. Diagnostic : Exploité chaque année par le système de défriche-brûlis avec des niveaux de fertilité variable selon la durée de la jachère.

Versants de plateaux	*Topographie :* Pentes fortes qui favorisent l'écoulement des eaux de pluie vers les cours d'eau. *Sols :* Gravillonnaires et cuirassés à l'amont et limono-argileux à l'aval de couleur grise. *Végétation :* Savane arborée et arbustive. *Utilisation :* Peu de manguiers et des champs de manioc.
Bowés	*Topographie :* Petite dépression. *Sols :* Cuirasse affleurante par endroits. *Végétation :* Savane herbeuse, présence de nombreuses termitières champignons. *Utilisation :* Non utilisé pour les cultures, sert de pâturage.
Galeries forestières	Ces types de forêts se trouvent le long des nombreux cours d'eau (rivières ou marigots) arrosant ce village. On rencontre également quelques reliques de forêts sur les versants du plateau cuirassé. Des éboulis de pierres sont aussi observés, rendant les parcelles difficiles à travailler.

Les cultures sont rencontrées principalement sur les bas-fonds, les plateaux et les versants de plateaux.

3. 2. Diversité agro-biologique du village

Les résultats portant sur les plantes cultivées rencontrées dans le village de Tintioulenkörö sont présentés dans le tableau 2, récapitulatif des cultures, écotypes ou variétés avec les milieux de culture.

Tableau 2 : Récapitulatif des cultures, nombre de variétés et milieux de cultures

N°	Cultures	Nombre de variétés ou écotypes	Milieux de culture
1	Céréales	6	Bèrèdou
2	Tubercules	3	Kignédou
3	Légumineuses	3	Kignédou, Bilindou
4	Cultures maraîchères	8	Faradou, Kignédou
5	industrielles	1	Bèrèdou, Kignédou
6	Arbres fruitiers	13	Kignédou, Bilindou
7	Cueillettes	2	Bèrèdou
Total	-	36	-

Dans le village, nous avons rencontré trente-six (36) espèces de plantes comprenant 109 variétés dans les différents sols. On y rencontre la plupart des céréales cultivées en Afrique de l'Ouest. Les variétés sont nombreuses avec des cycles culturaux variant de 3 à 5 mois. Elles sont essentiellement cultivées sur les plateaux. Les paysans utilisent des écotypes très adaptés aux conditions de stress hydriques fréquents dans la zone, notamment les variétés hâtives (3 mois). La puriculariose du riz causée par *Puricularia orizae* est la principale maladie, les foreurs des tiges sont les principaux insectes ennemis des céréales.

Quant aux tubercules, ces cultures sont de véritables greniers sur parcelles des paysans. Les récoltes sont souvent progressives notamment pour le manioc. L'igname est souvent en tête de rotation. La mosaïque du manioc est la principale maladie, elle est causée par le virus de la mosaïque, le principal ennemi est la cochenille farineuse.

On rencontre trois principales légumineuses alimentaires : le niébé, l'arachide et le voandzou. La première et la troisième sont des aliments traditionnels des populations locales. L'arachide est une plante introduite qui s'est imposée pour ses qualités gustatives mais aussi pour ses nombreux produits dérivés et sa valeur économique et marchande. Toutes ces plantes sont adaptées au climat local et ont de nombreuses variétés que les paysans sèment en suivant les caractéristiques texturales des sols.

Le maraîchage existe et les variétés par culture sont nombreuses. C'est une activité essentiellement pratiquée par les femmes de manière isolée. Le cycle cultural se déroule de novembre à mars. Les cultures sont installées dans les bas-fonds en raison de la proximité de l'eau et l'arrosage se fait manuellement en utilisant des puisards.

Mais sur les plateaux, on peut rencontrer certains légumes qui sont semés autour des huttes dans les parcelles de céréales ou de tubercules. Dans ces champs, on trouve aussi des cucurbitacées comme les calebasses. Au bord des parcelles et dans les champs de case se trouvent des citronnelles utilisées comme tisane. La principale maladie des cultures maraîchères est la pourriture causée par *Verticillium sp. et Penicillium sp.* Leur principal ennemi est la courtilière.

La seule culture industrielle rencontrée est le coton. Les arbres fruitiers sont nombreux dans le village de Tintioulenkörö. Ce sont pour la plupart quelques pieds plantés dans les champs de case.

Cependant, des plantations de mangues et d'anacardes ont été créées par les paysans. Les vergers de manguiers sont plus anciens que ceux d'anacardes qui sont devenus des cultures commerciales ces dernières années. La principale maladie des agrumes est la cercosporiose, causée par *Cercospora* sp., et le principal ennemi, la mouche des fruits.

Le karité et le néré sont des plantes de cueillette séculaires dans les zones de savane soudano-guinéenne. À Tintioulenkörö, la cueillette et la transformation de ces productions sont traditionnelles. Les paysans protègent ces essences arborées dans leurs parcelles et les conservent dans les jachères. Les femmes assurent la transformation du karité en beurre utilisé dans l'alimentation, dans la médecine locale, la cosmétique et le commerce. Les graines de néré entrent dans l'alimentation et font l'objet d'un commerce, la poudre jaune de son fruit à maturité est aussi consommée et commercialisée.

3.3. Typologie des sols

3.3.1. Caractéristiques morphologiques

Trois types de sols ont été rencontrés sur les plateaux du terroir de Tintioulenkörö (Bilin, Bèrè, Kignè), tous ferrallitiques. Ils ont un profil normal, une nette différenciation des horizons et une dominance de la couleur brun-rouge en surface. La couche humifère est peu épaisse (environ 13 cm). Les sols Bèrè et Kignè sont meubles et drainants. La texture légère de ces sols en surface et la texture lourde en profondeur, pourraient s'expliquer par la dominance du limon et du sable en surface et celle de l'argile en profondeur. La texture légère des sols Bèrè et Kignè fait d'eux des sols meubles et drainants qui concorde avec les résultats des travaux de Brouwers (2000) conduits sur la description morphologique des sols de la région de Kankan.

Des sols morphologiquement semblables aux trois types de sols ont été identifiés et décrits au cours d'autres travaux (Barry, 1980 ; Baldé, 1982 ; Brouwers, 2000 ; Béavogui, 2004 ; Baldé, 2005) conduits dans différentes localités de la région de Kankan.

3.3.2. Caractéristiques physico-chimiques

3.3.2.1. Paramètres synthétiques et bases échangeables

Tableau 3 : Paramètres synthétiques, bases échangeables, capacité d'échange cationique et taux de saturation des bases contenues dans les trois principaux types de sols

Sols	Paramètres synthétiques				Bases échangeables (méq/100g)					V %
	pH H2O	pH KCL	SMP	Ac.éch	Ca	Mg	Na	S	T	
Kignè	6,46	4,04	6,54	0,96	1,60	0,02	0,84	2,47	3,43	72
Bèrè	6,37	3,86	6,59	0,91	0,70	0,21	0,68	2,61	3,52	74
Bilin	6,26	4,56	6,69	0,81	0,52	0,02	0,59	2,13	2,94	72

SMP : besoins en chaux ; Ac. éch : acidité d'échange ; S : somme des bases échangeables ; T : capacité d'échange cationique ; V % = taux de saturation en bases.

3.3.2.2. Paramètres éco-pédologiques et nutritionnels

Tableau 4 : Paramètres éco-pédologiques et nutritionnels des trois principaux types de sols

Sols	Paramètres éco-pédologiques				Paramètres nutritionnels	
	MO (%)	C %	Nt (%)	C/N	P (ppm)	K (méq/100g)
Kigné	3,42	0, 54	0,63	15,43	1	0,01
Bèrè	3, 18	0, 32	0,03	17,54	1	0,01
Bilin	4,02	0,97	0,05	19,86	3	0,01

MO : matière organique ; Nt : azote total ; C : carbone ; C/N : rapport carbone sur azote ; P : phosphore : K : potassium ; méq : milli équivalent ; ppm : partie pour mille.

3.3.2.3. Paramètres physiques

Tableau 5 : Paramètres physiques des trois principaux types de sols

Sols	**Argile** (%)	**Sable** (%)	**Limon** (%)	**Classe texturale**	**Da** (g/cm^3)	**Dr** (g/cm^3)	**Porosité** (%)
Kignè	6	90	4	Sl	1,43	2,52	43,25
Bèrè	7	87	6	Sl	1,45	2,53	42,58
Bilin	40	46	14	A	1,62	2,71	40,22

Sl : sablo-limoneux ; **A** : argileux ; **Da :** densité apparente ; **Dr :** densité réelle.

De nos résultats, il ressort que les sols de Tintioulenkörö sont tous moyennement acides avec un cortège cationique faible, un taux de matière organique moyen à minéralisation normale, une teneur en phosphore et en potassium faible. La texture est légère (limono-sableuse) en surface pour les sols Bèrè et Kignè et alourdie (argileuse) en profondeur, suite à un lessivage de l'argile dans les sols Bilin. Enfin, tous ces sols sont poreux.

Cette acidité pourrait s'expliquer par la pauvreté de ces sols en bases échangeables. Nos résultats confirment ceux de Brouwers (2001) et de Denis Baize (1988) qui ont démontré l'acidité des sols de la région de Kankan et la constance du pH pour un ensemble de sols d'un même groupe taxonomique, voire d'une même famille.

De la comparaison de nos résultats à ceux des travaux de Boyer (1982) et Bourgeois (1982), il ressort que les sols étudiés appartiennent à la classe de fertilité mauvaise, avec des indices de fertilité médiocres.

Par ailleurs, ces résultats comparés aux travaux de Boyer (1982) montrent que les sols étudiés ont une stabilité structurale faible. Nos résultats sont semblables à ceux de Martin Prevel (1969) conduits sur les sols ferrallitiques fortement désaturés et sur les sols alluviaux à bananiers en République de Guinée (Basse-Guinée). Des résultats identiques ont été trouvés au cours d'autres travaux (Culot, 1958 ; Dabin, 1970) conduits sur les sols tropicaux.

3.3.3. Approche paysanne d'identification et classification vernaculaire des sols

Pour identifier les types et la vocation des sols, les paysans de Tintioulenkörö se servent de deux critères fondamentaux : le lieu de formation et la nature du couvert végétal.

D'après le premier critère, les paysans distinguent :

– les sols formés dans les plaines d'inondation, qu'ils nomment « faradou » ;

– les sols formés sur les plateaux sont qualifiés de « gbassandou » et « Bèrèdou », tous, formés dans des conditions de ferrallitisation ;

– les sols formés à la limite entre les plaines d'inondation et les plateaux sont qualifiés de « sendou », alors que ceux évoluant au niveau du bourrelet riverain, en général semi hydromorphe sont appelés « Tindougou ».

D'après le second critère, les paysans de Tintioulenkörö affirment que les andropogonées (fayanka) indiquent en général des sols profonds et fertiles. Le « Komben » et le « Sandan » (*Danielia oliveri*), poussant sur « gbassandou » (sols ferrallitiques gravillonnaires) indiquent des sols à fertilité durable.

Les essences comme « gbelimba », « semba bali » préfèrent les « Bèrèdou » (sols ferrallitiques gravillonnaires). Les sols des anciens hameaux d'habitation « Tombondou » se prêtent bien à la culture du maïs. Les sols des vallées portant des herbes à feuilles humides en toute saison sont propices à la riziculture.

Les « sendou » ou terres glissantes sont utilisés pour la culture des variétés semi hâtives de riz, le fonio y cultivé très tôt peut réussir. Les « gbassandou » ou sols ferrallitiques gravillonnaires portant le Sö (*Isoberlinia Dok*a) sont des sols propices à la culture des calebasses. Le tableau 6 qui suit donne les noms vernaculaires et les caractéristiques des sols.

Tableau 6 : Noms vernaculaires, caractéristiques agro-écologiques et espèces végétales dominantes sur les sols de Tintioulenkörö

Noms vernaculaires des sols	**Caractéristiques**		
	Processus pédogénétiques dominants	**Valeur agronomique**	**Espèces végétales dominantes**
Faradou	alluvionnement	Culture des variétés tardives de riz	herbacées
Bilindou	Semi hydromorphie et ferrallitisation	Riziculture inondée, riz pluvial	herbacées

Sendou	Semi hydromorphie	Culture des variétés hâtives de riz et de fonio	herbacées
Bèrèdou	ferrallitisation	Culture de l'arachide et de riz de plateaux	« semba bali » (*Danielia Oliveri)*
Kignèdou	ferrallitisation	Culture d'arachide, igname, maïs, et de manioc	*Aframomum melegueta* (Yaya)
Gbassandou	ferrallitisation	Culture de l'arachide et la calebasse	*Isoberlinia Doka (Sö)*

Ces différents types de sols se subdivisent en des séries plus fines que les paysans savent distinguer en tenant compte de leur état textural et leur richesse minérale. Ils s'en servent pour choisir les cultures qui y conviennent. Par exemple, la distinction entre Gbassan et Gbérè se situe au niveau de la taille des graviers, qui sont plus grossiers dans Gbassan. La distinction entre Kiniéningbè et Kignèdou, s'explique par le pourcentage très élevé de sable fin dans Kiniéningbè (plus de 85 %).

Conclusion

Notre objectif à travers cette recherche visait à contribuer à la connaissance de l'agro-biodiversité et la typologie des sols du terroir villageois de Tintioulenkörö. Pour y arriver, nous avons utilisé une approche qui s'inspire d'une perspective systémique, appuyée essentiellement sur la consultation documentaire suivie de techniques de diagnostic de terrain, à travers la lecture du paysage, les enquêtes sociologiques et la prospection pédologique.

Sur le plan de l'agro-biodiversité, la richesse des champs du village est à peu près aussi importante que la flore naturelle. Les cultures traditionnelles d'origine africaine comme le fonio, le riz, l'igname, le sorgho, le voandzou, le niébé se sont maintenues avec de nombreux écotypes. Les cultures introduites depuis les premiers contacts avec l'extérieur comme le manioc, le maïs se sont développées et sont devenues des aliments de base.

L'arboriculture fruitière s'est installée à travers le manguier et l'anacardier mais également par la présence de fruitiers divers dans les champs de case. L'importance alimentaire et commerciale du karité et du néré permet la protection de ces essences dans les champs du village.

Les nombreuses cultures pratiquées amènent les paysans à exploiter la diversité des situations édaphiques tant sur les plateaux que dans les bas-fonds. Les sols ferrallitiques de plateaux, sont les plus répandus avec 3 503,44 ha ou 93 % de la superficie totale, ils sont utilisés dans un système de culture itinérant basé sur la défriche-brûlis. Ces systèmes permettent de contrôler l'agressivité des adventices et contribuent à restaurer la fertilité des sols.

Le diagnostic de l'agro-biodiversité en relation avec la typologie des sols montre, une diversité moyenne des cultures sur les sols Kignè (sols à dominante sableuse) : igname, riz, manioc, tandis qu'une faible diversité caractérise les sols Bèrè (sols à dominante gravillonnaire) où prédominent les cultures céréalières : fonio sorgho, mil et les plantes de cueillette. Sur les sols Bilin (sols à dominante argileuse), prédomine une plus grande diversité des cultures qui se caractérise par la culture des légumineuses (arachide, niébé), des tubercules (igname, manioc), des céréales (riz, fonio, sorgho, maïs) et des arbres fruitiers (karité, néré, anacardier, manguier).

La connaissance de l'agro-biodiversité et la typologie des sols constituent des approches innovantes pour concevoir une stratégie d'utilisation rationnelle de la diversité biologique, comme mode d'adaptation et d'exploitation de la diversité des ressources locales (sols, plantes, cultures, microflore) et pour le développement d'une agriculture durable dans les terroirs villageois.

Références

Baldé A.K., 1982. *Étude et carte des sols de la FAPA de Baténafadji, préfecture de Kankan.* Université Gamal Abdel Nasser de Conakry, 75 pages.

Baldé A.K., 2005. « Diagnostic morpho-pédologique et évaluation des terres du centre de recherche agronomique de Bordo, préfecture de Kankan, République de Guinée ». Mémoire de DEA Centre d'étude et de recherche en sciences de l'environnement CERE-UQUAM 142, p. 122-134.

Barry A., 1980. *Étude détaillée de reconnaissance des sols de la vallée du Milo à Kankan.* Université de Kankan, 65-67.

Barry M. S., Dioubaté M., Baldé A. K., Diallo M. S., Diakité A., 1999. *Identification, hiérarchisation des pressions humaines et analyse de durabilité des systèmes d'exploitation des ressources sur la diversité biologique terrestre et des causes principales des pressions dans la région naturelle de la Haute-Guinée.* Projet : Gui/97/G32/A/1G/99/PNUD/PNUE/FEM/ Conakry, janvier 1999, 66 pages.

Béavogui F., 2004. « Dynamiques agraires et perspectives d'occupation et d'intensification des plaines alluviales de la Haute-Guinée », Doctorat d'études rurales, Montpellier-France 290, 87-100 p.

Bourgeois P., EGG J.1982. « Étude pour l'élaboration d'un observatoire régional de développement rural en Haute-Guinée », Diagnostic et première proposition, IRAM, FIDA, République de Guinée MAEF, Bureau Central d'Études et de Politiques Agricoles, 71, 56-60.

Boyer, 1982. *Guide d'interprétation des résultats d'analyse de sol,* 396, 72-75.

Brouwers M., 2000. *Expertise formation en agro et morphopédologie appliquée à la recherche développement en Haute-Guinée*, 45, 35-37.

Brouwers M., 2001. *Caractérisation d'un sol cultivé en coton de la station de Bordo (Kankan-Guinée Conakry)* ; implications agronomiques CIRAD-CA 112 F Boutonnet 34000 Montpellier – France 19, 12-15.

Cissé, 1982. *Classification des sols de Guinée 3e approximation et leur évaluation en vue d'une utilisation agricole.* Bulletin SENASOL n° 9, République de Guinée, 34 p.

Culot, 1958. *Études pédologiques.* Rapport final. Montréal, Canada Lavalin-Tractionel. Opération Riz Siguiri. République de Guinée. 321, 178-186.

Dabin, 1970. *Gestion traditionnelle des terres (système de décrue/système pluvial) et transition vers l'irrigation, le cas de la vallée du fleuve Sénégal*, Cahier des Sciences Humaines n° 23, p. 533-554.

Denis Baize. 1988. *Guide des analyses courantes en pédologie.* Institut national de la recherche agronomique, 147, rue de l'Université, 75007 Paris, 169, 123-127.

FAO 1977. Manuel de prospection pédologique Rome-Italy, 240 p.

Jean Suret Canal, 1970. *Climatologie de la Guinée*, 64 pages.

Jouve, 1997. *Des techniques aux pratiques conséquences méthodologiques pour l'étude des systèmes de production agricole et le développement rural.* Communication au colloque par la méthode

« Comprendre et mesurer les pratiques agraires en milieu tropical et leurs transformations », Niamey, 28 p.
Martin Prevel, 1969. *Contribution à la caractérisation physico-chimique des sols à bananier en république de Guinée Conakry.* Projet FAO, Rome, Italie, 89, 27-32.

ÉTUDE RÉTROSPECTIVE DE QUELQUES RÉSULTATS PALPABLES DE PARAMÈTRES DE PERFORMANCES ZOOTECHNIQUES ENREGISTRÉS AU CERVAK

Par
DIAKITE[1] Mohamed, SOUMAH[2] Lansana II, DIALLO[1] Boubacar Aly, DRAMOU[1] Foromo, BARRY[1] Mamadou, BALDE[3] Mamadou Alimou, BANGOURA[4] Aboubacar Sidiki.

1. Centre de Recherche et de Vulgarisation de l'Aulacodiculture de Kankan (CERVAK)
e-mail : cervak.kankan@gmail.com
2. Direction Nationale de l'Enseignement supérieur public.
3. Institut de Technologie Alimentaire de Guinée (ITAG).
4. Laboratoire des Composés naturels (LACONA).

RÉSUMÉ

Ce présent travail vise à répertorier à travers les différents articles scientifiques publiés dans la *Revue scientifique de l'Université de Kankan* (*RESUK*) et des documents archivés au Centre de Recherche et de Vulgarisation de l'Aulacodiculture de Kankan (CERVAK), les performances zootechniques enregistrées en son sein dans le domaine de la recherche en aulacodiculture.

Dans cette étude rétrospective (documentaire), nous faisons ressortir pour chaque article scientifique, ses principaux résultats, son application et sa performance sur le plan zootechnique. Ce qui permettra aux futurs aulacodiculteurs d'avoir une vision globale de cet élevage non conventionnel dans les domaines de l'alimentation, de la production et de la santé animale nécessitant une formation spéciale, le courage, la volonté et des moyens nécessaires pour sa réussite.

Ainsi, neuf publications scientifiques ont été réalisées et réparties comme suit :

- Alimentation : 2
- Production : 3

- Alimentation et production : 1
- Santé : 3

Mots-Clés : Performances zootechniques, CERVAK, enquêtes, aulacodes, archives.

INTRODUCTION

Le développement de l'aulacodiculture en Guinée passe par la résolution de nombreuses contraintes encore non élucidées dans les domaines de la conduite de l'élevage (santé, habitat, alimentation, reproduction et production). La mise en place d'une filière compétitive pour pallier à la sur-exploitation de l'aulacode de brousse et pour trouver d'autres sources de revenus aux éleveurs et agropasteurs passe par l'application des résultats de la recherche participative pour le développement de la filière aulacode. Pour y parvenir, des référentiels techniques de production doivent être élaborés et mis à la disposition des agropasteurs. D'autres études complémentaires sur la rentabilité financière et économique et sur l'organisation de la filière doivent être menées dans le cadre de ce projet afin de le rendre plus compétitif (Mensah G.A., 2003). En effet, l'aulacodiculture, élevage non conventionnel, est une nouvelle branche de la zootechnie qui s'occupe de l'élevage et de l'exploitation rationnelle de l'aulacode *(Thryonomys swenderianus,* TEMMINCK, 1827*).* Cette espèce animale à chair tendre et très appréciée des consommateurs est fortement chassée par des moyens parfois peu recommandés comme la pose des appâts empoisonnés, des pièges divers et surtout des battues qui provoquent souvent de grands feux de brousse détruisant ainsi l'environnement. L'espèce est alors menacée de disparition de la carte faunique de notre pays. Promouvoir alors son élevage contribue sans nul doute à procurer de la protéine noble aux populations pour diminuer les déficits alimentaires, à protéger l'environnement et à préserver cette espèce animale. En production animale, l'alimentation est un poste capital qui contrôle en grande partie la reproduction et la santé des animaux (GUEDOU M.S. *et al.*, 2004). En plus de l'habitat, l'alimentation constitue l'élément le plus cher pour l'élevage des aulacodes (LASSISSI TOGBE YEWADAN, 1999).

1. Matériels et méthode

L'enquête s'est déroulée au CERVAK du 9 juin au 15 septembre 2014.

1.1 Matériels

Les matériels utilisés sont :

– les différentes revues scientifiques de l'Université Julius Nyerere de Kankan ;

– les registres de situation et de suivi des différents compartiments de l'aulacoderie ;

– le registre de l'alimentation des aulacodes ;

– le registre de santé animale ;

– le registre d'accouplement et de sevrage des aulacodes.

1.2. Méthode

C'est une enquête rétrospective qui a consisté à consulter et à exploiter les différents documents et revues scientifiques archivés à la bibliothèque afin de ressortir certaines performances zootechniques enregistrées au CERVAK.

Pour ce faire, nous avons d'abord fait un récapitulatif des différents articles publiés en tenant compte du numéro de la *RESUK*, de l'année de publication, du titre de l'article et du programme d'appartenance.

Ensuite, dans chaque article, nous avons mis en exergue les points saillants (quelques résultats pertinents, l'importance de l'article dans la promotion de l'aulacodiculture et, enfin, une conclusion et des suggestions ont été proposées pour supposer clore ce travail).

2. Résultats et interprétation

Tableau 1 : Récapitulatif des publications scientifiques du CERVAK

N°	Année	Titre des articles scientifiques	Programme
005	2007	1- Étude de quelques paramètres de performances zootechniques des aulacodes élevés au CERVAK.	Production animale
006	2008	2- Étude de la restriction du complément alimentaire chez l'aulacode d'élevage (*Thryonomys swenderianus*, TEMMINCK, 1827).	Alimentation
		3- Détermination de l'évolution pondérale des jeunes aulacodes en captivité étroite au Centre de Recherche et de	Production animale

		Vulgarisation de l'Aulacodiculture de Kankan.	
007	2009	4- Gain pondéral et comportement alimentaire chez les aulacodes d'élevage nourris avec des rations à base de *Pennisetum purpureum* et de maïs fourrager.	Alimentation et production animale
008	2010	5- Inventaire des divers fourrages verts consommés par les aulacodes de brousse et d'élevage : cas de Komodou et Tokounou (Préfectures de Kérouané et de Kankan).	Alimentation
		6- Fréquence et incidence des parasitoses gastro-intestinales rencontrées chez les aulacodes au CERVAK.	Santé animale
		7- Détermination de l'âge optimum de la castration de l'aulacode au CERVAK.	Production animale
009	2012	8- Ascaridiose chez les aulacodes : diagnostic, traitement et prophylaxie au Centre de Recherche et de Vulgarisation de l'Aulacodiculture de Kankan.	Santé animale
010	2012	9- Répertoire des plantes médicinales utilisées dans le traitement des aulacodes au Centre de Recherche et de Vulgarisation de l'Aulacodiculture de Kankan.	Santé animale

Le 1er article s'est focalisé sur l'étude de quelques paramètres de performances zootechniques, elle a été menée afin de mettre en exergue les paramètres d'alimentation pour mieux connaître les effets sur l'évolution pondérale de toutes les catégories (jeunes et adultes). Les quantités d'aliments consommés, les GQM par catégorie, l'indice de consommation, la consommation d'eau et connaitre la faisabilité et la viabilité d'un élevage d'aulacode au stade d'expérimentation.

Cette étude nous a permis d'obtenir des résultats qui suscitent des questions auxquelles on s'est attelé à répondre.

L'évolution pondérale :

Chez les jeunes : Le poids moyen à la naissance des 22 aulacodeaux de l'expérience est de 143,18 g et le sex-ratio des 49 aulacodeaux est de 1 :1,22.

Chez les adultes :

- Les femelles âgées de 12 mois, ont un poids vif moyen variant de 2 900-3 800 g avec un GQM de 7,32 g ;

- Les mâles âgés de 10 mois ont pesé entre 3 100-3 500 g avec un GQM de 10,02 g.

La consommation alimentaire :

- Aulacodeaux : 140 g d'aliments de base et 38,5 g d'aliments complémentaires, soit un total de 178,5 g ;
- Aulacodines : respectivement 320,66 g et 386 g ;
- Aulacodins : 292,60 g et 352 g.

L'indice de consommation :

- Les résultats de la détermination de l'indice de consommation (quantité d'aliments consommés par kilogramme de gain de poids) sont les suivants :
- Aulacodeaux 2,64 : 1
- Aulacodins 7,80 : 1
- Aulacodines 9,90 : 1
- Allaitantes 9,42 : 1

Soit une moyenne de 7,44 qui est très proche de 7,20, ce qui démontre que les aliments servis au CERVAK sont plus riches en matière sèche.

Le relèvement significatif des paramètres de performances zootechniques (évolution pondérale, reproduction) est sous-tendu par une alimentation riche et équilibrée doublée d'une ration complémentaire sans omettre des conditions rigoureuses d'hygiène dont les aulacodes sont sujets sans lesquelles ces performances ne pourraient s'exprimer.

Pour le 2e article, on remarque :

– La limitation du gaspillage de fourrages ;

– La réglementation de la distribution des fourrages en fonction du poids de chaque catégorie d'aulacodes (adultes, sub-adultes, sevrés, allaitants). Cette expérience a permis aussi l'utilisation des fourrages verts jusqu'à 83,33 % et le complément alimentaire à 16,67 % de l'alimentation journalière. On constate une augmentation considérable du fourrage et une diminution du complément alimentaire dont le coût est élevé à l'approche de la saison des pluies.

ÉVOLUTION PONDÉRALE

Tableau 2 : Poids moyens (g)

	AULACODEAUX	AULACODELLES
Première période	142	143,53 g
Deuxième période	125	127,82 g

Tableau 3 : GQM et CV %

	AULACODEAUX		AULACODELLES	
	GQM(g)	CV(%)	GQM(g)	CV(%)
Première période	7,54-16,39	45,81-59,36**	8,14-11,25	43,82-62,02**
Deuxième période	7,18-10,13	19,50*-34,12**	8,00-10,46	23,72-33,00**

Légende :

GQM = Gain Quotidien Moyen

CV = Coefficient de Variabilité

** = significatif

* = moyennement significatif

Pour le 3e article, l'expérimentation consistait à déterminer l'évolution pondérale des jeunes aulacodes. Ce gain pondéral est proportionnel à une alimentation équilibrée en principes nutritifs ; mais ce poids n'est pas le seul facteur important pour la mise à la reproduction, elle dépend aussi de l'âge et du sexe. La rapidité du gain pondéral n'est pas synonyme de la maturité sexuelle chez les aulacodes.

Les constats sont les suivants :

En utilisant les aulacodinets et aulacodinettes âgés de 0 à 6 mois, les poids des aulacodinets ont varié de 380-1 700 g pour des GQM allant de - 2 à 12,90 g ; quant aux aulacodinettes, ils ont respectivement varié de 100 g à 1 680 g avec des GQM de - 4,51 à 15,48 g. Par rapport à l'âge, ces paramètres sont acceptables puisqu'à cet âge déjà, les animaux peuvent être livrés à la consommation.

Cette expérience permettra aux futurs aulacodiculteurs de prévoir :

– les géniteurs performants dans le cadre de la vulgarisation ;

– les aulacodes destinés à la consommation.

L'article scientifique n° 4 vise à mettre en évidence l'utilisation de plusieurs fourrages pour montrer leur effet sur la performance du gain pondéral et le comportement des aulacodes vis-à-vis de ces aliments.

Deux aliments beaucoup consommés par les aulacodes ont fait l'objet d'étude dans cet article à savoir : le *Pennisetum purpureum* et le *Zea mays* (la tige) associés au *Panicum subalbidum*.

Cette expérience a permis de ressortir :

– le taux du gaspillage qui varie en fonction de différents fourrages ; il est plus élevé avec 7,01 % pour les aulacodes nourris de *Panicum subalbidum* et de *Pennisetum purpureum* (lot II) et le plus faible est de 2,05 % pour les animaux ayant reçu le *Panicum subalbidum* et le *Zea mays* (lot I) ;

– la quantité d'aliments consommés : pas de différence significative entre les différents groupes d'aliments servis.

Le GQM est plus élevé avec l'association de *Pennisetum purpureum* et de *Panicum subalbidum* (37,27 %) par rapport à l'association *Panicum*, tiges de maïs et *Pennisetum purpureum* (Lot 0) avec (27,35 %) suivi enfin du lot constitué de *Panicum subalbidum* et de maïs fourrager.

Quant à l'indice de consommation, il est plus élevé avec l'association de *Panicum*, *Pennisetum purpureum* et tiges de maïs : 26,79 kg d'aliments pour avoir un kg de poids corporel (26.79 :1) par rapport aux deux autres lots (23,41 :1 et 23,67 :1).

NB : le *Pennisetum p.* étant rare à Kankan, il est possible de le remplacer par les tiges de maïs pendant la saison des pluies C'est un grand atout pour les éleveurs périurbains.

Le **5e article** a permis de répertorier quelques espèces fourragères utilisées fréquemment dans l'alimentation des aulacodes pour mieux propulser l'aulacodiculture dans les zones rurales dont seuls certains chasseurs ont la connaissance parfaite (plantes fourragères et médicinales). Ce qui permettrait aux paysans en saison sèche de résoudre le problème alimentaire des aulacodes pour mieux maintenir la ration du cheptel en équilibre.

Les aliments apportés aux aulacodes diffèrent d'une région à l'autre en raison des différences observées au niveau des sols, du couvert végétal, du climat, des systèmes de culture, de la localisation des unités de fabrication de produits industriels et agro artisanales (Mensah *et al.* 2007).

L'investigation a abouti au résultat suivant :

Famille des *Poaceae* : 18 espèces ; familles des *Cyperaceae* : 3 espèces ; une (1) espèce de chacune des familles suivantes : *Araceae, Caesalpinaceae, Cochlospernaceae, Fabaceae, Labiataceae,*

Manantaceae et *Moraceae*. Il faut noter que les *Poaceae* sont les plus utilisés par les aulacodiculteurs en raison de leur disponibilité et de la succulence de leurs tiges.

On peut citer à titre d'exemple : *Paspalum subalbidum* Kunth, *Andropogon africana, Andropogon gayanus Kunth, Oriza sativa, Pennisetum purpureum, Panicum maximum ; Zea maïs, Oryza baarthii.*

Par faute de moyens, il reste encore à déterminer la composition chimique et la valeur alimentaire de ces différentes espèces fourragères. Leur taux du gaspillage est en fonction de leur teneur en sucre : teneur élevée moins de gaspillage.

La recherche sur la connaissance de l'aulacode ne se limite pas à l'alimentation et au suivi du cycle vital. C'est pourquoi **le 6e et le 8e articles** visent à l'amélioration de la santé des aulacodes en captivité étroite pour atteindre les résultats escomptés dans la production animale. Il a été constaté que les parasitoses, la pasteurellose, l'enterotoxemie et des blessures graves sources des infections, sont les principales maladies et un plan prophylactique a été proposé pour mieux servir et outiller les futurs aulacodiculteurs.

Ces parasitoses gastro-intestinales ont des effets négatifs sur la productivité, la santé des aulacodes et par conséquent, dans l'économie de l'éleveur.

Les symptômes les plus fréquemment rencontrés sont : l'inappétence, l'isolement, les poils hérissés, la colique et les blessures. Il a été remarqué que chez les aulacodes jeunes sevrés, le nombre d'animaux suspects est le plus élevé à cause de la transition alimentaire (sevrage). Alors que chez les jeunes non sevrés et les mâles adultes, on remarque que le nombre d'animaux suspects est le plus faible. Ce qui déduit la résistance des mâles et la protection maternelle des jeunes non sevrés.

Le taux de suspicion varie de 3 % à 25 % rencontrés respectivement chez les jeunes aulacodes non sevrés et les femmes adultes à cause de la brutalité des mâles qui occasionne souvent des cas de blessures. Les principales maladies suspectées sont les parasitoses, les blessures, l'enterotoxemie et la pasteurellose. Ces résultats confirment ceux obtenus par MENSAH *et al.* 2003, qui attestent que les principales maladies rencontrées chez les aulacodes sont les parasitoses, les maladies microbiennes et les autres affections comme les stomatites.

L'examen du laboratoire a donné les résultats suivants :

Tableau 1 : Parasitoses rencontrées

Groupes	Échantillons prélevés	Ascaris	Ténia	Total	Taux d'infection en %
Mâles adultes	10	01	01	02	20
Femelles adultes	31	09	02	11	35
Jeunes sevrés	46	06	00	06	13
Jeunes non sevrés	31	04	01	05	15
Total	118	20	04	25	20,33

Ces résultats ont montré que deux (02) parasitoses gastro-intestinales sont rencontrées chez les aulacodes au CERVAK, l'ascaridiose et la teniose. Sur les 118 échantillons examinés, 24 ont été positifs avec une prédominance de l'ascaridiose (20 cas), il existe un poly parasitisme ténia-ascaris chez tous les groupes, excepté les jeunes sevrés qui ne sont atteints que d'ascaridiose ; sa prédominance est due à la consommation des fourrages verts notamment le *Panicum subalbidum* (so fudu en malinké), ce fourrage très appété et récolté dans les plaines après inondation. Ces résultats confirment ceux de MENSAH *et al.* (2003) qui rapportent que les examens coproscopiques effectués sur les aulacodes depuis 1985 ont révélé la présence des nématodes et des cestodes qui sévissent toute l'année avec une pointe pendant la saison des pluies.

De la détermination de la fréquence

Tableau 2 : La fréquence des ascaridioses

Groupes	**Effectif examiné**	**Cas positif**	**Fréquence en %**
Mâles adultes	10	01	10
Femelles adultes	31	09	29
Jeunes sevrés	46	06	13
Jeunes non sevrés	31	04	12
TOTAL	118	20	16

Fréquence des ascaridioses : 20 cas sur 118, soit 16 %. Plus élevée chez les femelles adultes : 9 cas sur 31, suivi des jeunes sevrés : 6 cas sur 46, et très réduite chez les adultes : 1 sur 10.

Tableau 3 : Fréquence des tenioses

Groupes	Effectif examiné	Cas positif	Fréquence en %
Mâles adultes	10	01	10
Femelles adultes	31	02	06
Jeunes sevrés	46	00	00
Jeunes non sevrés	31	01	3
TOTAL	118	04	3

Elles sont moins rencontrées chez les aulacodes au CERVAK (4 cas sur 118, soit 3 %). Aucun cas observé chez les jeunes sevrés. Cette faible fréquence des tenioses démontre que le séchage des fourrages avant distribution agit défavorablement sur le cycle évolutif du ténia comme le recommande HEYMANS J.C. (1995).

De l'évaluation des incidences :

Elle a été évaluée sur les aspects suivants :

– Aspect santé animale ;

– Aspect productivité animale ;

– Aspect économique.

- L'examen au laboratoire a relevé l'existence de (02) parasitoses : l'ascaridiose plus fréquemment rencontrée avec un taux de 16 % et la teniose souvent associée aux ascaridioses, 3 % de cas rencontrés ;
- L'application rigoureuse du plan prophylactique doit être respectée ;
- L'application des règles hygiéniques et sanitaires est obligatoire ;

Tableau 4 : Mâles entiers et castrés âgés de 3, 4 et 5 mois,

Âge en mois		Poids vif en g				Gain pondéral (g) de l'animal		GQM (g) de l'animal		Écart-type (S) GQM		Variabilité GQM (V %)	
Initial	Final	Initial de l'animal		Final de l'animal									
		Castré	Entier	Castré	Entier	Castré	Entier	Castré	Entier	Castré	Entier	Castré	Entier
3	5	1 375	1 060	2 137,50	1 332,50	762,50	872,50	12,71	14,55	24,33	14,54	24,80	25,78
4	6	102 51	1 040	1 607,50	1 620	595	580	9,92	9,67	9,92	9,67	75,68	59,82
5	7	1 485,50	1 343,50	2 125	1 910	639,50	566,50	10,66	9,45	10,66	9,44	109,85	46,48

- La récolte des fourrages verts dans des lieux indemnes de souillures est recommandée.

Le 7e **article** a permis de déterminer l'âge optimum de la castration de l'aulacode en captivité étroite. Ce qui permettra aux aulacodiculteurs de :

– éviter la consanguinité qui peut freiner la production ;

– améliorer le gain de poids ;

– limiter les batailles entre les mâles ;

– économiser l'espace utilisé par le regroupement des mâles castrés et de programmer les jeunes pour la consommation future.

La castration en aulacodiculture est pratiquée en vue d'obtenir non seulement des mâles dociles qui ne se tolèrent pas à partir de 3 mois d'âge, mais aussi elle favorise un gain pondéral meilleur aux mâles non castrés de même âge.

Dans le cas précis, cette expérience a révélé, vu les résultats obtenus, que l'âge optimum de la castration se situe à 3 mois ; il constitue un stimulant pour la promotion de la filière aulacode.

Le 9e **article** met à la disposition des éleveurs d'aulacodes une liste de quelques plantes médicinales pour mieux assurer la santé des aulacodes. Ces plantes sont d'un accès facile avec un coût abordable par l'ensemble des paysans contrairement aux produits vétérinaires dont le prix est exorbitant pour eux.

Tableau 5 : Quelques plantes médicinales utilisées en aulacodiculture

ESPÈCES VÉGÉTALES ET AUTRES PRODUITS	TRAITEMENTS ET PROPHILAXIE
La pulpe des fruits et les feuilles fraîches de baobab	Avitaminoses
Eau citronnée et sucrée légèrement avec du miel frais	Tonifiant et remontant
Eau citronnée	Lavage intestinal
Cendre d'origine végétale	Désinfectant
Mélange huile de palme et poils d'aulacode incinérés	Badigeonnage des plaies externes
Tranches de bulbes d'oignons ou feuilles de goyavier	Diarrhée
Fruits mûrs de rônier fendus	Pour faire fuir les musaraignes
Feuilles de néré	Ectoparasitoses
Graines de papaye mûre et tranches de bulbe d'ail	Parasitoses gastro-intestinales

Charbon végétal, huile de palme, miel frais	Intoxication alimentaire ou médicamenteuse
Huile de vidange ou pétrole lampant	Pour faire fuir les fourmis et les cancrelats

Conclusion et recommandation

L'objectif de cette étude vise à ressortir les performances zootechniques palpables enregistrées au CERVAK. À partir des neuf articles publiés dans la *RESUK*, les registres de suivi et la participation des techniciens du CERVAK, nous avons expliqué l'importance de la publication de ces différents numéros. Cette étude nous a permis aussi :

– d'évaluer la productivité scientifique de ces enseignants-chercheurs ;

– d'identifier les différents articles scientifiques publiés ;

– de synthétiser le contenu de ces différents articles.

Le succès de la domestication de l'aulacode passe avant tout par une maîtrise parfaite de son alimentation. L'aulacode est un phytophage ayant dans la nature un large spectre alimentaire composé de *Poaceae* sauvages ou cultivées, de légumineuses, de feuilles et tiges d'arbustes, d'écorce d'arbres et de racines de manioc (Ewer 1969 ; Amany, 1973 ; Asibey, 1974 ; Heymans et Mensah, 1984 ; Baptist et Mensah, 1986 ; Jori *et al.* 1994). Dans la nature, l'aulacode consomme aussi des insectes et autres invertébrés, de petits reptiles et pour satisfaire ses besoins en minéraux, la terre surtout celle imbibée d'urine de mammifères (Heymans et Mensah, 1984).

Les aulacodes sont moins sensibles aux maladies que les espèces domestiques, par contre, très sensibles aux négligences alimentaires (quantités insuffisantes, absence de fourrages ou de concentrés, aliments altérés) ainsi qu'au manque d'hygiène (saleté, humidité), toute négligence de ces deux facteurs se traduira immanquablement par des mortalités qui peuvent décimer une partie importante du cheptel.

Références bibliographiques :

1- Archives du CERVAK.

2- DOSPEKHOV B.A., 1985. *Méthodes d'expérimentation au champ* (traitement statistique des résultats de recherche).

3- EWER (R.F.), 1969. *Form and function in the grasscutter thryonomys swinderianus* (*Rodentia, Thryonomydae*). Ghana journal Science, vol. 9, p. 131-141.
4- HEYMANS J.C. (1996). *L'élevage de l'aulacode* (*Thryonomys swenderianus*). Cahier Conservation N° 31. Rome. FAO. 98 p.
MENSAH (G.A.), (R.) BAPTIST. 1986. *Aspect pratique en élevage d'aulacodes* (*Thryonomys swinderianus*) III – comportement de coprophagie, Rev. Élev. Méd. – d'aulacodes (*Thryonomys swinderianus*) III – comportement de coprophagie, Rev. Élev. Méd.-Vét. Pays tropicaux 39 (2) 247-252.
5- MENSAH G.A et MENSAH EKUE M.R. (2003) : *L'essentiel en aulacodiculture.*
6- *Revue scientifique de l'Université Julius Nyerere de Kankan* (2007 à 2012).
7- SCHRAGE R., YEWADAN L.T (1995). *Abrégé d'aulacodiculture.* GTZ 251,103 P.ACCT, CABODLO et CTA.
8- TRONCY P.M ITARD, J. CHRISTOPHE CHARTIER et coll. (2000) : Précis de parasitologie vétérinaire tropicale. Nouvelle édition, ministère de la Coopération et du Développement. Universités francophones. Édition TEC et DOC. p. 773.
9- YEWADAN. L.T., 1999, *Abrégé d'aulacodiculture.* GTZ Godomey, République de Bénin.

UN THÉORÈME SUR LES ÉLÉMENTS INVERSIBLES D'UN ANNEAU COMMUTATIF ET UNITAIRE, APPLICATION À L'ANNEAU DES RÉSIDUS MODULO *M*

Par
DIALLO Souleymane

Département des mathématiques de l'Université Julius NYERERE de Kankan
E-mail : **sapbergsdiallo@gmail.com** *Tél. : (+224) 622745399 / (+224) 664881588 Guinée (Conakry)*

Résumé : Dans le présent travail, nous nous proposons de démontrer un nouveau théorème concernant les anneaux commutatifs et unitaires et d'en déduire une nouvelle méthode permettant de trouver les inverses d'éléments inversibles de Z/mZ, lorsque *m* est une puissance de 2.

Mots-clés : η – sous - ensemble de A.

Abstract: In this work, we are intended to present a new theorem involving commutative unit rings, and to deduce from it an algorithm for computing the multiplicative inverses of elements of Z/mZ when *m* is a power of 2.

Key word: η – sub – set of A.

1. NOTIONS GÉNÉRALES

Définition 1 : Soit η un élément d'un anneau commutatif et unitaire A d'unité 1. On appelle un

η – sous-ensemble de A, la partie de A notée $\eta[A]$ et définie par :

$$\eta[A] = \{a \in A / \eta a = a^2 + 1\}$$

Par exemple, pour tout entier non nul m, nous avons $1 \in 2[Z/mZ]$ car, $2.1 = 1^2 + 1 = 2$

THÉORÈME 1 : Dans un anneau commutatif et unitaire A d'unité 1, les propriétés suivantes sont équivalentes :

L'élément a de A est inversible.

Il existe un élément η de A, tel que $a \in \eta[A]$ [1]

$a^{-1} = \eta - a$

$a^{-1} \in \eta[A]$

e) $(a-\eta)^{-1} = -\eta-(a-\eta)$

f) $-a \in -\eta[A]$

Démonstration : $a) \Rightarrow b)$: En effet, si un élément a de A est inversible, en désignant par a^{-1} son inverse et en prenant l'élément η de A tel que $\eta = a + a^{-1}$, nous aurons $\eta a = (a + a^{-1})a = a^2 + 1$. Ce qui nous donne $\eta a = a^2 + 1$. Donc $a \in \eta[A]$ d'après la définition de $\eta[A]$.

D'où la propriété b).

Donc $a) \Rightarrow b)$.

b) $\Rightarrow$c): En effet, si $a \in \eta[A]$, il existe un élément η de A tel que $\eta a = a^2 + 1 \Rightarrow \eta a - a^2 = 1 \Rightarrow$

$a(\eta - a) = 1 \Rightarrow a^{-1} = \eta - a$. D'où l'axiome c).

Donc b) $\Rightarrow$c).

c) $\Rightarrow$d): En effet, $a^{-1} = \eta - a \Rightarrow \eta = a + a^{-1} \Rightarrow \eta a^{-1} = (a + a^{-1})a^{-1} = (a^{-1})^2 + 1 \Rightarrow$

$\eta a^{-1} = (a^{-1})^2 + 1 \Rightarrow a^{-1} \in \eta[A]$ d'après la définition de $\eta[A]$. D'où la propriété d).

d)$\Rightarrow e)$: En effet, si $a^{-1} \in \eta[A]$, on a $\eta a^{-1} = (a^{-1})^2 + 1 \Rightarrow (\eta a^{-1})a = [(a^{-1})^2 + 1]a \Rightarrow \eta = a + a^{-1} \Rightarrow \eta a = a^2 + 1 \Rightarrow \eta a - a^2 = 1$. (*)

Alors nous obtenons : $(a-\eta)[-\eta-(a-\eta)] = -a\eta - a(a-\eta) + \eta^2 + \eta(a-\eta) = -a\eta - a^2 + a\eta + \eta^2 + a\eta - \eta^2 = \eta a - a^2$. Ce qui, d'après la relation (*), montre que : $(a-\eta)[-\eta-(a-\eta)] = 1 \Rightarrow (a-\eta)^{-1} = -\eta-(a-\eta)$

D'où la propriété e).

Donc d) $\Rightarrow$e)

$e)\Rightarrow f)$: En effet, $(a-\eta)^{-1}=-\eta-(a-\eta)$ $\Rightarrow$ $-\eta=(-a^{-1})+(-a^{-1})^{-1}\Rightarrow$

$\Rightarrow -\eta(-a) = \left[-a^{-1}+(-a^{-1})^{-1}\right](-a) = (-a^{-1})^{-1}(-a)+1\Rightarrow$

$\Rightarrow -\eta(-a) = (-a^{-1})^{-1}(-a)+1$ (**)

Comme $(-a)(-a^{-1})=1$, on a $-a=(-a^{-1})^{-1}$; alors la relation (**) nous donne :

$-\eta(-a) = (-a)^2+1 \Rightarrow -a\in -\eta[A]$ d'après la définition de $\eta[A]$.

D'où la propriété f).

Donc e) $\Rightarrow$f).

$f)\Rightarrow a)$: En effet, si $-a\in -\eta[A]$, nous avons $-\eta(-a)$ = $(-a)^2+1\Rightarrow -\eta(-a)(-a)^{-1} = [(-a)^2+1](-a)^{-1}\Rightarrow -\eta=-a+(-a)^{-1}$ $\Rightarrow \eta=a^{-1}+a \Rightarrow a^{-1} = \eta-a\in A$. Donc a est inversible dans A. D'où la propriété a).

Donc $f)\Rightarrow a)$

Et le théorème est démontré.

De ce théorème nous tirons le corollaire suivant:

Corollaire: Dans tout anneau commutatif et unitaire A, nous avons les propriétés suivantes :

1°) $\forall a\in A, -a = (-a^{-1})^{-1} = \left((-a)^{-1}\right)^{-1}$. Cette propriété peut être énoncée comme suit: l'inverse de l'opposé de l'inverse de a est égal à l'inverse de l'inverse de l'opposé de a ou l'inverse de l'opposé de l'inverse de a est égal à l'opposé de a.

2°) Les éléments de $-\eta[A]$ sont les opposés des éléments de $\eta[A]$.

THÉORÈME 2 : Si a est un élément inversible d'un anneau commutatif et unitaire A, l'élément η de A, tel que $a\in\eta[A]$, est unique.

Démonstration : En effet, supposons qu'il existe deux éléments distincts η et η' tels que $a\in\eta[A]$ et $a\in\eta'[A]$. Alors, nous obtenons $\eta a=a^2+1$ et $\eta' a=a^2+1$. Ce qui nous donne $\eta a=\eta' a\Rightarrow \eta=\eta'$ car a est inversible.

Contradiction.

D'où le théorème.

De ce théorème il résulte que $\eta \neq \eta' \Rightarrow \eta[A] \cap \eta'[A] = \emptyset$.

THÉORÈME 3 : Si a et b sont deux éléments distincts de $\eta[A]$, alors a - b est un diviseur de 0.

Démonstration : En effet, $a, b \in \eta[A] \Rightarrow \eta a = a^2 + 1$ et $\eta b = b^2 + 1$. Ce qui nous donne :

$\eta(a-b) = a^2 - b^2 = (a-b)(a+b) \Rightarrow (a-b)(\eta - a - b) = 0$. Ce qui montre que a-b est bien un diviseur de 0 dans l'anneau A.

D'où le théorème.

2. APPLICATION A Z /mZ

a) Les η - sous-ensembles de Z/mZ ($m = 2^\alpha, \alpha \in N$)

Appliquons maintenant les résultats précédents à l'anneau des résidus modulo *m (Z /mZ),* lorsque *m* est une puissance entière de 2. Alors, nous noterons par $\eta[m]$ un η – sous-ensemble de Z /mZ au lieu de $\eta[Z / mZ]$ et nous désignerons un élément et sa classe par le même symbole.

Ainsi, nous avons:

$2[4] = \{1;3\} = -2[4]$ car, $2.1 = 1^2 + 1 = 2$ et $2.3 = 3^2 + 1 = 2$ dans Z/ 4Z.

De même, nous avons:

$2[8] = \{1;5\}$

$-2[8] = \{3;7\}$

$2[16] = \{1;5;9;13\}$

$-2[16] = \{3;7;11;15\}$

$2[32] = \{1;9;17;25\}$

$-2[32] = \{7;15;23;31\}$

$14[32] = \{3;11;19;27\}$

$-14[32] = \{5;13;21;29\}$

$2[64] = \{1;9;17;25;33;41;49;57\}$

$-2[64] = \{7;15;23;31;39;47;55;63\}$

$18[64] = \{5;13;21;29;37;45;53;61\}$

$-18[64] = \{3;11;19;27;35;43;51;59\}$

$2[128] = \{1;17;33;49;65;81;97;113\}$

$-2[128] = \{15;31;47;63;79;95;111;127\}$

$46[128] = \{3;11;19;27;35;43;51;59;67;75;83;91;99;107;115;123\}$

$-46[128] = \{5;13;21;29;37;45;53;61;69;77;85;93;101;109;117;125\}$

$62[128] = \{7;23;39;55;71;87;103;119;\}$

$-62[128] = \{9;25;41;57;73;89;105;121\}$

$-82[256] = \{3;11;35;43;...\}$

En examinant ces ensembles, nous voyons les propriétés suivantes:

LEMME 1 : *Si* $m = 2^{\alpha}, \alpha \in N$ *un élément a de Z/mZ appartient à* $2[m]$ *si et seulement s'il se met sous la forme* $1 + k2^{\frac{\alpha}{2}}$ *si* α *est pair (respectivement* $1 + k2^{\frac{\alpha+1}{2}}$ *si* α *est impair),* $k \in Z$.

Démonstration : En effet, si un élément *a* de Z /mZ appartient à $2[m]$, nous aurons $2a = a^2 + 1 \Rightarrow 2a = (a-1)^2 + 2a \Rightarrow (a-1)^2 = 0$. Ce qui nous donne deux cas:

$a - 1 = 0 \Rightarrow a = 1 = 1 + 0 2^{\frac{\alpha+1}{2}}, 0 \in Z$

a -1 est de la forme $k2^{\frac{\alpha}{2}}$ si α est pair (respectivement $k2^{\frac{\alpha+1}{2}}$ si α est impair) $k \in Z$. Donc, nous avons $a = 1 + k2^{\frac{\alpha}{2}}$ si α *est* pair (respectivement a = $1 + k2^{\frac{\alpha+1}{2}}$ si α est impair), $k \in Z$.

Et, si $a = 1 + k2^{\frac{\alpha}{2}}$, nous avons 2a = $2\left(1 + k2^{\frac{\alpha}{2}}\right) = 2 + 2k2^{\frac{\alpha}{2}}$ (1).

Et, $\left(1 + k2^{\frac{\alpha}{2}}\right)^2 + 1 = 1 + 2k2^{\frac{\alpha}{2}} + k^2 2^{\alpha} + 1 = 2 + 2k2^{\frac{\alpha}{2}}$ (2).

De (1) et (2) nous obtenons $2(1+k2^{\frac{\alpha}{2}}) = \left(1+k2^{\frac{\alpha}{2}}\right)^2 + 1$. Ce qui montre que $1+k2^{\frac{\alpha}{2}} \in 2[m]$

d'après la définition de $2[m]$.

D'où le lemme.

COROLLAIRE: *Si* $m=2^{\alpha}, \alpha \in N$, *l'inverse de l'élément* $a=1+k2^{\frac{\alpha}{2}}$ est $a^{-1}=1-k2^{\frac{\alpha}{2}}$ *si* α *est impair et l'inverse de l'élément* $a=1+k2^{\frac{\alpha+1}{2}}$ *est* $a^{-1}=1-k2^{\frac{\alpha+1}{2}}$ *si* α est impair, $k \in Z$

Démonstration : En effet, d'après le lemme 1, nous avons $a=1+k2^{\frac{\alpha}{2}} \in 2[m]$; donc d'après le théorème 1, nous avons $a^{-1}=2-(1+k2^{\frac{\alpha}{2}})=1-k2^{\frac{\alpha}{2}}$.

D'où le corollaire.

Exemple :

1°) Dans $Z/2^4Z$, nous avons $a=1+3.2^2=13$ et $a^{-1}=13^{-1}=$
$=1-3.2^2=-11=5$

2°) Dans $Z/2^{32}Z$, nous avons $a=1+5.2^{16}=327\,681$ et
$a^{-1}=327\,681^{-1}= =1-5.2^{16}=-327\,679=4\,294\,639\,617$.

LEMME 2: *Si* $m=2^{\alpha}, \alpha \in N$ *et si deux éléments a et b de Z/mZ appartiennent à* $2[m]$, *alors* $(a-b)^2=0$.

Démonstration : En effet, si a et b sont des éléments de $2[m]$, on a

$a= 1+k2^{\frac{\alpha}{2}}$ si α est pair

(respectivement a = $1+k2^{\frac{\alpha+1}{2}}$ si α est impair), $k \in Z$ et b = $1+k'2^{\frac{\alpha}{2}}$ si α est pair

(respectivement b = $1+k'2^{\frac{\alpha+1}{2}}$ si α est impair), $k' \in Z$. Alors, nous obtenons a-b = $(k-k')2^{\frac{\alpha}{2}}$ si α est pair (respectivement a-b = $(k-k')2^{\frac{\alpha+1}{2}}$ si α est impair). Ainsi, nous voyons qu'on a bien $(a-b)^2 = \left[(k-k')2^{\frac{\alpha}{2}}\right]^2 = 0$ si α est pair (respectivement

$$(a-b)^2 = \left[(k-k')2^{\frac{\alpha+1}{2}}\right]^2 = 0$$

si α est impair).

Ce qui démontre le lemme.

THÉORÈME 4 : *Si* $m = 2^{\alpha}, \alpha \in N, 2[m]$ est un groupe multiplicatif.

Démonstration: Montrons d'abord que $2[m]$ est fermé pour la multiplication.

En effet, si a, b $\in 2[m]$, nous avons $2a = a^2 + 1$ et $2b = b^2 + 1$. En multipliant membre à membre ces deux égalités, nous obtenons :

$$4ab = (ab)^2 + a^2 + b^2 + 1 \Rightarrow 4ab = (ab)^2 + (a-b)^2 + 2ab + 1$$

ou $2ab = (ab)^2 + 1$ car $(a-b)^2 = 0$, d'après le lemme 2.

Ce qui montre que $ab \in 2[m]$, d'après la définition de $2[m]$.

L'associativité de la multiplication résulte du fait que $2[m]$ est un sous-ensemble de l'anneau Z /mZ.

Enfin, $2[m]$ contient un élément inversible de Z/mZ avec l'inverse de celui-ci d'après le théorème 1 et $1 \in 2[m]$.

Donc, $2[m]$ est bien un groupe pour la multiplication.

Nous remarquerons que, si $\eta \neq 2$, $\eta[m]$ n'est ni un groupe additif ni un groupe multiplicatif ; car, dans ce cas, $\eta[m]$ ne contient pas l'élément neutre de l'opération considérée.

BIBLIOGRAPHIE

[1] S. Diallo : *Utilisation des carrés parfaits dans le codage* Revue des sciences de la faculté des sciences de la nature de l'Université Gamal A. Nasser de CONAKRY n° 9, février 2014, p. 37-54.

PROBLEMATIQUE DE L'EXPLOITATION DES ENGINS AGRICOLES EN MILIEU RURAL DE GUINEE

Par TOURE[1] Amara, MAGASSOUBA[2] Idrissa & KEITA[3] Fodé

1. Institut Supérieur des Sciences Agro-vétérinaire de Faranah, République de Guinée.
2. Faculté des Sciences Economiques Université Julius N YERERE de Kankan B.P. : 209, Kankan, République de Guinée.
3. Institut Supérieur des Mines et Géologie de Boké, République de Guinée

Résumé : Cet article porte sur l'analyse des problèmes liés à l'exploitation des engins agricoles en milieu rural guinéen dans la période de 2011 à 2012. L'idée de cette recherche est née du constat que les paysans sont toujours confrontés à des difficultés dans le processus de l'exploitation des engins agricoles. L'objectif général est de bâtir des stratégies soutenables de proximité en vue d'une gestion rationnelle des engins agricoles par les exploitants. Les objectifs spécifiques qui découlent de cet objectif général sont : a)- identifier, décrire et analyser les problèmes auxquels les exploitants sont confrontés dans le processus de l'utilisation des engins agricoles ; b)- décrire et analyser les causes de la mauvaise gestion des engins agricoles ; c)- élaborer des stratégies d'une gestion rationnelle des engins agricoles. La recherche a abouti des résultats dont les principaux sont : - l'analyse de l'historique de l'introduction successive des engins agricoles en Guinée ; - l'analyse des problèmes liés au choix des engins agricoles; - l'analyse des modes d'utilisation des engins agricoles ; le manque de service technique après-vente ; la non prise en compte des conditions locales des zones d'exploitation des tracteurs, faible niveau de formation des utilisateurs des engins agricoles.

Mots clés : engins agricoles, problématique, exploitation, gestion

Abstract: This paper deals with the analysis of the problems related to the operation of tractors in Guinean rural areas in the period from 2011 to 2012. The idea of this research is born out of the observation that farmers still face difficulties in the process of exploitation of tractors. The general objective is to build sustainable strategies of proximity for the rational management of tractors by farmers. The specific objectives arising from this general objective are: a)- identify, describe, and analyze the problems faced by farmers in the process of the use of tractors; (b) describe and analyze the causes of the poor management of the tractors; (c) develop strategies for the sound management of tractors. The research has led to results which are: - the analysis of the history of the successive introduction of tractors in Guinea; - the analysis of the problems related to the choice of tractors; - analysis of the modes of use of tractors; the lack of technical assistance service; not taking account of local conditions areas of operation of tractors, the weakness of the training level of the agricultural agents users.

Keys word : agricultural machines, problematic exploitation, management

I. Problématique

L'agriculture constitue un secteur prioritaire dont le développement contribuerait au développement global de la République de Guinée. En effet, la République de Guinée dispose de six millions deux cent mille hectares de terre cultivable dont 25% sont cultivés annuellement, plus de 52% de la population active s'occupe de l'agriculture, les conditions hydriques (1100- 4000mn/an) et édapho-climatiques sont propices au développement des activités agricoles. (Politique Nationale de Développement Agricole Vision 2015- MAEEFE 2007).

En dépit de ces énormes atouts et des efforts déployés par les Gouvernements successifs, les besoins du pays en denrées de première nécessité notamment en riz ne sont pas encore bien satisfaits. Selon le rapport « Guinée. Etudes des investissements publics. Stratégie possible. Besoins et niveau d'autosuffisance possible. Conakry 1989 », la Guinée importe annuellement plus de trois cent mille tonnes de riz. Pour équilibrer le taux de croissance démographique au taux de croissance de la production agricole, il faut augmenter celui de la production au moins de 4% par an.

Dans les conditions actuelles, avec une production agricole basée sur une agriculture de subsistance caractérisée par l'utilisation des techniques traditionnelles, des moyens de production rudimentaires, la faible mécanisation des différentes opérations agricoles, la faible productivité du travail, etc. il est difficile d'atteindre l'autosuffisance alimentaire. Il est établi que si un fermier américain satisfait tous ses besoins dans sa production agricole et peut vendre le surplus à des centaines de millions d'autres foyers (Fao, production Year book, Rome 1988), rares sont les paysans guinéens qui peuvent nourrir et satisfaire tous les besoins de leurs familles durant toute l'année à partir de leurs rendements agricoles.

A ce niveau émergent des lacunes dans la littérature qui constituent la problématique de cette recherche ; ce sont :

- l'absence de données sur le niveau d'introduction successive des tracteurs en Guinée ;
- l'absence d'analyse des types de difficultés auxquels les paysans sont confrontés dans le processus de l'exploitation des tracteurs ;
- le manque de données qualitatives et quantitatives relatives aux causes de l'exploitation irrationnelles des tracteurs en zones rurales.

C'est pour combler ces lacunes et produire des connaissances scientifiques sur ces divers aspects que cette étude a été menée.

II. Objectifs

2.1. Objectif général

L'étude a pour objectif général de produire des données scientifiques en vue d'une meilleure exploitation des agricoles en République de Guinée.

2.2. Objectifs spécifiques

Pour atteindre cet objectif général, il a été opportun de passer par des activités qui constituent les objectifs spécifiques de cette recherche ; ce sont :

- identifier, décrire et analyser les problèmes auxquels les exploitants agricoles sont confrontés dans le processus de l'utilisation des tracteurs ;
- décrire et analyser les causes de la mauvaise gestion des tracteurs ;

- élaborer des stratégies d'une gestion rationnelle des tracteurs.

Pour atteindre ces objectifs spécifiques, il a été opportun d'adopter une méthodologie appropriée adaptée aux types de données à collecter et les résultats auxquels l'étude aspire.

III. Matériels et Méthodes

L'étude a utilisé des matériels et des méthodes de recherche en cohérence avec les objectifs et les résultats obtenus.

3.1 Matériels

Les matériels utilisés dans le cadre de cette recherche sont : matériels physiques (des tracteurs, des zones d'utilisation des tracteurs, des bics, es archives du Ministère de l'Agriculture) et matériel humain (des paysans utilisateurs de tracteurs).

3.2 Méthodes

L'étude a combiné les avantages de diverses méthodes qui sont : approche agro-écologique et machinisme et approche socio-anthropologique fondée sur les entretiens et l'analyse documentaire. Pour ce faire, nous avons d'abord exploré les archives du Ministère de la l'agriculture. Cette analyse documentaire a permis d'avoir d'importantes informations sur l'historique de l'introduction des tracteurs pendant des périodes successives en Guinée. En outre, elle a aidé à comprendre les causes de la faiblesse de la production vivrière en Guinée due en partie à une mauvaise exploitation des tracteurs. Enfin, elle a été utile pour améliorer la problématique de la recherche, à affiner les objectifs et à nous inscrire dans une approche combinée de recherche.

Donc après cette recherche documentaire, nous avons eu recours à l'utilisation des enquêtes socio-anthropologique de type ethnographique fondée sur des entretiens approfondis avec les petits exploitants agricoles utilisateurs de tracteurs en milieu rural guinéen. Ces enquêtes ont été menées à deux niveaux et les questions avaient pour cible les cadres administratifs des services techniques (ex-directeurs des fermes agropastorales d'arrondissement (FAPA), des brigades motorisées de production (BMP), des ateliers d'entretien et de réparation (AGRIMA), des services techniques du Ministère de l'Agriculture, les propriétaires des tracteurs, les locataires, les mécaniciens.

Les questions ont été posées directement et sont de types ouverts et approfondis. Le nombre de personnes enquêtées est de 149 dont : - ex-directeurs des FAPA : 17 personnes ; - ex-directeurs des BMP : 12 personnes ; ex-directeurs AGRIMA au nombre de 07 ; propriétaires de un à deux tracteurs : 35 paysans ; - locataires de tracteurs pendant les périodes de labour : 75 personnes ; cadres de la Direction Nationale du Machinisme Agricole- au nombre de 03 personnes.

Enfin, après la recension des données documentaires et de terrain, nous avons procédé à 'leur analyse en recourant à une grille qui est en cohérence avec les types de données collectées et les objectifs de recherche.

IV. Résultats et discussions

4.1 Présentation des résultats

Les données provenant de l'analyse documentaire et des enquêtes de terrain ont permis de produire des connaissances qui constituent les résultats de cette recherche :

4.1.1. Analyse du processus d'introduction des tracteurs en Guinée

Les résultats révèlent que l'introduction des tracteurs en Guinée s'est faite au cours de périodes successives.

De 1959 à 1965, on ne comptait au total que douze (12) tracteurs en Guinée (Bulletin mensuel de statistique d'outre-mer, Paris 1960, page 82).En 1972- cinquante-cinq (55) (Petrovski A.D Sur les routes et tropiques de la savane Guinéennes- 1986. A partir de 1975 plus de mille trois cent (1300) tracteurs et quatre mille cinq cent (4500) charrues diverses (Rapport du MARA- Conakry 1985). Vers 1989, plus de cinq mille tracteurs importés de plus de douze pays étrangers (Guinée. Etude des investissements publics. Stratégies possibles. Besoins et Niveau d'autosuffisance possible- Conakry 1989).

Tableau

Structure du parc des tracteurs importés en République de Guinée de 1970 à 2011

N	Pays fabricants	Marque de tracteurs	Nombre importé	Pourcentage
1	Roumanie	Universal 450, 650, 650M	1050	21,0
2	Ex-URSS	MTZ-50, 80, 82, DT75, DT-75M	840	18,8
3	Ex-Tchécoslovaquie	Zétor, Zadriguar, IMG	452	9,04
4	Ex-Yougoslavie	Rakovina, Steir 450, Steir 650	360	7,2
5	Italie	Fiat	336	6,72
6	Argentine	Massey Fergusson	157	3,14
7	USA	Ford, MASS	210	4,2
8	Allemagne Fédérale	MAN, Agria	252	5,04
9	Grande Bretagne	Massey Fergusson	210	4,2
10	Brésil	Valmet	06	0,12
11	République Populaire de Corée	Cholima	08	0,16
12	République Populaire de Chine et autres pays	-	556	12,18

Ainsi à partir de 2011-2012 l'Etat Guinéen a importé 150 tracteurs, 72 moissonneuses, 320 motoculteurs, 600 décortiqueuses.

4.1.2. L'analyse des problèmes liés à l'exploitation des engins agricoles par les petits exploitants agricoles

L'analyse de l'exploitation de toutes ces machines agricoles permet de relever les problèmes ci-après :

a)- Le choix des tracteurs n'est pas toujours bien adapté à la demande des utilisateurs et aux contraintes locales. Il n'est pas aussi basé sur leurs paramètres technico-économiques mais généralement sur les critères conjoncturels tels que les relations politico-économiques avec les pays fabricants, les prix sur le marché etc.

b)- Les tracteurs sont utilisés seulement pendant les campagnes agricoles du 15 avril – début du mois de Juillet et pour deux taches agricoles (labour et hersage). Tout le reste de l'année ils sont garés ou utilisés dans le transport.

c)- Hors mis les charrues, les herses, les tracteurs importés ne sont équipés d'aucune autre machine agricoles (semoir, épandeur d'engrais, machines d'entretien des cultures, de récolte, etc.) ou d'autres outils et agrégats pour les travaux de génie civil.

d)- La faible capacité financière et technique des propriétaires des tracteurs de les maintenir constamment en bon état de fonctionnement. Cette situation est surtout liée aux difficultés d'obtention des pièces de rechange, leurs prix élevés, au faible pourcentage des pièces usées remises en état et à la nomenclature élevée des tracteurs de mêmes types et classes dont l'interchangeabilité des pièces n'est pas souvent possible.

e)- Le faible niveau de qualification professionnelle des conducteurs de ces machines agricoles, provoquant les incidents de fonctionnement, l'usure prématurée des pièces et même des avaries.

f)- Le manque de service technique après-vente. Il est vrai que l'existence de plusieurs marques de tracteurs crée des difficultés dans l'approvisionnement en pièces de rechange, que les formes d'organisation du service technique dépendent des facteurs concrets de chaque pays (la forme de mener l'agriculture, le niveau de développement des ateliers de réparation et d'entretien, les capacités financières des distributeurs et utilisateurs, les conditions d'utilisation des machines agricoles etc.) mais les fournisseurs d'engins agricoles ont l'obligation de fournir un minimum de service technique pendant au moins les deux premières années après la vente. Ce qui en Guinée n'est pas réglementé.

g)- La non prise en compte des conditions locales des zones d'exploitation des tracteurs. Comme on le sait chaque région de la Guinée se démarque par ses conditions naturelles (dimensions des surfaces disponibles à exploiter, relief et structure des sols, leur résistance etc.). Utiliser donc les mêmes types de tracteurs dans toutes les régions conduit à ne pas tirer profit de son investissement qui est l'achat de tracteur.

4.1.3. Discussions des résultats et stratégies

Malgré l'existence de plus de cinq mille (5000) tracteurs aujourd'hui en République de Guinée, le taux de mécanisation des opérations agricoles reste très faible. Or la mécanisation agricole entraine le développement d'autres secteurs, notamment celui de l'industrie. Elle crée aussi des emplois variés (vendeurs, réparateurs etc.).

Ce défi peut être relevé en appliquant les stratégies suivantes :

- Réorganiser et restructurer le réseau de distribution des tracteurs et machines agricoles ;
- Equiper les tracteurs de machines et outils permettant de mécaniser la majeure partie des opérations agricoles (labour, semi, entretien des cultures, récolte, post-récolte etc.) et de les utiliser dans les travaux de génie civil (fouille, terrassement, levage etc.) ;
- Limiter le nombre de marques de tracteurs de même type afin de faciliter leur entretien et réparation, l'approvisionnement en pièces de rechange qui constituent de nos jours un maillon faible ;
- Organiser et planifier les services et locations des tracteurs permettant d'aider d'autres paysans qui n'ont pas les moyens financiers pour investir dans leurs propres machines ;
- Créer des centres de formation et de perfectionnement en machinisme agricole dans des gouvernorats répondant à des critères bien établis afin d'assurer une bonne formation des propriétaires, des utilisateurs et des techniciens agricoles pour que les engins couteux fonctionnent bien et longtemps ;
- Créer une structure de micro finance dans le secteur de l'agriculture comme dans beaucoup de pays qui peut offrir des crédits pour l'obtention des tracteurs, des pièces détachées, des carburant et lubrifiant, des intrants agricoles etc.

Conclusion

Cette étude montre que des tentatives de mécanisation ont été menées en République de Guinée surtout à partir de 1975. Mais ses efforts sont restés sans grands résultats. Elle établit que c'est surtout la justesse du choix, la bonne planification et l'exploitation, la maintenance en bon état de fonctionnement, l'équipement en outils et agrégats de travail ainsi que la formation des utilisateurs des tracteurs importés sont les facteurs de réussite de la mécanisation agricole et de l'augmentation de la production agricole.

Références bibliographiques

1. SPORE.CTA.int/fr/ component/ contenu/ article ?id=1657 alias-3-1523.

https://www.google.com/search?q=gestion des machines agricoles.

2. BULLETIN MENSUEL de statistique d'outre-mer. Paris, 1960. Page 82

3. FAO. PRODUCTION YEARBOOK, 1987. Rome 1988.

4. Enquêtes socio-économiques: ces enquêtes ont été menées à deux niveaux et les questions avaient pour cible les cadres administratifs des services techniques (ex-directeurs des fermes agropastorales d'arrondissement (FAPA), des brigades motorisées de production (BMP), des ateliers d'entretien et de réparation (AGRIMA), des services techniques du Ministère de l'Agriculture, les propriétaires des tracteurs, les locataires, les mécaniciens.

Les questions ont été directes et de types ouverts et directifs.

Le nombre de personnes enquêtées est de 149 dont :

- ex-directeurs des FAPA-17
- ex-directeurs des BMP –12
- ex-directeurs AGRIMA-07
- propriétaires de un à deux tracteurs-35
- locataires de tracteurs pendant les périodes de labour-75
- cadres de la Direction Nationale du Machinisme Agricole- 03

Enquêtes socio-économiques: ces enquêtes ont été menées à deux niveaux et les questions avaient pour cible les cadres administratifs des services techniques (ex-directeurs des fermes agropastorales d'arrondissement (FAPA), des brigades motorisées de production

(BMP), des ateliers d'entretien et de réparation (AGRIMA), des services techniques du Ministère de l'Agriculture, les propriétaires des tracteurs, les locataires, les mécaniciens.

Les questions ont été directes et de types ouverts et directifs.

Le nombre de personnes enquêtées est de 149 dont :

- ex-directeurs des FAPA-17
- ex-directeurs des BMP –12
- ex-directeurs AGRIMA-07
- propriétaires de un à deux tracteurs-35
- locataires de tracteurs pendant les périodes de labour-75
- cadres de la Direction Nationale du Machinisme Agricole- 03

. La motorisation intermédiaire. Rappel des tentatives de mécanisation en Guinée. Leçon à tirer. Séminaire national sur le machinisme agricole. Conakry 1988. République de Guinée.

5. Guinée. Etudes des investissements publics. Stratégies possibles. Besoins et niveau d'autosuffisance possible. Conakry.1989.

6. Ducange M., Benica. Les aspects subjectifs du choix des équipements.

7. Petrovski A. D. Sur les routes et tropiques de la savane guinéenne Moscou. : Misl, 1986.

8. Sakho Souleymane, Karamba Diawara. Projet de mécanisation des opérations culturales et pot-récolte du riz. Conakry, Mai 2011.

9. Ministère de l'Economie et des finances.

Plan d'Investissement agricole 2010-2015. Conakry 2010.

10. Politique Nationale de Développement Agricole Vision 2015. MAEEFE. 2007.

SCIENCES
AUX ÉDITIONS L'HARMATTAN

Dernières parutions

MANUEL DES PROBABILITÉS OU MATHÉMATIQUES DE L'INCERTAIN
Laloire Jean-Claude - Préface de Michel Delecroix
Ce manuel présente les aspects pratiques de l'analyse des données et les aspects théoriques des probabilités. Cela permet à la fois de comprendre les phénomènes observés, d'en déduire une prévision et ainsi de se projeter vers l'avenir avec un maximum de sécurité. Les méthodes proposées s'appliquent aussi bien aux sciences humaines qu'aux sciences biologiques et médicales et sont mises en pratique à l'aide de nombreux exercices corrigés.
(48.00 euros, 504 p.)
ISBN : 978-2-343-04627-3, ISBN EBOOK : 978-2-336-36043-0

VALEUR (LA) DE L'ESPÈCE
La biodiversité en questions
Lherminier Philippe
Philippe Lherminier est généticien; il propose de s'interroger sans faux-semblant sur la valeur de l'espèce. Que perd-on lorsqu'une espèce s'éteint ? Quelle valeur disparaît ? Il y a de multiples réponses : l'espèce vaut parce qu'elle est utile ou inutile, abondante ou rare, connue ou inconnue, ancienne ou récente, proche ou lointaine, ressemblante ou différente de l'homme, comprise ou mystérieuse.
(Coll. Acteurs de la Science, 13.50 euros, 128 p.)
ISBN : 978-2-343-04141-4, ISBN EBOOK : 978-2-336-35913-7

QUESTIONNEMENTS D'UN OCÉANOGRAPHE
Une immersion dans le monde de la recherche et les questions éthiques qu'elle soulève
Pichevin Thierry
Ce livre décrit de l'intérieur le travail de recherche en océanographie physique de Thierry Pichevin, son contexte, ses méthodes et ses enjeux procurant ainsi au lecteur une immersion dans le quotidien d'un chercheur. D'autre part, il procède à l'analyse éthique rigoureuse des questionnements rencontrés, tout en montrant que tout chercheur peut être confronté à des questionnements comparables.
(22.00 euros, 226 p.)
ISBN : 978-2-343-03444-7, ISBN EBOOK : 978-2-336-35786-7

À L'OMBRE DES FORÊTS
Usages, images et imaginaires de la forêt
Sous la direction de Philippe Billet, Claire Harpet et Jean-Philippe Pierron
Qu'est-ce qu'une forêt ? De quoi sont faites les forêts ? Nous construisons tous une image de la forêt empreinte de vécus et d'imaginaires, procédant d'une accumulation de souvenirs, de connaissances et de représentations médiatiques et institutionnelles. A l'aune d'une prise de conscience de la finitude des ressources naturelles et du changement climatique, il est fondamental de savoir ce que la «forêt» veut dire.
(Coll. Éthique, droit et développement durable, 26.00 euros, 248 p.)
ISBN : 978-2-343-02807-1, ISBN EBOOK : 978-2-336-35819-2

UN BOTANISTE AUTOUR DU MONDE
Afrique, Amérique, Australie
Delange Yves
L'auteur, botaniste, nous invite à la découverte des différents milieux naturels peu connus des Européens, notamment ceux encore peu altérés par la civilisation et caractéristiques de formations extrêmement riches sur le plan de la diversité biologique, tels que les mattorales ou hauts plateaux mexicains, le bush, le veld et le fynbos en Afrique australe, ou encore le mulga, le mallee et la jarrah forest australiens.
(Coll. Biologie, écologie, agronomie, 25.00 euros, 256 p.)
ISBN : 978-2-343-03492-8, ISBN EBOOK : 978-2-336-35415-6

CHERCHEURS, ÉTHIQUES ET SOCIÉTÉS
L'avenir de l'avenir
Patrice Thierry
Peu appréhendée par les décideurs, la biologie conditionnera nos sociétés, les rapports entre les hommes, entre eux et l'environnement. Le monde de la recherche est mal connu, parfois mal aimé ou craint. Il semble donc utile d'instituer un débat pour préciser les objectifs, les moyens, l'information et la vulgarisation, la propriété des résultats et l'appréhension des conséquences de la recherche en biologie.
(Coll. Ethique et pratique médicale, 31.00 euros, 298 p.)
ISBN : 978-2-296-57790-9, ISBN EBOOK : 978-2-296-50418-9

CAMILLE ARAMBOURG. UN PALÉONTOLOGUE, DE L'ALGÉRIE À L'AFRIQUE PROFONDE
Hadjouis Djillali - Préface de Yves Coppens
Depuis les plaines sahéliennes d'Oran à la Vallée de l'Omo en Éthiopie, en passant par les côtes du littoral atlantique, jusqu'au Moyen-Orient, Camille Arambourg aura fait connaître, au cours de ses recherches, non seulement les fossiles de l'Afrique mais également ceux des autres régions du monde. Ce livre retrace le parcours de cet homme qui identifia plus de 230 taxons (familles, genres, espèces) de mammifères et de poissons.
(Coll. Acteurs de la Science, 25.00 euros, 242 p.)
ISBN : 978-2-296-96391-7

POUR UN RENOUVEAU DANS L'ENVIRONNEMENT
De l'antiscience à l'Intelligence Artificielle des systèmes complexes
Bouché Marcel B. - Préface de Richard Moreau
Nos institutions écartent toute évaluation environnementale sérieuse par la promotion d'une démarche antiscientifique. Ce livre décrit au contraire les démarches sérieuses des sciences et techniques et la problématique environnementale. La rigueur, qui fait habituellement défaut à ce secteur d'étude, est indispensable pour permettre l'Intelligence Artificielle appliquée rationnellement à nos évaluations environnementales et à la méthode scientifique dans les systèmes complexes.
(Coll. Biologie, écologie, agronomie, 38.00 euros, 384 p.)
ISBN : 978-2-296-96826-4

VOYAGES D'UN BOTANISTE EN EURASIE
France, Scandinavie, Italie, Grèce, Japon, Inde, Cambodge
Delange Yves
L'auteur, botaniste, nous présente ici nombre d'espèces végétales, à travers ses récits de voyages, des pays du nord de l'Europe jusque dans la lointaine Asie, avec des séjours dans différents espaces méditerranéens. Il livre également de nombreuses informations recueillies au cours de rencontres avec différentes cultures, concernant les productions agricoles, l'alimentation, les traditions culinaires, mais aussi diverses spiritualités vouées aux cultes de la nature, en Inde et en Extrême-Orient.
(Coll. Biologie, écologie, agronomie, 21.50 euros, 224 p.)
ISBN : 978-2-343-03491-1, ISBN EBOOK : 978-2-336-35416-3

COELACANTHE (LE), UNE ESPÈCE ANIMALE À L'ÉPREUVE DES MÉDIAS
Barrère Florent
Le coelacanthe est l'objet de bien des fantasmes : affaire commerciale dans les îles Comores ; course au «spécimen» naturalisé dans les muséums ; étude anatomique dans le seul but de conforter l'hypothèse du «grand-père de l'Homme»... Devenu à ses dépens vedette médiatique, le coelacanthe s'extraira de ce marasme par un retour à son objet scientifique initial : dans les années quatre-vingt, le coelacanthe est enfin filmé dans son milieu naturel.
(Coll. Champs visuels, 20.00 euros, 192 p.)
ISBN : 978-2-296-99785-1, ISBN EBOOK : 978-2-296-53096-6

RÉSEAUX (LES) DE NEURONES DE LA CONSCIENCE
Approche multidisciplinaire du phénomène
Rollet Guy
Cet ouvrage vise à la compréhension de la conscience. Il apparaît que les neurosciences computationnelles apportent incontestablement des éléments décisifs. Un réseau de neurones original est conçu pour coder une conscience *stricto sensu*, capable de raisonnement et de prise de décision. Celle-ci peut être orientée par les émotions. La capacité d'agir, la composition du Soi et la verbalisation de la pensée peuvent alors être envisagées.
(Coll. Biologie, écologie, agronomie, 25.00 euros, 240 p.)
ISBN : 978-2-336-00597-3, ISBN EBOOK : 978-2-296-51375-4

SCIENCE (LA), SYMPTÔME DE L'OCCIDENT
Le «comment» des impasses de la recherche scientifique occidentale
Thiebert Lawrence
Et si les scientifiques avaient trop compliqué leur processus de démonstration ? Et si la démonstration, peu concluante, s'embourbait simplement parce qu'elle relève en vrai d'un raisonnement paralogique psychiatrique tel que celui que l'on rencontre dans le discours du paranoïaque, discours logique certes mais qui part d'un postulat faux ? Nous sous-entendons ici que cette hypothèse est fort probable.
(Coll. Pensée Africaine, 13.00 euros, 116 p.)
ISBN : 978-2-296-97025-0, ISBN EBOOK : 978-2-296-50278-9

UNIVERS (L') FASCINANT DES INSECTES
Nos amis, nos ennemis
Mariau Dominique
Cet ouvrage aborde tous les aspects de la vie des insectes et les rôles essentiels qu'ils jouent dans la vie sur terre. Comment définit-on un insecte ? Depuis quand existent-ils ? Que connaît-on sur leurs organes des sens, leurs migrations, leur rôle, qu'il soit positif ou négatif ?
(Coll. Biologie, écologie, agronomie, 22.00 euros, 182 p.) *ISBN : 978-2-296-96144-9*

SCIENCE (LA), CREUSET DE L'INHUMANITÉ
Décoloniser l'imaginaire occidental
Royer Jean-Marc
En 1610, Galilée promeut un mode de connaissance qui se veut une lecture mathématique de l'Univers. Face à lui, l'Église. Un long combat s'engage alors, lois contre lois. Un siècle et demi plus tard, tandis que naît la fabrique industrielle basée sur le charbon, les philosophes optent pour ces «lumières». Ce savoir qui voulait mettre la subjectivité à distance aura réussi au-delà de toute espérance : c'est l'être humain que la rationalité calculatrice a rendu obsolète.
(Coll. Questions contemporaines, 23.00 euros, 218 p.)
ISBN : 978-2-296-96233-0

NATURE, TECHNOSCIENCES ET RATIONALITÉ
Le tryptique du bon sens
Makanga Blanchard
La résolution des problèmes écologiques qui touchent notre planète ne peut être l'exclusivité des technosciences et de l'écologie en tant que discipline scientifique. D'autres disciplines sont capables

d'apporter des savoirs aussi sûrs et surtout moins risqués que ceux des sciences expérimentales. La philosophie se propose donc de le faire à travers, notamment, la réflexion éthique basée sur la morale stoïcienne, en faisant de l'environnement un nouvel objet d'étude.
(Coll. Sciences et Société, 23.50 euros, 236 p.)
ISBN : 978-2-296-96960-5

UNDO THE MATH ! How semiotic gaps warp thinking
Idelson Marc
In a study inspired by author's observation of the spiraling out of control use of mathematics by bankers, financiers and economists, the Western world's reliance on arithmetic and geometry is traced back, with support from the works of Medieval historian Alfred Crosby and of Anthropologist of Knowledge Paul Jorion, to its Medieval and Antiquity roots. The author bases on different areas such as philosophy with François Jullien's Chinese thought and Michel Bitbol with his epistemological reflections.
(Coll. Recherches en Gestion, 20.00 euros, 190 p.)
ISBN : 978-2-296-96993-3

COMMENT L'HOMME QUITTA LA TERRE
Marc Jacques
L'auteur déroule ici une chronique des croyances, pensées et idées qui ont inspiré, tout au long des millénaires, philosophes et poètes, rêveurs et empiriques, bricoleurs et ingénieurs tandis qu'avançaient les sciences et les techniques permettant de concrétiser un des plus grands rêves de l'humanité : «voguer» dans l'espace jusque vers les étoiles.
(Coll. Acteurs de la Science, 15.50 euros, 152 p.)
ISBN : 978-2-296-96490-7

SCIENCE (LA) AU SERVICE DU DÉVELOPPEMENT
Amory Christine - Préface de Dominique Kounkou
Ce livre présente une expérience humaine d'un réseau de scientifiques, GIRGEA, qui réunit chercheurs, étudiants, ingénieurs, etc., autour d'un objectif central : développer la recherche en sciences de l'espace en Afrique en installant des instruments, en formant des chercheurs au niveau international qui pourront constituer des équipes de recherche dans leur pays et assurer ainsi la pérennité du réseau.
(12.50 euros, 108 p.)
ISBN : 978-2-296-56969-0

L'HARMATTAN ITALIA
Via Degli Artisti 15; 10124 Torino

L'HARMATTAN HONGRIE
Könyvesbolt ; Kossuth L. u. 14-16
1053 Budapest

L'HARMATTAN KINSHASA
185, avenue Nyangwe
Commune de Lingwala
Kinshasa, R.D. Congo
(00243) 998697603 ou (00243) 999229662

L'HARMATTAN CONGO
67, av. E. P. Lumumba
Bât. – Congo Pharmacie (Bib. Nat.)
BP2874 Brazzaville
harmattan.congo@yahoo.fr

L'HARMATTAN GUINÉE
Almamya Rue KA 028, en face
du restaurant Le Cèdre
OKB agency BP 3470 Conakry
(00224) 657 20 85 08 / 664 28 91 96
harmattanguinee@yahoo.fr

L'HARMATTAN MALI
Rue 73, Porte 536, Niamakoro,
Cité Unicef, Bamako
Tél. 00 (223) 20205724 / +(223) 76378082
poudiougopaul@yahoo.fr
pp.harmattan@gmail.com

L'HARMATTAN CAMEROUN
BP 11486
Face à la SNI, immeuble Don Bosco
Yaoundé
(00237) 99 76 61 66
harmattancam@yahoo.fr

L'HARMATTAN CÔTE D'IVOIRE
Résidence Karl / cité des arts
Abidjan-Cocody 03 BP 1588 Abidjan 03
(00225) 05 77 87 31
etien_nda@yahoo.fr

L'HARMATTAN BURKINA
Penou Achille Some
Ouagadougou
(+226) 70 26 88 27

L'HARMATTAN SÉNÉGAL
10 VDN en face Mermoz, après le pont de Fann
BP 45034 Dakar Fann
33 825 98 58 / 33 860 9858
senharmattan@gmail.com / senlibraire@gmail.com
www.harmattansenegal.com

L'HARMATTAN BÉNIN
ISOR-BENIN
01 BP 359 COTONOU-RP
Quartier Gbèdjromèdé,
Rue Agbélenco, Lot 1247 I
Tél : 00 229 21 32 53 79
christian_dablaka123@yahoo.fr

Achevé d'imprimer par Corlet Numérique - 14110 Condé-sur-Noireau
N° d'Imprimeur : 116624 - Dépôt légal : mars 2015 - *Imprimé en France*

www.ingramcontent.com/pod-product-compliance
Lightning Source LLC
LaVergne TN
LVHW011247061026
849535LV00005B/1179